"十三五"江苏省重点图书出版规划项目
新型低碳装配式建筑智能化建造与设计丛书
张宏　主编

装配式建筑全生命周期中结构构件追踪定位技术

张莹莹　著

东南大学出版社

南京

图书在版编目（CIP）数据

装配式建筑全生命周期中结构构件追踪定位技术/
张莹莹著. --南京：东南大学出版社，2020.10
（新型低碳装配式建筑智能化建造与设计丛书/张宏
主编）
ISBN 978-7-5641-9188-7

Ⅰ.①装… Ⅱ.①张… Ⅲ.①装配式构件-定位跟踪
Ⅳ.①TU3

中国版本图书馆CIP数据核字（2020）第214842号

装配式建筑全生命周期中结构构件追踪定位技术
Zhuangpei Shi Jianzhu Quan Shengming Zhouqi Zhong Jiegou Goujian Zhuizong Dingwei Jishu

著　　者：张莹莹
责任编辑：戴　丽　贺玮玮
责任印制：周荣虎

出版发行：东南大学出版社
社　　址：南京市四牌楼2号　　邮编：210096
网　　址：http://www.seupress.com
出　版　人：江建中

印　　刷：南京玉河印刷厂
排　　版：南京布克文化发展有限公司
开　　本：885 mm×1194 mm　　1/16　　印张：14.5　　字数：290千字
版　　次：2020年10月第1版　　2020年10月第1次印刷
书　　号：ISBN 978-7-5641-9188-7
定　　价：68.00元
经　　销：全国各地新华书店
发行热线：025-83790519　83791830

序一

    2013年秋天，我在参加江苏省科技论坛"建筑工业化与城乡可持续发展论坛"上提出：建筑工业化是建筑学进一步发展的重要抓手，也是建筑行业转型升级的重要推动力量。会上我深感建筑工业化对中国城乡建设的可持续发展将起到重要促进作用。2016年3月5日，第十二届全国人民代表大会第四次会议政府工作报告中指出，我国应积极推广绿色建筑，大力发展装配式建筑，提高建筑技术水平和工程质量。可见，中国的建筑行业正面临着由粗放型向可持续型发展的重大转变。新型建筑工业化是促进这一转变的重要保证，建筑院校要引领建筑工业化领域的发展方向，及时地为建设行业培养新型建筑学人才。

    张宏教授是我的学生，曾在东南大学建筑研究所工作近20年。在到东南大学建筑学院后，张宏教授带领团队潜心钻研建筑工业化技术研发与应用十多年，参加了多项建筑工业化方向的国家级和省级科研项目，并取得了丰硕的成果，新型低碳装配式建筑智能化建造与设计丛书是阶段性成果，后续还会有系列图书出版发行。

    我和张宏经常讨论建筑工业化的相关问题，从技术、科研到教学、新型建筑学人才培养等，见证了他和他的团队一路走来的艰辛与努力。作为老师，为他能取得今天的成果而高兴。

    此丛书只是记录了一个开始，希望张宏教授带领团队在未来做得更好，培养更多的新型建筑工业化人才，推进新型建筑学的发展，为城乡建设可持续发展做出贡献。

序二

在不到二百年的时间里，城市已经成为世界上大多数人的工作场所和生活家园。在全球化和信息化的时代背景下，城市空间形态与内涵正在发生日新月异的变化。建筑作为城市文明的标志，随着现代城市的发展，对建筑的要求也越来越高。

近年来在城市建设的过程中，CIM 通过 BIM、三维 GIS、大数据、云计算、物联网 (IoT)、智能化等先进数字技术，同步形成与实体城市"孪生"的数字城市，实现城市从规划、建设到管理的全过程、全要素、全方位的数字化、在线化和智能化，有利于提升城市面貌和重塑城市基础设施。

张宏团队的新型低碳装配式建筑智能化建造与设计丛书，在建筑工业化领域为数字城市做出了最基础的贡献。一栋建筑可谓是城市的一个细胞，细胞里面还有大量的数据和信息，是一个城市运维不可或缺的。从 BIM 到 CIM，作为一种新型信息化手段，势必成为未来城市建设发展的重要手段与引擎力量。

可持续智慧城市是未来城市的发展目标，数字化和信息化是实现它的基础手段。希望张宏团队在建筑工业化的领域，为数字城市的实现提供更多的基础研究，助力建设智慧城市！

序三

    中国的建筑创作可以划分为三大阶段：第一个阶段出现在中国改革开放初期，是中国建筑师效仿西方建筑设计理念的"仿学阶段"；第二个是"探索阶段"，仿学期结束以后，建筑师开始反思和探索自我；最后一个是经过第二阶段对自我的寻找，逐步走向自主的"原创阶段"。

    建筑设计与建设行业发展如何回归"本原"？这需要通过全方位的思考、全专业的协同、全链条的技术进步来实现，装配式建筑为工业化建造提供了很好的载体，工期短、品质好、绿色环保，而且具有强劲的产业带动性。

    自 2016 年国务院办公厅印发《关于大力发展装配式建筑的指导意见》以来，以装配式建筑为代表的新型建筑工业化快速推进，建造水平和建筑品质明显提高。但是，距离实现真正的绿色建筑和可持续发展还有较大的距离，产品化和信息化是其中亟须提高的两个方面。

    张宏团队的新型低碳装配式建筑智能化建造与设计丛书，立足于新型建筑工业化，依托于产学研，在产品化和信息化方向上取得了实质性的进展，为工程实践提供一套有效方法和路径，具有系统性实施的可操作性。

    建筑工业化任重而道远，但正是有了很多张宏团队这样的细致而踏实的研究，使得我们离目标越来越近。希望他和他的团队在建筑工业化的领域深耕，推动祖国的产业化进程，为实现可持续发展再接再厉！

序四

建筑构件的制作、生产、装配，建造成各种类型建筑的方法、模式和过程，不仅涉及过程中获取和消耗自然资源和能源的量以及产生的温室气体排放量（碳排放控制），而且通过产业链与经济发展模式高度关联，更与在建筑建造、营销、运营、维护等建筑全生命周期各环节中的社会个体和社会群体的权利、利益和责任相关联。所以，以基于建筑产业现代化的绿色建材工业化生产—建筑构件、设备和装备的工业化制造—建筑构件机械化装配建成建筑—建筑的智能化运营、维护—最后安全拆除建筑构件、材料再利用的新知识体系，不仅是建筑工业化发展战略目标的重要组成部分，而且构成了新型建筑学（Next Generation Architecture）的内容。换言之，经典建筑学（Classic Architecture）知识体系长期以来主要局限在为"建筑施工"而设计的形式、空间与功能层面，需要进一步扩展，才能培养出支撑城乡建设在社会、环境、经济三个方面可持续发展的新型建筑学人才，实现我国建筑产业现代化转型升级，从而推动新型城镇化的进程，进而通过"一带一路"倡议影响世界的可持续发展。

建筑工业化发展战略目标是将经典建筑学的知识体系扩展为新型建筑学的知识体系，在如下五个方面拓展研究：

（1）开展基于构件分类组合的标准化建筑设计理论与应用研究。

（2）开展建造、性能、人文与设计的新型建筑学知识体系拓展理论与人才培养方法研究。

（3）开展装配式建造技术及其建造设计理论与应用研究。

（4）开展开放的 BIM（Building Information Modeling，建筑信息模型）技术应用和理论研究。

（5）开展从 BIM 到 CIM（City Information Modeling，城市信息模型）技术扩展应用和理论研究。

本系列丛书作为国家"十二五"科技支撑计划项目"保障性住房工业化设计建造关键技术研究与示范"（2012BAJ16B00），以及课题"水网密集地区村镇宜居社区与工业化小康住宅建设关键技术与集成示范"（2013BAJ10B13）的研究成果，凝聚了以中国建设科技集团有限公司为首的科研项目大团队的智慧和力量，得到了科技部、住房和城乡建设部有关部门的关心、支持和帮助。江苏省住房和城乡建设厅、南京市住房和城乡建设委员会以及常州武进区江苏省绿色建筑博览园，在示范工程的建设和科研成果的转化、推广方面给予了大力支持。"保障性住房新型工业化建造施工关键技术研究与示范"课题（2012BAJ16B03）参与单位南京建工集团有限公司、常州市建筑科学研究院有限公司及课题合作单位南京长江都市建筑设计股份有限公司、深圳市建筑设计研究总院有限公司、南京市兴华建筑设计研究院股份有限公司、江苏省邮电规划设计院有限责任公司、北京中外建建筑设计有限公司江苏分公司、江苏圣乐建设工程有限公司、江苏建设集团有限公司、中国建材（江苏）产业研究院有限公司、江苏生态屋住工股份有限公司、南京大地建设集团有限责任公司、南京思丹鼎建筑科技有限公司、江苏大才建设集团有限公司、南京筑道智能科技有限公司、苏州科逸住宅设备股份有限公司、浙江正合建筑网模有限公司、南京嘉翼建筑科技有限公司、南京翼合华建筑数字化科技有限公司、江苏金砼预制装配建筑发展有限公司、无锡泛亚环保科技有限公司，给予了课题研究在设计、研发和建造方面的全力配合。东南大学各相关管理部门以及由建筑学院、土木工程学院、材料学院、能源与环境学院、交通学院、机械学院、计算机学院组成的课题高校研究团队紧密协同配合，高水平地完成了国家支撑计划课题研究。最终，整个团队的协同创新科研成果："基于构件法的刚性钢筋笼免拆模混凝土保障性住房新型工业化设计建造技术系统"，参加了"十二五"国家科技创新成就展，得到了社会各界的高度关注和好评。

最后感谢我的导师齐康院士为本丛书写序，并高屋建瓴地提出了新型建筑学的概念和目标。感谢王建国院士与孟建民院士为本丛书写序。感谢东南大学出版社及戴丽老师在本书出版上的大力支持，并共同策划了这套新型低碳装配式建筑智能化建造与设计系列丛书，同时感谢贺玮玮老师在出版工作中所付出的努力，相信通过系统的出版工作，必将推动新型建筑学的发展，培养支撑城乡建设可持续发展的新型建筑学人才。

东南大学建筑学院建筑技术与科学研究所

东南大学工业化住宅与建筑工业研究所

东南大学 BIM-CIM 技术研究中心

东南大学建筑设计研究院有限公司建筑工业化工程设计研究院

前　言

　　建筑工业化是我国建筑业实现传统产业升级的重要战略方向，预制装配式生产建造技术是实现建筑工业化的主要措施，信息化可以使项目各阶段、各专业主体之间在更高层面上充分共享资源，极大提高预制装配式建造的精确性与效率。

　　预制构件是装配式建筑的基本要素，准确地追踪和定位预制构件能够更好地管理装配式建筑的整个流程。构件追踪定位是一个动态的过程，与各阶段的工作内容息息相关。因此，深入了解装配式建筑的全流程，分析和总结各阶段工作需要的构件空间信息，是建立合理追踪定位技术框架的重要前提。显然，仅用单一技术难以满足全生命周期构件追踪定位的要求，因此需要充分了解相关技术的优缺点与适用性，以便根据装配式建筑的特点制定出合理的技术方案。另外，预制构件追踪定位及空间信息管理技术的研究涉及建筑学、土木工程、测绘工程、计算机、自动化等多个专业。但是，目前相关的研究主要集中在建筑学以外的学科，鲜有从建筑学专业角度出发，综合地研究适用于装配式建筑全生命周期的构件追踪定位技术。而建筑学专业在装配式建筑的全流程中起着"总指挥"的作用，需要汇总、评估、共享各阶段与各专业的信息，形成完整的信息链。因此，建筑学专业对构件追踪定位技术研究的缺失不仅会导致构件空间信息的片段化，而且使得建筑专业难以深度参与到项目的各阶段并协调各专业的工作。

　　基于上述需求和目前研究存在的问题，本书首先梳理了典型装配式建筑的结构类型和结构构件类型，以及从设计、生产运输、施工装配、运营维护直至拆除回收的全生命周期过程，总结出各阶段所需的构件空间信息以及追踪定位的内容，并根据精度需求将构件追踪定位分为物流和建造两个层级。其中物流层级的定位精度要求较低，主要用于构件的生产运输和运维管理；建造层级的定位精度要求较高，主要用于构件的生产和施工装配。其次，详细分析了 BIM、GIS 等数据库，GNSS、智能化全站仪、三维激光扫描技术、摄影测量技术等数字测量技术，以及 RFID、二维码、室内定位等识别定位技术的功能和它们在装配式建筑中的适用性。通过对现有技术的选择和优化，搭建了一套基于装配式建筑信息服务与监管平台，并结合多项数据采集技术的装配式建筑全生命周期构件追踪定位技术链，分别从物流和建造两个层级对此技术链的应用流程进行了探索。着重介绍了装配式建筑数据库中预制构件的分类系统和编码体系，分析二者在预制构件追踪定位技术中的作用。最后，以轻型可移动房屋系统的设计、生产和建造过程为例，说明以装配式建筑信息服务与监管平台为核心，结合数据采集技术实现预制构件追踪定位和信息管理的方法。

本书以装配式建筑的结构构件作为基本研究对象，采用数据库和数据采集技术建立了适用于装配式建筑全生命周期的构件追踪定位技术链，对于整合项目各阶段构件空间信息、形成完整信息链、协调各专业工作、优化资源配置有一定的借鉴意义，而这些方面是实现预制构件精细化管理、提高装配式建筑生产施工效率的关键。

目　录

第1章　绪论

1.1　研究背景

1.1.1　建筑工业化与信息化

建筑业是我国国民经济的重要支柱，与国计民生的关系十分密切。改革开放的40多年来，建筑业在国民经济中的比重不断提高。据统计，1978年至2017年，全社会建筑业增加值从139亿元增长至55 689亿元，占GDP的比重也从3.8%增加至6.7%。然而，伴随着建筑业经济快速增长的却是高耗能、高污染和远低于其他工业的生产率。随着可持续发展理念的深化，国家开始推行低碳经济。建筑工业化摒弃传统建筑业依靠手工作业、现场浇筑的建造方式，采用标准化设计、工厂化生产、装配化施工、信息化管理的方式，在设计、生产、施工、运营等环节形成完整的、有机的产业链，并且通过房屋建造全过程高度的工业化、集约化和社会化，加快建设速度，降低劳动强度，减少能源消耗，提高工程质量和劳动生产率，成为建筑领域的发展热点。国务院办公厅在2016年和2017年分别颁发了《国务院办公厅关于大力发展装配式建筑的指导意见》（国办发〔2016〕71号）[①]和《国务院办公厅关于促进建筑业持续健康发展的意见》（国办发〔2017〕19号）[②]两份文件，要求大力发展装配式建筑，推进供给侧结构性改革和新型城镇化发展。住房和城乡建设部在2017年印发的《"十三五"装配式建筑行动方案》中提出了到2020年，全国装配式建筑占新建建筑的比例达到15%以上，其中重点推进地区达到20%以上，积极推进地区达到15%以上，鼓励推进地区达到10%以上的目标[③]。

目前，我国建筑工业化已经进入一个新的发展阶段，中国共产党第十八次全国代表大会提出要发展"新型工业化、信息化、城镇化、农业现代化"，且在党的十九大报告中再次强调推动上述"四化"的同步发展。在《2011—2015年建筑业信息化发展纲要》中提出了"采用先进的移动通信、射频技术，加强对建设现场信息采集与管理"的要求[④]。在《2016—2020年建筑业信息化发展纲要》中提出全面提高建筑业信息化水平的目标，强调在装配式

① 中华人民共和国中央人民政府.国务院办公厅关于大力发展装配式建筑的指导意见[EB/OL].(2016-09-30). http://www.gov.cn/xinwen/2016-09/30/content_5114118.htm.
② 中华人民共和国中央人民政府.国务院办公厅关于促进建筑业持续健康发展的意见[EB/OL].(2017-02-24) http://www.gov.cn/xinwen/2017-02/24/content_5170625.htm.
③ 中华人民共和国住房和城乡建设部."十三五"装配式建筑行动方案[EB/OL].(2017-03-23). http://www.mohurd.gov.cn/wjfb/201703/t20170327_231283.html.
④ 中华人民共和国住房和城乡建设部.2011-2015年建筑业信息化发展纲要[EB/OL].(2011-05-10). http://www.mohurd.gov.cn/wjfb/201105/t20110517_203420.html.

建筑中推进建筑信息模型（Building Information Modeling，BIM）、大数据、智能化、移动通信、云计算、物联网等信息技术集成应用于设计、生产、运输、装配及全生命期的能力。在工程项目的全过程中，集成应用 BIM、地理信息系统（Geographic Information System，GIS）、物联网等技术，深化数字化设计、分析、模拟和可视化展示以及交付能力，并通过 BIM 与智能化技术提高施工质量和效率[①]。从上述文件中可以看出，工业化和信息化是我国建筑业发展的主要方向之一，大力推进与信息化相结合的新型建筑工业化迎来了前所未有的机遇，同时也为建筑行业带来了由粗放型向集约型、由高能耗高污染向可持续发展转型的挑战。

建筑设计标准化、构件部品生产工业化、施工安装装配化、生产经营信息化和建设项目生产集成化是新型建筑工业化的五个特征[②]，其中信息化和工业化的深度融合是一种革命性的技术跨越式发展。要保证建设项目的顺利进行，对构件信息有效和及时的管理必不可少。特别是对建筑工业化来说，项目的组织、规划、监督、协作和交流形式更加复杂，传统依靠人工校对和筛查项目数据的方法过于依赖操作人员的素质和技术，不仅工作量大，还极易产生错误，可能形成整个专业系统间的信息断层。这样一来，不仅信息的利用率较低，而且信息的延误、缺损甚至丢失会直接影响整个项目的质量[③]。所以，从建设行业的发展角度看，信息技术已经成为实现新型建筑工业化的重要手段。BIM 作为最重要的一项信息技术工具，具有强大的专业任务能力、信息共享能力和协同工作能力，可以促使项目建设各阶段、各专业之间在更高层面上充分共享资源，从而有效避免了各专业部门间沟通不畅，设计与施工、部品与建造技术脱节的问题。通过虚拟建造技术，模拟施工装配过程，项目管理人员能够提早发现和解决施工中的问题，避免临时修改和返工的情况出现，极大地提高工程建设的精细化水平及生产施工的效率与质量，从而真正发挥新型建筑工业化的特点和优势。

1.1.2 装配式建筑全生命周期管理

装配式建筑采用工业化产品的生产模式，大量的预制构件是在工厂生产制造完成后运送至工地现场装配。相比于以手工为主的传统施工方式，装配式建筑更需要整合建造全过程中各阶段的工作，形成一体化的设计、生产、运输和装配流程，实现对装配式建筑全建设流程各环节的全面管理。由于装配式建筑的建设活动是一个极为复杂的过程，需要细致和系统的工程管理模式与之相匹配。在整个过程中，通过信息流、物流和资金流将各个参与者连成完整的生产和建设网络[④]。信息是项目管理中的重要资源，信息流对建筑供

① 中华人民共和国住房与城乡建设部. 2016-2020年建筑业信息化发展纲要[EB/OL].(2016-08-23). http://www.mohurd.gov.cn/wjfb/201609/t20160918_228929.html.
② 纪颖波,周晓茗,李晓桐. BIM技术在新型建筑工业化中的应用[J]. 建筑经济, 2013(8):14-16.
③ Grau D, Caldas C H, Haas C T, et al. Assessing the impact of materials tracking technologies on construction craft productivity[J]. Automation in Construction, 2009, 18(7): 903-911.
④ 许俊青,陆惠民. 基于BIM的建筑供应链信息流模型的应用研究[J]. 工程管理学报, 2011, 25(2):138-142.

应链管理有着特别重要的意义，"片段化"的管理模式会阻碍信息的有效流通。通过对制造业中产品生命周期管理（Product Lifecycle Management, PLM）概念的借鉴和改造，2003 年，欧特克（Autodesk）、奔特力（Bentley）和图软（Graphisoft）三家软件生产商共同提出了建筑全生命周期管理（Building Lifecycle Management，BLM）的概念，并认为 BIM 是 BLM 在技术上得以实现的平台[1]。建筑全生命周期管理贯穿于项目从设计、生产、建造到运营维护，直至拆除与回收的全部过程，时间跨度长，涉及内容广，其核心在于全过程中各工程信息的良好创建、共享和管理[2]。近些年来，建筑全生命周期管理的理念和 BIM 技术的推广使得建筑业的信息化程度大幅提升。2017 年发布的《国务院办公厅关于促进建筑业持续健康发展的意见》（国办发〔2017〕19 号）中提出了加快推进 BIM 技术在规划、勘察、设计、施工和运营维护全过程的集成应用，实现工程建设项目全生命周期数据共享和信息化管理，为项目方案优化和科学决策提供依据，促进建筑业提质增效的要求[3]。各地方政府和建设部门也明确了 BIM 在整个建设供应链中的重要作用，着手推广其使用。

地理空间信息技术包含了 GIS、遥感技术（Remote Sensing，RS）和全球定位系统（Global Positioning System，GPS）等技术，合称为 3S 技术，是当前世界范围内发展最快的三大重要高新技术之一。随着 3S 技术的不断发展和完善，有关基础理论和技术方法已经日趋成熟，并且广泛应用于规划、测绘、国土等众多领域[4]。2014 年，由国家发改委、工信部、科技部、公安部、财政部、国土部、住建部、交通部八部委印发的《关于促进智慧城市健康发展的指导意见》中提出建设智慧城市的目标之一是通过地理空间信息技术、物联网、云计算、大数据等新一代信息技术促进城市物流、交通等体系的智能化发展[5]。3S技术的集成能够实现物流配送车辆的导航定位和实时监控管理[6][7]，我国自主研发的北斗卫星导航系统将导航定位的精度从米级升级至亚米级，Web GIS、3D GIS 等技术也实现了 GIS 的网络化和可视化[8]，这些技术的发展都可以为装配式建筑供应链中的物流运输管理提供有力支持。

1.1.3 构件追踪定位与空间信息管理

构件是装配式建筑的基本要素，具有数量多、成型度高、形态相似等特点。在装配式建筑全生命周期中，通过准确识别构件身份和获取构件位置信息，能够合理组织生产施工和优化资源配置；而依靠人工的方法不仅很难在整个项目过程中对全部构件进行追踪定位和监督管理，而且极易出现构件丢失、查找困难、安装错误等状况，从而增加项目工时和成本[9]，因此，构件追踪定位需要智能化和信息化技术的支持，尽量降低人工干预。此外，构件追

① 李天华, 袁永博, 张明媛. 装配式建筑全寿命周期管理中BIM与RFID的应用[J]. 工程管理学报, 2012, 26(3):28–32.
② 丁士昭. 建设工程信息化导论[M]. 北京: 中国建筑工业出版社, 2005.
③ 中华人民共和国住房和城乡建设部. 国务院办公厅关于促进建筑业持续健康发展的意见[EB/OL].(2017–02–21). http://www.mohurd.gov.cn/wjfb/201702/t20170227_230750.html.
④ 李德仁, 李清泉, 杨必胜, 等. 3S技术与智能交通[J]. 武汉大学学报(信息科学版), 2008, 33(4):331–336.
⑤ 中华人民共和国国家发展和改革委员会. 关于促进智慧城市健康发展的指导意见[EB/OL]. (2014–08–27). http://gjss.ndrc.gov.cn/gjsgz/201408/t20140829_684199.html.
⑥ 张飞舟, 晏磊, 孙敏. 基于GPS/GIS/RS集成技术的物流监控管理[J]. 系统工程, 2003, 21(1):49–55.
⑦ 朱帅剑, 毛海军. 基于3S技术的应急物流配送车辆导航定位系统研究[J]. 交通与计算机, 2008, 26(5):119–122.
⑧ 康冬舟, 益建芳. WebGIS实现技术综述及展望[J]. 信阳师范学院学报(自然科学版), 2002, 15(1):119–124.
⑨ Rojas E M, Aramvareekul P. Labor productivity drivers and opportunities in the construction industry[J]. Journal of Management in Engineering, 2003, 19(2): 78–82.

踪定位是一个动态的过程，每个阶段的构件状态、所处位置和定位精度都不相同，且与各阶段的工作内容息息相关。所以，需要适宜的数据采集技术（Data Acquisition Technology），对构件进行实时追踪定位和监控，及时获取和处理构件的空间位置信息。

21世纪人类社会步入信息时代，开启了一场新的技术革命，物联网就是这场革命的中心。作为世界信息产业的第三次浪潮（前两次世界性的信息产业浪潮为计算机、互联网与移动通信网），"物联网"概念的提出可以追溯到1995年比尔·盖茨出版的《未来之路》一书中。物联网的目的是将独立的物品接入网络世界，让它们之间能够传递信息、相互交流。2005年国际电信联盟（International Telecommunication Union,ITU）发布的《ITU互联网报告2005：物联网》中认为物联网是一种通过自动识别、智能计算机、通信设备等智能化、数字化技术将全世界设备紧密联系起来，产生相互关系所实现的网络。2010年，温家宝总理在政府工作报告中提出了"感知中国"，即"中国的物联网"的概念。信息传感技术、现代信息与通信技术等信息技术的日益成熟，实现了对物料的实时追踪，从而极大地优化了生产供应链。在计算机互联网的基础上，通过射频识别技术（Radio Frequency Identification，RFID）、二维码技术、红外感应器、无线通信技术、GPS、数字测量技术等信息传感设备，按照约定的协议把物品与互联网连接起来交换和共享信息，可实现智能化识别、定位、追踪、监测和管理[2][3]。这些技术已经广泛应用于工业自动化、商业自动化、交通运输控制管理等领域[4]。智能感知技术应用在建筑行业还是在2000年以后，主要运用在建筑施工品质及进度管理、施工安全管理及物料管理等部分。从建设链角度看，利用智能感知技术可以实现对构件的定位追踪和动态管理，保证信息的及时采集、传递、分析和处理，以实现改善数据流通和优化供应链的目的。

1.2 研究对象

对本书研究对象的理解可以从应用层、认知层和基础层三个方面展开（图1-1）。在装配式建筑全生命周期中高效地追踪和定位预制构件是本研究的应

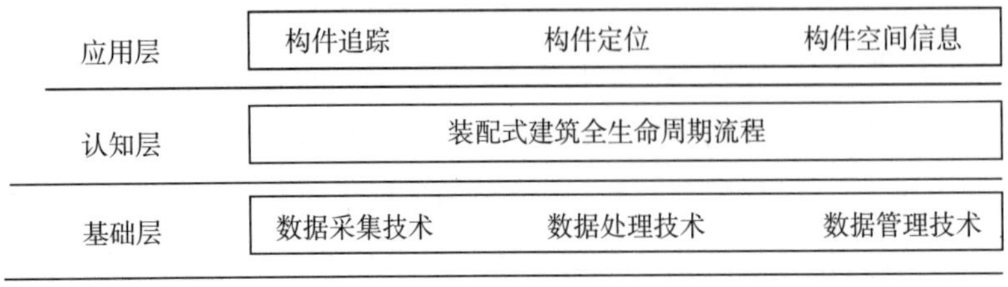

① 王保云. 物联网技术研究综述[J]. 电子测量与仪器学报, 2009, 23(12):1–7.
② 孙其博, 刘杰, 黎羴, 等. 物联网:概念、架构与关键技术研究综述[J]. 北京邮电大学学报, 2010, 33(3):1–9.
③ 李泉林, 郭龙岩. 综述RFID技术及其应用领域[J]. 射频世界, 2006(1):51–62.
④ Song J, Haas C T, Caldas C H. A proximity–based method for locating RFID tagged objects[J]. Advanced Engineering Informatics, 2007, 21(4): 367–376.

应用层	构件追踪	构件定位	构件空间信息
认知层	装配式建筑全生命周期流程		
基础层	数据采集技术	数据处理技术	数据管理技术

图1-1 研究对象
图片来源:作者自绘

用层。其中，在构件类型上主要落实于装配式建筑的主体结构构件，这是因为主体结构是建筑最重要的组成部分，其装配方式和效率容易受到工业化技术的影响，而且结构构件的准确性和一致性对项目效率和成本有着重要影响。"追踪"和"定位"的目标是项目各阶段结构构件的空间信息，实现技术包括了获取、处理、传递和管理这些空间信息所需要的手段和工具，是研究的基础层。根据所需精度的不同，本书将构件追踪定位分为两个层级，即精度要求较低的物流层级和精度要求较高的建造层级。物流层级需要实现对构件米级转运（如不同城市之间、不同工地之间）或厘米级转运（如不同工位之间）的追踪，建造层级需要实现对毫米级构件生产施工时的定位。本研究的认知层是对装配式建筑全生命周期流程的深度探讨。与传统建筑业相比，装配式建筑中的构件追踪定位主要有以下几个特点：

（1）需求范围扩大

在传统建设项目中，模数是构件定位的基础，反映构件之间的空间关系和连接方式，以及模数网格对建筑开间、进深、层高等的控制，构件基本在施工现场成型，因此构件定位主要发生于施工阶段。而在装配式建筑中，多数构件在工厂预制成型后运送至施工现场安装，构件界面较为清晰，方便后期维修和回收再利用。因此预制构件的定位需求从施工阶段扩大至全生命周期的各个阶段，定位范围也从构件安装区间的控制扩大至项目全过程中对构件空间信息的管理。此外，传统建筑项目缺乏全生命周期管理的思想，各参与方之间缺乏沟通，信息交流不畅，且鲜有在项目全过程中追踪和监督建筑构件状态。而新型建筑工业化遵循全生命周期管理的思想，要求项目参与方之间协同合作，通过对预制构件状态的实时追踪实现对整个项目的监督管理。

（2）实现手段更趋多元

由于预制构件追踪定位贯穿装配式建筑项目的全过程，追踪定位对象多、周期长、内容复杂，因此，仅用单一技术难以满足要求，需要运用更加多元的技术手段形成综合性定位技术链。激光扫描仪、摄影测量系统等技术可以用于测量构件的形状、位置和方向，但是需要后续复杂的操作才能实现对构件身份的识别[1]。随着信息技术和物联网的发展，通过二维码、RFID、GPS 等通信感知技术实时定位物体和管理信息变得日渐成熟。将这些技术与激光扫描仪、摄影测量系统等技术相结合，可以极大提升构件追踪定位的效率。

（3）信息共享要求更强

由于预制构件追踪定位范围广、周期长、实现手段多元、参与部门较多，因此，需要统一的信息平台在各专业、部门之间和各项目阶段及时传递和共享构件的空间信息。目前，越来越多的企业和机构着手研发在项目全生命周期

① Gong J, Caldas C H. An intelligent video computing method for automated productivity analysis of cyclic construction operations[C] // International Workshop on Computing in Civil Engineering, June 24–27, 2009, Awtin, TX, USA. Resfo, VA USA: ASCE, 2009: 64–73.

各阶段创建、管理、共享信息的数据库系统和信息管理平台，以改善因各参与方沟通不畅，只注重本部门本阶段优化，而造成的局部最优却无法形成全生命周期整体最优的状况。

1.3 研究现状

构件追踪定位就是通过适宜技术获取、处理、传递和管理构件在不同项目阶段的空间信息。本书在以下两个方面整理和总结了相关研究：①建筑全生命周期中预制构件空间信息的内容；②获取、处理、传递和管理构件空间信息的技术手段，即数据库系统和数据采集技术在构件追踪定位中的应用。

1.3.1 构件空间信息

空间信息是反映实体空间分布特征的信息，包括实体的位置、形状及实体间的空间关系、区域空间结构等[①]，原为地理学上的概念。本书将其引入建筑领域，以便更好地研究建筑构件在三维空间中的定位问题。对于预制构件来说，其空间信息包括了构件的形状尺寸、构件之间的空间关系，以及在全生命周期不同阶段、不同区域的位置信息等。预制构件的形状尺寸和构件之间的空间关系应满足工厂化、标准化、通用化、系列化和多样化的目标。为此，装配式建筑构件的形状和安装定位尺寸应符合统一的建筑模数标准[②]。我国结合国际模数协调的标准和国内实际情况，制定了《建筑模数协调标准》（GB/T 50002—2013）、《厂房建筑模数协调标准》（GB/T 50006—2010）等一系列的标准作为建筑的设计、制造、施工安装等活动的协调基础[③]。许多学者以这些标准为依据，对预制构件模数的协调方法[④]，以及在装配式建筑设计中的应用进行了研究，认为通过模数协调项目各环节人员能够按照统一的规则进行合作，使构件的放线、定位和安装规则化、合理化，从而简化了施工现场作业[⑤]。但大多数标准只是阐述了数列、参数、轴线定位等的概念，而较少说明如何应用这些概念，以至于模数理论与实践相脱节，不能充分发挥模数的作用。另外，还有研究者提道：建造活动发生在三维空间，建立适宜的三维空间坐标网格对构件定位起到重要作用[⑥]。

建筑全生命周期是动态的，包括从设计、生产、施工到运营维护，直至拆除与回收利用的全循环过程[⑦]。在此过程的不同阶段，根据具体的项目任务，所需的预制构件空间信息也会不同，如构件生产阶段需要构件的外形尺寸，运输阶段需要及时获取运输路线、车辆位置和堆场单位位置，施工安装时需要构件定位控制点和线，运维阶段需要构件所属的楼层和房间编号等，这些空

① 王家耀. 空间信息系统原理[M]. 北京:科学出版社, 2001.
② 梁桂保, 张友志. 浅谈我国装配式住宅的发展进程[J]. 重庆理工大学学报(自然科学), 2006, 20(9):50-52.
③ 孙定秩. 建筑模数协调标准的发展与现状[J]. 甘肃工业大学学报, 2002, 28(4):100-103.
④ 刘长春, 张宏, 淳庆, 等. 新型工业化建筑模数协调体系的探讨[J]. 建筑技术, 2015, 46(3):252-256.
⑤ 李晓明, 赵丰东, 李禄荣, 等. 模数协调与工业化住宅建筑[J]. 住宅产业, 2009(12):83-85.
⑥ 开彦. 模数协调原则及模数网格的应用[J]. 住宅产业, 2010(9):36-38.
⑦ Kotaji, Shpresa, Agnes Schuurmans, et al. Life-Cycle Assessment in Building and Construction: A state-of-the-art report[R]. Florida: Setac, 2003.

间信息与装配式建筑生产建造和供应链的全流程息息相关。另外，许多学者认为构件编码是构件位置信息的一项重要内容，是在各项目阶段从众多相似的预制构件中快速识别、定位和管理目标构件的主要依据[1]。国内外都有关于构件编码体系的标准，如美国的 UNIFORMAT Ⅱ、Master Format、OmniClass 和我国颁布的《建筑信息模型分类和编码标准》（GB/T 51269—2017）[2]。从构件的可识别性来看，清晰、合理的构件编码应包含构件的分类方式、建造层级、项目代码、构件的位置属性、数量编号，以及可扩充区域等几部分内容。

1.3.2　构件追踪定位技术

1.3.2.1　BIM 在构件追踪定位中的应用

目前，对装配式建筑的研究大多集中在优化工艺技术层面，如结构构件的生产工艺、现场施工技术、体系和工法等。也有不少学者关注如何在装配式建筑的全流程中，提高项目管理效率和优化协同合作方式。由于缺乏有效的沟通媒介，各项目阶段和参与方之间的信息传递呈现碎片化。BIM 是一项革命性的技术和流程，改变了传统的建筑设计、建造和运营方式[3]。从技术角度来看，BIM 是对一个项目的模拟，即通过"参数"描述了项目组件的物理和功能特征信息并建立起联系，这些特征包括了几何特征、空间关系、性能特征、地理信息、构件的数量和属性等[4]；从流程角度来看，BIM 包括了单个项目的所有方面，支持所有团队成员更好地协作沟通[5]。而无论是作为技术还是流程，BIM 的核心内容都是"信息"的创建、处理、传递和存储。对于装配式建筑来说，空间信息是构件众多信息中的重要内容，保证空间信息的准确性，并及时获取和处理这些信息，可以帮助项目顺利实施。因此，越来越多的研究者希望以 BIM 为核心数据库来处理、传递和共享项目各阶段的空间信息，打破传统生产建设链中的信息隔阂，形成完整的信息链，推动装配式建筑全生命周期的高效管理。

BIM 在装配式建筑中具有极大的应用价值这一观点在建筑行业内已经达成共识。这不仅体现在 BIM 能够建立模数协调、信息丰富的预制构件三维模型，通过开放型接口形成标准化、通用化、系列化和多样化的构件数据库，并集成各方面的资源来协同设计，实现对项目的 4D（3D 模型 + 时间）模拟和评估；而且还体现在通过对 BIM 系统的开发，提供更加高效多元的信息化平台，如广联达 BIM5D、鲁班工厂（Luban iWorks）BIM 系统平台、奔特力公司的 PW（Project Wise）平台、天宝公司的 5D BIM 平台、智慧建设 BIM 协同管理云平台等，最终实现对建筑信息的集成化和精细化管理。

具体到构件定位的研究，BIM 的数字化和信息化属性可以将设计与制造

① 常春光, 杨爽, 苏永玲. UNIFORMAT Ⅱ编码在装配式建筑 BIM 中的应用[J]. 沈阳建筑大学学报(社会科学版), 2015(3):279–283.
② 清华大学软件学院 BIM 课题组. 中国建筑信息模型标准框架研究[J]. 土木建筑工程信息技术, 2010, 2(2):1–5.
③ Hardin B, McCool D. BIM and construction management: proven tools, methods, and workflows[M]. New Jerrey: John Wiley & Sons, 2015.
④ Azhar S. Building information modeling (BIM): trends, benefits, risks, and challenges for the AEC industry[J]. Leadership and management in engineering, 2011, 11(3): 241–252.
⑤ Azhar S, Khalfan M, Maqsood T. Building information modeling (BIM): now and beyond[J]. Construction Economics and Building, 2015, 12(4): 15–28.

工厂、施工现场无缝对接,实现对构件生产的智能控制和尺寸复核,并通过"云端技术"将三维模型带入施工现场,进行无纸化施工测量放样和施工质量检验,从而避免了施工人员对二维图纸的误读,并将人工干预程度降至最低,保证构件定位的精确性。从整个建设供应链来看,BIM 提供了高度集成的信息化平台,相关人员能够根据构件在不同阶段的空间位置信息,掌握其实时状态,评估现阶段的工作,并组织和指导下一阶段的工作。

1.3.2.2　GIS 在构件追踪定位中的应用

GIS 是一门综合性技术,涉及地理学、测绘学、遥感、计算机科学与技术等多种学科[①]。近年来,得益于计算机图形学的发展,GIS 技术不断进步,产生了空间数据的管理、网络 GIS、三维 GIS 等新技术[②],并应用于经济决策分析、土地管理、交通与物流管理等诸多与空间信息相关的领域。在工程建设领域,GIS 因其强大的数据信息分析、管理、挖掘和制图等功能,目前已在建设前期审批、建设规划、工程测量、工程信息管理和施工监控等方面有了广泛的应用。

随着经济的发展和建设量的提高,装配式建筑的生产建设活动规模日益扩大,涉及的生产制造方、运输方、施工建设方的数量增多,建设地区越来越广泛,对现有资源的规划利用也更为复杂。基于 GIS 的资源空间分析和成本估算,可以评估整个建设供应链中物料运输中的物流限制,并提出供应商的选择方案和最佳运输线路。当 GIS 布局数据与三维场地模型相关联时,可以生动地模拟出施工场地中的物料循环路径[③]。由于 GIS 和 BIM 都能够有效支持信息交换和决策分析,且适用领域不同,因此许多研究致力于将二者的优势互补,构建装配式建筑供应链的可视化监测框架,并通过 RFID 和 GPS 技术来自动识别和追踪物料和构件,减少数据输入的错误和人工成本,确保物料被按时交付。

1.3.2.3　数据采集技术在构件追踪定位中的应用

数据采集技术用于信息数据采集、存储、处理以及控制等作业[④]。预制构件在全生命周期中身份识别和空间信息的获取需要通过数据采集技术来实现[⑤]。在建筑领域,对数据采集技术的研究主要包括:①自动识别技术,如射频识别系统、条形码;②实时定位技术,如 GPS 定位技术和无线室内定位技术;③数字测量技术,如激光扫描技术、全球导航卫星系统技术(Global Navigation Satellite System,GNSS)和摄影测量技术等;④上述技术与 BIM 和 GIS 技术的结合。

自动识别技术在建筑业中的运用包括库存管理、构件生产过程及质量控制、施工安全管理、资产管理、施工人员管理、设备管理与维护、建筑材料在施工现场的追踪等方面。与传统手工记录与查询的定位方法相比,采用自动识

① 龚健雅. 当代地理信息系统进展综述[J]. 测绘与空间地理信息, 2004, 27(1):5–11.

② 李德仁. 论21世纪遥感与GIS的发展[J]. 武汉大学学报(信息科学版), 2003, 28(2):127–131.

③ Ma Z Y, Shen Q P, Zhang J P. Application of 4D for dynamic site layout and management of construction projects[J]. Automation in Construction, 2005, 14(3): 369–381.

④ 沈兰荪. 数据采集技术[M]. 合肥:中国科学技术大学出版社, 1990.

⑤ Li H, Chan G, Wong J K W, et al. Real–time locating systems applications in construction[J]. Automation in Construction, 2016, 63: 37–47.

别技术来识别和追踪构件可节省近 90% 的时间，而识别错误率从传统方法的 9.52% 下降至 0.54%[①]。将 BIM 与 RFID 技术相结合，解决了装配式建筑全生命周期信息整合的关键性技术问题，使各阶段、各参与方能够及时共享和交流信息，对全生命周期的构件管理产生积极的推动作用。

以北斗导航系统和 GPS 为代表的室外定位系统在建筑工程上的应用研究主要包括持续追踪施工设备（例如起重机、运输卡车）的位置，以监测其到达和离开施工现场的时间，并通过记录设备在施工场地的活动路径来进行安全监控。此外，通过室外定位系统还可以追踪建筑材料和构件的位置，根据构件安装的时间来分析施工流程。GPS 和 RFID 技术的结合，不仅能将构件定位的人工干预程度降至最低，而且可以在收集构件的状态数据时获取其三维坐标，提高构件定位的效率。

由于信号遮挡问题，GPS 定位系统和北斗卫星导航系统不适用于室内。近年来，在无线通信、基站定位的基础上融合其他技术形成的室内定位系统（Indoor Positioning System，IPS）技术体系可以在室内空间监控人员、物体的位置，逐渐成为定位技术的研究热点。目前，有多种技术解决方案能够实现室内定位的功能，主流且较为成熟的定位技术有无线定位技术（蓝牙、WiFi、红外线、超宽带、超声波和射频识别等）、GNSS 技术（如伪卫星技术）、计算机视觉定位技术等[②③]。在建筑领域，室内定位技术可以用于建筑设计、施工和运营管理，包括在室内环境下对人员、材料机械和车辆等建筑资源位置进行追踪，以及在建筑运营过程中通过对人员位置的监测，优化设备的布置，从而降低建筑能耗。

智能型全站仪、GNSS、三维激光扫描仪等数字化测量技术的产生和应用为实现信息化和自动化的建筑测量奠定了良好的基础，提高了构件施工定位的准确性和效率。智能型全站仪，又称为测量机器人，具有自动照准、锁定跟踪、练级控制等功能[④]。测量机器人不仅能满足常规工程测量、变形监测的需要，更能满足动态跟踪定位的需求，如大型构件拼装测量、大型吊装设备的定位测量等[⑤]。近年来，BIM 软件的轻量化和云端技术使得 BIM 模型能够通过便携式设备（Portable Device，PD）直接应用于施工现场，施工放样逐渐向自动化方向转变。通过 BIM 技术与测量机器人的结合，在 BIM 模型中布设测量点位，并将模型带入施工现场与放样仪器进行交互，实现基于 BIM 模型的自动化放样与复核。以三维激光扫描和摄影测量为代表的三维数据采集技术可以获取扫描对象的真实点云模型。此技术与 BIM 相结合常被用于预制构件尺寸和表面的质量检验，大型构件预装配的模拟，以及施工尺寸偏差和进度分析，并生成竣工模型用于建筑的运营维护。

① Akinci B, Patton M, Ergen E. Utilizing radio frequency identification on precast concrete components-supplier's perspective[J]. Nist Special Publication SP, 2003: 381-386.
② Deng Z L, Yu Y P, Yuan X, et al. Situation and development tendency of indoor positioning[J]. China Communications, 2013, 10(3): 42-55.
③ Al Nuaimi K, Kamel H. A survey of indoor positioning systems and algorithms[C]//2011 International Conference on Innovations in information technology (IIT), April 25-27, 2011, Abu Dhabi, United Arab Emirates. New York: IEEE, 2011: 185-190.
④ 袁成忠. 智能型全站仪自动测量系统集成技术研究[D]. 成都:西南交通大学, 2007.
⑤ 郭子甄. 徕卡TCA全站仪在跟踪定位工程中的应用[J]. 测绘通报, 2006(10):76-77.

1.3.3 现有研究评述

本书分别从构件空间信息和数据采集、管理技术方面研究了约300篇文献，发现相关研究对象和方法受到国内外学者的广泛关注，并且在以上研究方向做了大量拓展性研究，提出了许多有价值的成果。同时，许多学者还就装配式建筑全生命周期中构件追踪和定位技术问题，以及多种新兴数字化、信息化技术在建设项目信息管理的应用方面进行了很多有益的尝试，但仍存在以下不足：

（1）缺少对预制构件空间信息的梳理

构件的追踪和定位过程实际上是获取构件空间信息的过程，而构件的空间信息又与构件所处的项目阶段有直接联系，因此对构件追踪定位技术的研究必定依赖于对项目全流程的梳理，从而确定每个阶段构件空间信息的内容和精度要求。在现有的相关文献中，对构件追踪定位技术的研究主要针对的是某些特定的项目阶段，鲜有对全生命周期中构件所需空间信息的系统梳理，也缺少根据使用目的和精度要求对空间信息的分类。这就可能造成追踪和定位信息的片段化，难以全流程定位和管理构件。

（2）缺少对追踪定位技术的梳理

目前，数字化和信息化技术处于快速发展时期，许多新的技术不断被引入到建筑领域以提高整个建设供应链的效率和建筑的整体质量，相关研究也随之展开。但是这些研究往往是在特定使用范围内对单一技术的探索，很少有学者在更广阔的背景下系统和全面地梳理过相关技术。在装配式建筑的全命周期中，构件追踪和定位不仅有共性问题，而且不同的项目根据其实际施工方法也有各自的特性问题。而单一技术很难满足所有的项目需求，因此，充分了解现有追踪定位技术的优缺点和适用性，对制定合理的技术方案或后续技术开发很有必要。

（3）缺少从建筑学专业角度的相关研究

关于装配式建筑构件追踪定位技术的研究涉及建筑学、土木工程、数字信息和自动化等多个专业。但是，目前相关的研究主要集中在建筑学以外的学科，鲜有从建筑学专业角度出发，综合和系统地研究装配式建筑全生命周期中构件的追踪定位技术。由于各个学科的关注点和对构件追踪定位的需求不同，因此在实际使用中，需要根据本专业的需求转化外专业的研究成果。例如，测绘专业对定位的精度要求往往高于建筑学专业的需求，建筑构件在被定位时采用的精度若高于实际需求就会造成资源的浪费。此外，建筑学专业在装配式建筑的全流程中起着"总指挥"的作用，需要汇总、评估、共享各阶段与各专业的信息，形成完整的信息链。因此，建筑学专业对构件追踪定位技术研究的缺失不仅会导致构件空间信息的片段化，无法综合判断定位技术的适宜性，也难以深度参与到项目的各阶段去协调各专业的工作。

总之，在装配式建筑的全生命周期中，对构件空间信息和追踪定位技术的研究是一项综合性的研究，既要梳理装配式建筑的全流程，了解构件的生产运输过程和施工工艺，又要综合评价现有数字化追踪定位技术的优缺点和适用性，并从建筑学专业的角度将这些技术与装配式建筑的全流程相结合，以便根据装配式建筑的特点制定出合理的追踪定位技术链。而现有文献对上述问题的研究较为薄弱。

1.4 研究内容与意义

1.4.1 研究内容

根据现有的研究内容和不足之处，本书将研究范围界定在从建筑学专业角度出发，研究用于装配式建筑全生命周期的结构构件追踪定位技术，研究内容包括：①总结装配式建筑全生命周期各阶段所需的构件空间信息内容和传递特点；②分析现有构件追踪定位技术的优缺点和适用性；③制定适用于装配式建筑全生命周期的构件追踪定位技术链并实际应用。

（1）总结装配式建筑全生命周期各阶段所需的构件空间信息和特性

与土木工程、自动化、信息化等专业相比，建筑学专业对装配式建筑结构构件追踪定位技术的研究降低了对受力计算、软件编程等专业深度的要求，强调的是从建筑的基本构成出发，如何在建筑全过程中各专业、各部门实现更好协作，形成统一整体的更广范围的研究。因此，本书首先梳理了装配式建筑的主要结构体系类型、结构构件类型、全生命周期工作流程，分析和归纳了项目各阶段结构构件追踪定位需要的空间信息，以及在整个建设供应链中，构件空间信息的传递方式、特点和目前存在的主要问题，从而为追踪定位技术的选择提供依据。

（2）分析现有构件追踪定位技术的优缺点和适用性

装配式建筑的构件数量多、工序复杂，在项目的全过程中会产生大量临时和固定信息，需要使用数据采集技术及时获取和处理这些信息，并在统一的数据库中管理信息。根据装配式建筑全生命周期中结构构件空间信息的内容和特性，本书分别从数据库和数据采集技术两个方面分析构件追踪定位技术的特点和适用性，以及这些技术之间、与装配式建筑之间的契合性。其中数据库主要包括 BIM 和 GIS 技术，数据采集技术包含数字测量技术、自动识别技术、室内外定位技术几个方面。

（3）制定装配式建筑全生命周期结构构件追踪定位技术链

通过分析装配式建筑各阶段空间信息的内容和特性，以及现有追踪定位技术的优缺点、适用性和契合性，本书将建立基于装配式建筑数据库和信息管理平台、多项数据采集技术的预制构件追踪定位技术链。根据各阶段构件空间信息的精度要求，构件追踪定位可以分成物流和建造两个层面，本书将分别讨论预制构件追踪定位技术链在这两个层级中的应用流程。最后，以轻型可移动房屋系统的设计、生产和建造过程为例，说明以装配式建筑信息服务与监管平台为核心，实现预制构件追踪定位和信息管理的方法。

1.4.2　研究意义

构件是装配式建筑的基本元素，每栋装配式建筑都需要成千上万个构件，从项目设计之初到建成运行之后都能够准确定位如此数量众多的构件，并实时掌握其状态信息绝非易事。本书基于装配式建筑的生产建造逻辑，分析结构构件在全生命周期各阶段的追踪、定位、管理的流程与特点，找出其中存在的问题和有关的解决技术、方法，从而建立一套以 BIM 和 GIS 为基础数据库、结合数据采集技术实现在装配式建筑全生命周期中追踪、定位、管理预制构件的信息化系统。此研究对于整合项目各阶段构件空间信息、形成完整信息链、协调各专业工作、优化资源配置有一定的借鉴意义，而这些方面是实现预制构件精细化管理、提高装配式建筑生产施工效率的关键。

1.5　技术路线

根据上述各项研究内容，本书的技术路线如图 1-2 所示，主要包括以下几个方面：

（1）流程分析

梳理装配式建筑全生命周期各阶段的工作内容，从而分析各阶段结构构件需要和产生的空间信息，以及这些信息在各阶段、各项目参与方之间传递的特点，进而总结结构构件追踪定位的特点。

（2）技术分析

梳理目前与构件追踪定位相关的数据库技术和数据采集技术，并总结其功能、优缺点、适用性，进而分析这些技术之间，以及与装配式建筑之间的契合性。

（3）设计研发

通过（1）和（2）的分析，选择适宜技术并加以优化创新，形成适用于装配式建筑全生命周期的构件追踪定位技术链，并详细介绍装配式建筑数据库、装配式建筑信息管理平台、识别追踪技术、施工定位技术等技术链中的关键技术。

（4）应用流程

根据追踪定位精度要求不同，分别从建造层面和物流层面分析装配式建筑全生命周期构件追踪定位技术链的应用流程。

（5）实例研究

以轻型可移动房屋系统产品的设计、生产、建造全过程为例，详细说明装配式建筑全生命周期构件追踪定位技术链的应用。

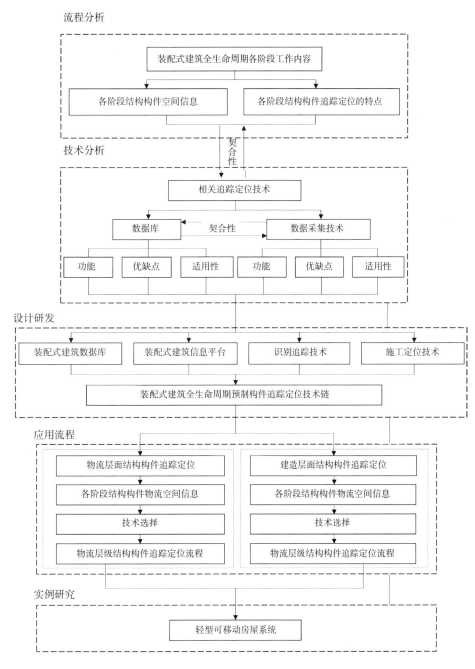

图1-2 技术路线图
图片来源：作者自绘

第2章 装配式建筑全生命周期中结构构件的空间信息

构件追踪定位的关键是有效而及时地获取、处理和传递目标构件的空间信息。由于装配式建筑全生命周期各个阶段的工作内容和构件所处的状态不同，因而结构构件在各阶段的空间信息也不同，其内容与工作流程息息相关。本章通过对装配式建筑主体结构体系和结构构件类型，以及工作流程的梳理，总结出装配式建筑全生命周期结构构件追踪定位所需空间信息的内容、传递方式和特点。

2.1 装配式建筑结构体系和结构构件类型

2.1.1 装配式结构体系类型

装配式建筑是由各种构件组成的复杂集合体。按照模块化思想和构件的功能属性，并结合房屋建筑学中建筑物质构成的分类方法，可将装配式建筑分为5个构件系统，即主体结构构件系统、外围护构件系统、内装修构件系统、设备管线系统和其他构件系统。根据材料和建造方式的不同，装配式建筑的主体结构分为以钢筋混凝土和钢材为主要材料的重型结构，和以木材、轻钢、铝合金等为主要材料的轻型结构两种类型。

1. 装配式重型结构

混凝土结构和钢结构是装配式重型结构的两种主要类型。装配式钢结构系统由钢构件组成，主要有钢框架结构、钢框架 – 支撑结构、钢框架 – 延性墙板结构、交错桁架结构、门式刚架结构、筒体结构、巨型结构等结构体系[①]。表2-1为装配式钢结构主要结构体系类型和承重构件。

表2-1 装配式钢结构主要结构体系类型和特点

结构类型	主要承重构件
钢框架结构	钢梁、钢柱、钢管混凝土柱
钢框架 – 支撑结构	钢框架和钢支撑构件
钢框架 – 延性墙板结构	钢框架、延性墙板构件（钢板剪力墙、混凝土剪力墙）
交错桁架结构	桁架
门式刚架结构	实腹刚架

表格来源：作者自制

① 中华人民共和国住房和城乡建设部，中华人民共和国国家质量监督检验检疫总局. 装配式钢结构建筑技术标准：GB/T 51232—2016 [S]. 北京:中国建筑工业出版社, 2017: 11–12.

　　装配式混凝土结构以工厂化生产的混凝土预制构件为主，并在现场装配为整体结构，是我国建筑结构发展的重要方向之一，在装配式建筑市场中占有主导地位。依据装配化程度的高低，装配式混凝土结构可以分为全装配式和部分装配式两种类型。全装配式混凝土结构全部采用预制构件，一般为单层或抗震设防要求较低的多层建筑；部分装配式混凝土结构的主要构件采用预制的方法，通过可靠的方式连接，并与现场后浇混凝土、水泥基灌浆形成装配整体式结构[1]。从使用范围来看，装配式混凝土结构可归纳为通用结构体系和专用结构体系两大类。大部分地区的装配式混凝土结构都采用通用结构体系，这种结构可以分为装配式剪力墙结构体系、装配式框架结构体系和装配式框架 – 现浇剪力墙结构体系[2]。专用结构体系是在通用结构体系的基础上结合各地区不同的抗震设防烈度、建筑节能要求、自然条件和结构特点发展而来，例如日本的多层装配式集合住宅体系、英国的 L 板体系和我国的大板建筑等，具有很好的灵活性、适用性和技术经济性。表 2-2 为装配式混凝土建筑的主要结构体系类型和装配特点。

表2–2　装配式混凝土结构体系分类

结构体系		装配式剪力墙结构体系		装配式框架结构体系	装配式框架 – 现浇剪力墙结构体系
		全预制	半预制		
结构构件类型	竖向	预制内外墙体、预制柱	叠合内外墙、预制柱	预制框架柱	预制框架柱
	水平	叠合楼板、叠合梁	叠合楼板、叠合梁	预制框架梁、叠合梁、预制板	叠合板、叠合梁
装配特点		预制混凝土剪力墙墙板或现浇混凝土剪力墙与叠合楼板、叠合梁连接为整体		连接节点单一、简单，通过后浇混凝土连接梁、板、柱以形成整体	通过现浇剪力墙和叠合楼板连接预制构件，柱和楼板也可以采用现浇
适用范围		高层居住建筑		低层、多层或高度小于 40 m 的厂房、商场、办公楼等公共建筑	各类公共建筑和居住建筑
图示				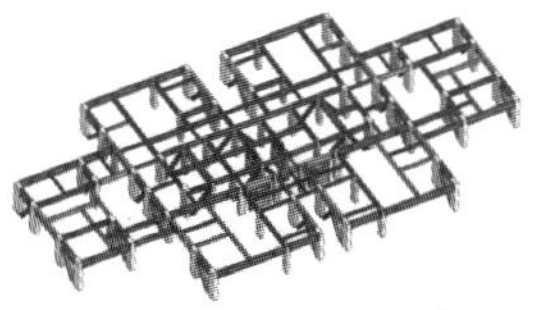	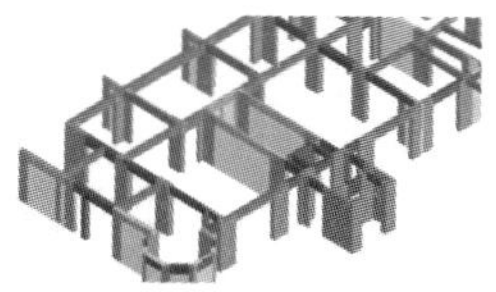

表格来源：作者自绘

（1）装配式剪力墙结构体系

　　装配式剪力墙结构是全部或部分剪力墙采用预制墙板组成的装配整体式混凝土结构。按照预制程度分，此结构体系可以分为半预制剪力墙结构体系和全预制剪力墙结构体系。半预制剪力墙结构体系中的剪力墙采用单面或双面预制板和现浇混凝土结合的办法（又名叠合剪力墙结构体系）。该体系的主要结构构件包括竖向结构构件（叠合内外墙、柱）和水平方向结构构件（叠合

① 蒋勤俭. 国内外装配式混凝土建筑发展综述[J]. 建筑技术, 2010, 41(12):1074–1077.
② 中国建筑标准设计研究院. 装配式混凝土结构技术规程: JGJ 1–2014[S]. 北京:中国建筑工业出版社, 2014.

楼板、叠合梁等）。全预制剪力墙结构体系的剪力墙全部在工厂预制成型，只有连接节点部分现浇，主要的结构构件为竖向结构构件（内外墙体、柱子）和水平方向结构构件（叠合楼板、叠合梁等）。装配式剪力墙结构的构件尺寸精度高，施工质量较好，是高层居住建筑常用的结构类型。

（2）装配式框架结构体系

装配式框架结构体系是全部或部分框架梁、柱采用预制构件组成，其主要结构构件包括梁（预制梁或预制叠合梁）、板、柱等。相比于剪力墙结构，框架结构平面布置更加灵活，能够满足多种建筑功能需求。但受到施工技术的制约，我国装配式框架结构主要用于低层、多层或高度小于 40 m 的厂房、商场、办公楼等需要开敞且相对灵活空间的公共建筑。

（3）装配式框架 – 现浇剪力墙结构体系

装配式框架 – 现浇剪力墙结构体系为全部或部分预制的框架结构和现浇剪力墙结构相结合的装配式混凝土结构体系，主要结构构件包括竖向结构构件（全部或部分预制柱和预制 / 叠合剪力墙）和水平方向结构构件（叠合楼板、叠合梁等）。剪力墙通常集中布置在建筑核心区域，形成较高的结构刚度和承载力；框架结构布置在建筑周边区域，加强抗侧力。剪力墙形成的区域可作为竖向交通和设备空间。框架结构形成的空间更加自由，可以满足更多的功能要求。装配式框架 – 现浇剪力墙结构体系既能实现理想的高度又能够实现大空间，可广泛用于各类公共建筑和居住建筑。

2. 装配式轻型结构

预制装配式轻型结构采用轻钢、铝合金、木、竹等轻型材料和模数化设计，在工厂制作并在现场拼装成建筑模块单元，通过装配连接成完整建筑。装配式轻型结构已经在多层公共建筑、别墅建筑、低层临时性建筑中广泛应用，其中轻型钢结构房屋最为常见。轻型钢结构以轻钢龙骨或框架作为主体结构，以轻型复合墙体为外围护结构。根据承重方式不同，轻型钢结构主要分为的梁柱式、框架隔扇式和模块单元式三种主要结构形式。梁柱式结构是由梁和柱组成承重骨架，骨架节点多采用螺栓和连接板固定，在必要部位添加支撑或可调节的交叉式拉杆来加强骨架的稳定性（图 2-1a）。此种结构形式运输方便、组装灵活，可以组合成多种建筑空间形式，但现场施工耗时相对久一些。框架隔扇式结构是由薄壁型轻钢龙骨组成框架隔扇来承担墙体、楼板和屋面的荷载（图 2-1b），隔扇可以在工厂生产安装，或是在施工现场装好骨架后再安装。此结构体系的优点在于隔扇规格少，节点装配方便，现场施工速度较快。模块单元式结构是由轻钢组成房间大小的三维空间骨架来承担全部荷载（图 2-1c），此结构体系的房屋系统是在工厂生产组装成功能完整的模块单元，运送至施工现场吊装就绪后，做好节点结构、防水处理，连接上管线即可使用。单元空间模块之间的组合需要相关的"接口"，即连接构件。"接口"的类型可以分为重合接口和连接接口。重合接口指的是不同单元模块之间的连接部分的构件相同，如两个单元之间共用一面墙；连接接口指的是单元模块之间采用不同的连接构件，如轻型钢结构模块之间的连接角码和螺栓。模块单元式结构的运输和吊装要求较高，空间形式限制大，但现场施工耗时较少。

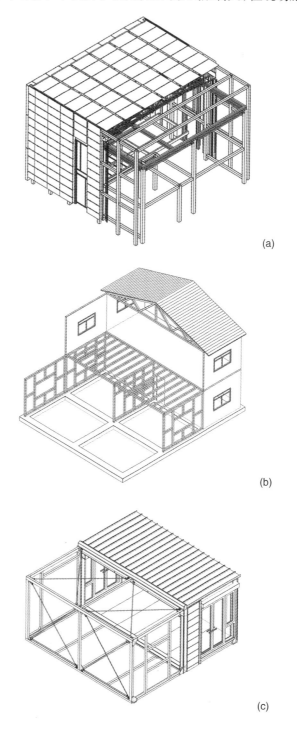

(a)

(b)

(c)

图2-1　轻型钢结构类型
（a.梁柱式结构；b.框架隔扇式结构；c.模块单元式结构）
图片来源：作者自绘

2.1.2 装配式建筑结构构件类型

1. 装配式重型结构构件类型

根据目前以装配式混凝土建筑为代表的装配式重型结构的技术体系，其结构构件主要有墙、楼板、梁、柱、节点构件、楼梯和基础7大类，根据其成型地点不同可分为全预制构件、现浇成型构件和现浇－预制混凝土构件3种类型：

（1）全预制构件

全预制构件是在工厂预制成型，在施工现场直接装配的结构构件，例如预制实心楼板、预制空心楼板、预制实心梁、预制实心剪力墙、预制实心柱等（图2-2），具有节约成本与劳动力、提高生产效率、克服季节影响、便于常年施工等优点。

(a)　　　　　　　(b)
(c)　　　　　　　(d)

图2-2　全预制混凝土构件
（a.预制实心梁；b.预制实心楼板；c.预制实心剪力墙；d.预制实心柱）
图片来源：http://image.baidu.com

（2）现浇成型构件

现浇成型构件是钢筋和构件模板在工厂生产组装在一起，再整体或分散运送至现场安装后，浇筑混凝土而成的结构构件。在现浇混凝土结构工程中，模板工程占总结构工程造价的20%~30%，占工程用量的30%~40%，占工期的50%左右[1]，因此模板系统的选择和使用是整个项目施工的关键因素之一，直接影响了混凝土的质量和整体性。模板系统的种类繁多，根据材料分有木（胶合）模板、竹（胶合）模板、钢模板、钢木混合模板、塑钢模板、铝合金模板以及绿色节能复合型材料模板等。随着工程质量要求的提高，模板技术也有了新的发展，例如，早拆模板技术、免拆模板技术等（图2-3）。采用早拆模板技术能够实现在混凝土强度达到设计强度的50%以上时，就拆除楼板模板和部分支撑转至下一工序，保持柱间、立柱及可调支座的支撑状态直至混凝土完全达到设计强度[2]。早拆模板技术可以大量节省模板的一次投入量，缩短施工

① 叶海军, 史鸣军. 建筑模板的发展历程及前景[J]. 山西建筑, 2007,33(31):158–159.
② 廉嘉平. 国内外早拆模板技术发展概况[J]. 建筑技术, 2011,42(8):686–688.

工期，加快施工速度，延长模板的使用寿命。但为了实现早拆，需要在重点部位增设模板构件，增加了施工质量控制难度。使用免拆模板可以在现浇混凝土结构浇筑后不拆除模板，其中有的模板与混凝土结构一起组成共同受力构件。免拆模板多为预制构件，可以实现工业化和标准化生产，还具有耐久性强，材料损耗低，施工简便、速度快等优点。免拆模板材料的选用可因地制宜，充分开发利用工业废料，生产新型复合材料的模板，例如快易收口型网状模板、钢网构架混凝土模板、绝热混凝土模板等。

图2-3　新型模板体系
（a.早拆模板体系；b.免拆除模板体系）
图片来源：a.http://image.baidu.com；
b.作者拍摄

(a)　　　　　　　　　　　　　　　　　　(b)

（3）现浇 – 预制混凝土构件

现浇 – 预制混凝土构件为半预制构件，是现浇和预制相结合的建筑构件，具有这两种成型技术的优点。常见的现浇 – 预制混凝土构件有预制叠合构件，如预制叠合梁、预制叠合楼板、预制叠合式剪力墙等（图2-4）。以预制叠合楼板为例，预制部分多为薄板，在工厂生产完成后运送到施工现场，使用施工设备将预制薄板吊装到位作为楼板的模板，辅以配套支撑，设置其与竖向构件之间的连接钢筋、受力钢筋和构造钢筋，然后浇筑混凝土叠合层，与预制板一起形成横向受力构件。预制叠合剪力墙由两层预制板和格构钢筋制作而成，现场安装就位后在两层板中间浇筑混凝土，形成具有整体性的、能够承受竖向荷载与水平力作用的剪力墙。随着施工技术的提高，在单个预制构件生产和安装技术的基础上，逐步实现了预制结构单元的整体全工业化生产和现场吊装、安装技术（图2-5），从而极大地提高了施工效率。

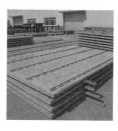

图2-4　预制叠合建筑构件
（a.预制叠合梁；b. 预制叠合楼板；
c. 预制叠合剪力墙）
图片来源：http://image.baidu.com

(a)　　　　　　　　　(b)　　　　　　　　　(c)

图2-5 装配式刚性钢筋笼结构
构件现场成型混凝土工业化建造
技术
图片来源:作者拍摄

2.装配式轻型结构构件类型

轻型钢结构是典型的装配式轻型结构类型,通常以薄壁型钢或小断面型钢的轻钢龙骨骨架作为主要承重结构(图2-6),通过连接件将不同形式的型钢组合,构成墙、梁、柱、楼地板、屋面和楼梯等各类结构构件(图2-7)。

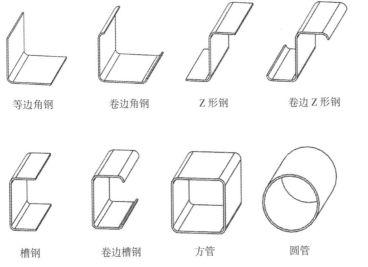

等边角钢   卷边角钢   Z形钢   卷边Z形钢

槽钢   卷边槽钢   方管   圆管

图2-6 轻钢龙骨骨架构件的主
要截面形式
图片来源:作者自绘

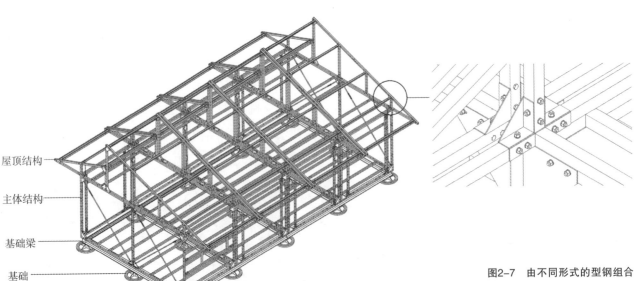

屋顶结构

主体结构

基础梁

基础

图2-7 由不同形式的型钢组合
而成的轻型钢结构
图片来源:作者自绘

① 金长宏, 李启明. 对我国推行建筑供应链管理的思考[J]. 建筑经济, 2008(4):17–19.

2.2　装配式建筑全生命周期工作流程

建筑全生命周期是指从设计、生产运输、施工到运营维护，直至拆除和回收再利用的全循环过程，主要分为 5 个阶段，即设计阶段、生产运输阶段、施工阶段、运营维护阶段和拆除回收阶段①。每个阶段的主要工作内容如下：

（1）设计阶段

在设计阶段，项目人员利用图纸和设计模型定义装配式建筑和各预制构件的形态、功能、属性和实现技术，最终建立标准预制构件和项目数据库。具体工作内容包括：从功能、技术、经济和美学方面评估设计方案；向专家、企业、客户等相关利益方咨询；根据相关规范创建和审查项目和构件的图纸、模型，修改设计缺陷和冲突；编制初步的生产和施工计划表；将生产信息传输给构件制造方。

（2）生产运输阶段

装配式建筑的大部分构件在工厂生产制作，依据构件加工图纸和建造工艺将建筑原料加工成建筑构件。具体工作内容包括：设计、施工、生产各方根据生产条件和施工工艺修改完善构件加工图和生产计划；采购生产原料；构件生产和组装；构件质量检测；编制构件说明书和交付构件成品。混凝土预制构件的一般生产和管理流程如图 2-8 所示。

构件运输阶段的主要工作是将工厂交付的构件通过专业运输设备运送到施工现场，具体包括装车、运输、卸车和堆放 4 个环节。在整个运输过程中，施工方需要及时获得运输信息，包括运输计划、运输车辆的实时状态和所处位

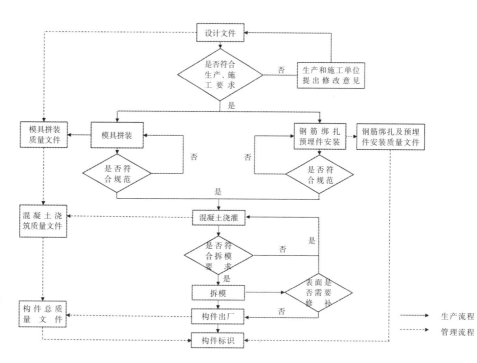

图2-8　混凝土构件生产、管理流程

图片来源：作者自绘

置，以便合理安排施工装配工作。在安装之前，需要根据施工工序将构件暂时堆放在堆场。此时应及时记录构件堆放的确切位置，保证安装阶段的高效搜索与定位。此阶段的运输和管理流程如图2-9所示。

（3）施工阶段

装配式建筑结构施工阶段的工作主要包括测量校对定位基准、吊装和安装构件、连接节点等。按照施工计划安排目标构件进场，复核完安装定位控制线之后吊装、连接、浇筑预制构件，最终形成完整的结构体。在安装构件的同时，还要实时监控施工过程，将构件安装进度、质量信息上传至数据库，并对施工计划做出及时调整。在施工阶段，构件定位的准确性和施工监控的及时性直接影响着工程的整体质量和进度。此阶段的施工和管理流程如图2-10所示。

（4）运营维护阶段

在运营维护阶段需要管理建筑构件的日常使用和检查维修等状况。一方面要监测建筑结构和构件的质量，根据其状态参数评估结构构件的安全情况，如果出现不利情况应及时采取控制措施。另一方面，在装配式建筑改（扩）建过程中，要分析和检测建筑结构的安全性、耐久性，避免结构损伤，尽可能地再次利用结构构件，减少材料资源的消耗。

（5）拆除回收阶段

根据建筑的结构类型、构件材料、构件质量、连接方式、经济性、碳排放量等因素综合判断建筑构件是否满足拆除回收的要求。对于满足要求的构件，需要统计好拆卸构件的数据，选择合理的拆除方式，制作详细的拆除计划、构件清单，并明确构件的存储地点。

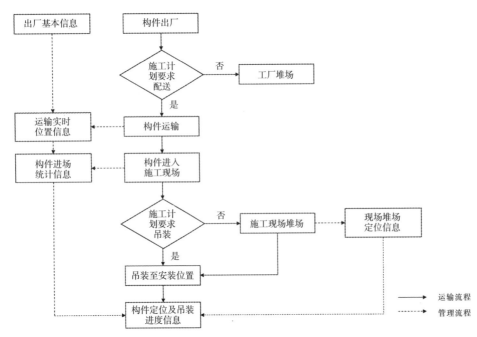

图2-9 构件运输管理流程
图片来源：作者自绘

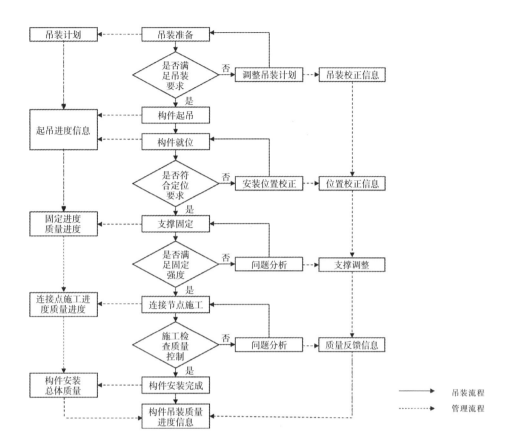

吊装流程
管理流程

图2-10　构件吊装管理流程
图片来源:作者自绘

2.2.1　设计阶段

在传统建设链中,设计与建造相对独立,设计人员更加关注建筑功能、形式、美观、规范等方面,而如何高效地生产、运输和装配构件是施工人员主要的关注点。新型工业化生产建造方式与传统生产建造方式的主要区别之一是实现了设计与生产建造的一体化。相比传统意义上的设计,工业化设计采用标准化设计方式,并在设计阶段就充分考虑到后期的生产建造,将建筑设计与建筑产品的生产及装配紧密相连。这就要求在建筑设计中既要考虑建筑的功能、性能、美观等内容,又要和结构、设备、装修等各个专业沟通配合,提前对生产、运输、装配、维护、拆除和再利用的建筑全生命周期各环节的需求做充分准备。

2.2.1.1　建筑模数与应用

标准化、模块化设计是实现新型建筑工业化建造的可行方法和路径。标准化主要指操作模式的标准化(通过国家规范与行业标准确立)和产品体系的标准化(涵盖从构件标准化到建筑整体标准化)[①]。无论是标准化的模块设计,还是标准化的产品体系,都要建立在统一的模数基础上,通过模数来协调体系内部和体系之间的秩序。

① 戴文莹. 基于BIM技术的装配式建筑研究[D]. 武汉:武汉大学, 2017.

1. 模数协调

东西方古代建筑已经形成了比较成熟的模数制度，这在《建筑十书》和《营造法式》中有清晰的记录。在19世纪30年代，美国人贝米斯就在正方体模数方式理论（Cubical Modular Method）中提出了"模数与模数协调"的概念。现代模数理论的进一步发展则源于建筑量产化的需求和技术，以及产品进步，建筑工业化、部品化的趋势。模数的作用是在建筑构件间建立一种控制全局的规格秩序，是对全行业构件尺寸规格、组合安装协调方式的把控。对于建筑工业化来说，建筑模数是实现标准化、规模化生产，不同材料、形式和制造方法的构件具有通用性和互换性，并能精确安装定位的基本技术手段。装配式建筑模数化设计的目标是实现模数协调，这不仅包括对建筑设计和构件设计的协调，也需要对设计、制造、施工等全生命周期各环节，以及建筑、结构、水、电等各专业的互相协调。早在1995年的《建筑工业化发展纲要》就指出，建筑工业化的基本内容之一就是制定统一的建筑模数和重要的基础标准，以解决标准化和多样化的关系[1]。许多建筑设计规范和技术标准也都将"建筑设计标准化和模数化"作为基本原则。《建筑模数协调标准》（GB/T 50002—2013）、《厂房建筑模数协调标准》（GB/T 50006—2010）等系列标准对模数和模数数列、相关原则和模数的应用做了明确规定。装配式建筑的模数化就是在建筑设计、结构设计、拆分设计、构件设计、构件装配设计、一体化设计和集成化设计中，采用模数化尺寸、给出合理公差，实现建筑或建筑的一部分和构件尺寸与安装位置的模数协调。

（1）模数与模数网格

在现代模理论中，"模数"一词有两层含义：一是尺度协调中的"尺寸单位"，如模数M为100 mm，其他的尺寸数值是M的倍数或分数；另一层含义是指形成一组数值群的规则。目前，我国的《建筑模数协调标准》采用的模数数值群有基本模数（1M=100 mm）、扩大模数（2M、3M、6M、9M、12M……）和分模数（M/10、M/5、M/2），模数扩展成一系列的尺寸就形成了模数数列[2]。

为了实现构件的尺寸协调和确定其安装位置，建筑实体可以看作是三维坐标空间中x轴、y轴和z轴三个方向均为模数尺寸的模数空间网格。根据其作用，模数空间网格可以分为结构空间模数网格和装修空间模数网格两个层级（图2-11）。不同层级的空间模数网格用于定位不同层级的构件：结构空间模数网格采用扩大模数网格，且优先尺寸应为2nM、3nM（n为自然数）模数系列，用于定位柱、梁、承重墙体和楼板等结构体构件；装修空间模数网格采用基本模数网格或分模数网格，用于定位外围护结构、内隔墙、设备、管井

① 中华人民共和国住房和城乡建设部.建筑工业化发展纲要[EB/OL]. (2016-09-30). http://www.pkulaw.cn/fulltext_form.aspx?Gid=22472.
② 中华人民共和国住房和城乡建设部.建筑模数协调标准: GB/T 50002—2013[S]. 北京:中国建筑工业出版社, 2013.

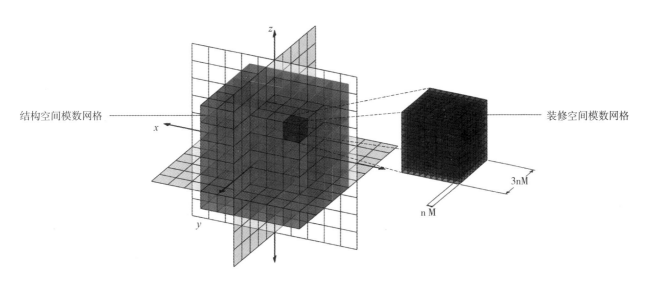

图2-11　三维模数空间网格
图片来源：作者自绘

等外装修构件和内装修构件。结构构件通过预制装配或现浇的方式连接成符合空间网格参数的结构体框架，结构框架将建筑的内外空间分解为数个符合模数协调体系的装修单元。从重要性和尺寸模数上看，结构空间模数网格属于更高一级的模数网格，装修空间网格属于低一级的模数网格。装修空间网格包含在结构空间模数网格内，低层级的模数网格从属于高层级的模数网格，且二者相重叠。理论上，每个构件的空间位置都应与所属的模数网格对应，这就可以使低层级模数空间中的构件安装尺寸契合更高层级模数空间的安装预留尺寸，从而避免出现按不同层级模数网格定位而造成构件相互冲突或留下过大安装缝隙的状况。

（2）构件尺寸

装配式建筑设计应尽量做到每一个构件都在模数网格内。构件占用的模数空间尺寸应包括构件尺寸、构件公差，以及技术尺寸必需的空间。构件尺寸又包括标志尺寸、制作尺寸和实际尺寸（图 2-12）。标志尺寸需要标注出建筑

图2-12　构件尺寸
图片来源：作者自绘

物定位线或基准面之间的垂直距离，以及建筑模块、构件、设备之间的安装基准面之间的尺寸，这些距离和尺寸要符合模数数列的规定，如梁、板等构件的截面标志尺寸宜采用水平基本模数数列和水平扩大模数数列。制作尺寸是标志尺寸减去装配空间后的尺寸，是构件生产制作所依据的尺寸。实际尺寸则是构件生产制作后实际测得的尺寸，包含了制作误差。

在装配式建筑的设计阶段需要确定预制构件之间、预制构件和现浇构件之间的公差，即允许的误差，以满足结构变形、密封材料变形、生产和施工误差以及温差变形的要求。基本公差包括制作公差、安装公差、位形公差和连接公差（图 2-13）。构件的基本公差需要按其重要性、功能部位、尺寸大小、材料和加工方式确定，且应符合表 2-3 的规定。在整个装配式建筑的生产和装配过程中，从最初的构件生产到最终现场总装，如果构件的加工和装配质量把控不严，会不断地累积误差，降低建筑的整体质量。

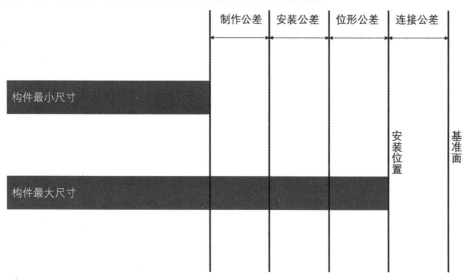

图2-13 构件基本公差与构件尺寸、安装位置的关系
图片来源：作者自绘

表2-3 构件的基本公差 单位：mm

级别	部件尺寸					
	<50	50~<160	160~<500	500~<1600	1600~<5000	≥5000
1级	0.5	1.0	2.0	3.0	5.0	8.0
2级	1.0	2.0	3.0	5.0	8.0	12.0
3级	2.0	3.0	5.0	8.0	12.0	20.0
4级	3.0	5.0	8.0	12.0	20.0	30.0
5级	5.0	8.0	12.0	20.0	30.0	50.0

表格来源：中华人民共和国住房和城乡建设部. 建筑模数协调标准：GB/T 50002—2013[S]. 北京：中国建筑工业出版社，2013：16.

（3）构件定位

装配式建筑的结构构件应按照模数网格来定位安装，定位主要依据结构构件的基准面（线）和安装基准面（线）所在的位置决定，基准面（线）的位置确定可采用中心定位法、界面定位法或者中心与界面混合定位法（图2-14）。这三种定位方法各有特点，适用于不同的构件定位和模数网格空间要求（表2-4）。中心定位法是将定位基准面（线）与构件的物理中心相重合，此方法有利于构件的预制、定位和安装，所以当结构构件不与其他构件毗邻连接时，一般可以采用中心定位法，如框架柱、梁和承重墙的定位。但当主体结构构件采用中心定位法时，可能造成内装修空间的非模数，不方便装修空间网格的设置和装修构件的定位安装，需要通过调节墙体的厚度来形成模数化的装修空间。采用界面定位法可以使构件的界面与定位基准面（线）相重合，避免因结构构件、空间分割构件尺寸不同，造成空间界面不平整或形成非模数空间。当结构构件连续安装，上一个构件的界面是下一个构件的安装基准面，且须沿某一界面构件安装完整平直时，应该采用界面定位法，如楼板和屋面的定位。在实际应用中，只用一种定位方法往往不能满足施工的要求，如主体结构构件定位安装要求同时满足基准面定位，或是主体结构墙体的安装厚度需要符合模数尺寸时，常采用中心定位轴线、界面定位线叠加为同一模数网格的方法。

表2-4　中心定位法、界面定位法、中心与界面混合定位法的适用特点

结构构件定位方法	适用特点	适用结构构件
中心定位法	定位基准面（线）与构件的物理中心相重合，适用于不与其他构件毗邻连接的构件	柱、梁、承重墙
界面定位法	构件的界面与定位基准面（线）相重合，适用于连续安装，上一个构件的界面是下一个构件的安装基准面，且须沿某一界面构件安装完整平直时的构件	楼板、屋面
中心与界面混合定位法	同时满足中心和界面定位需要	叠合梁、叠合墙

表格来源：作者自制

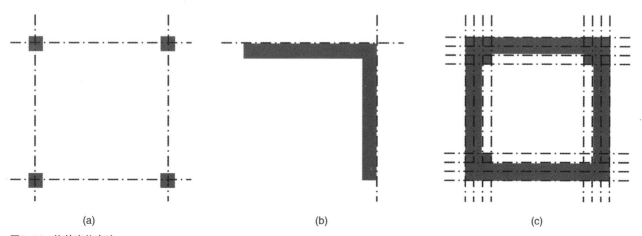

(a)　　　　　　　　　　　　　(b)　　　　　　　　　　　　　(c)

图2-14　构件定位方法
（a. 中心定位法；b. 界面定位法；
c. 中心与界面混合定位法）
图片来源：作者自绘

在许多特殊项目中，常会使用非标准的异型构件。为了减少此类构件的

规模和种类、增加互换性,且使模数网格的概念更加具有包容性,可以采用"中断区"或"不同模数网格并存"的办法来定位和安装构件。此外,生产和安装构件时还会经常出现精度不够和操作误差等问题,这就需要在构件的基准线内,根据生产工艺和施工水平等多方因素预留合理的"公差"。在建筑构件安装定位后可能会产生模数空间和非模数空间问题,应根据以下原则处理:

①模数化构件完全占据的空间应优先保证为模数空间;

②不严格要求模数化构件完全占据的空间可以为非模数空间;

③模数化构件必须填满非模数化空间时应留出技术尺寸空间。

模块单元式结构房屋的单元模块设计宜采用结构空间模数网格法:当单元模块的投影立面为单列箱体时,宜以模块外皮作为定位轴线(图2-15a);当单元模块的投影立面为多列箱体时,宜以含连接构造的中线作为定位轴线(图2-15b);当单元模块的投影立面为多列错位箱体时,宜以角件中线作为定位轴线(图2-15c)。单元模块内的平面网格宜采用自定义网格轴对称布置,并对结构空间网格和装修空间网格非模数区进行协调处理[①]。

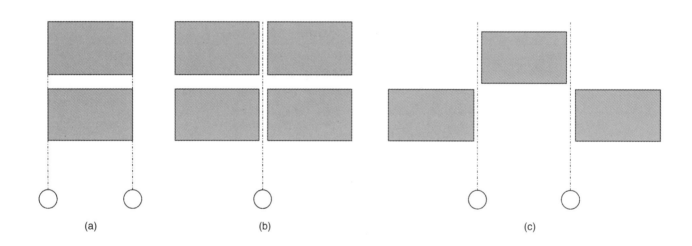

(a)　　　　　　　　(b)　　　　　　　　(c)

2.2.1.2 预制构件深化设计

装配式建筑的深化设计是指在原设计方案和条件图的基础上,结合工厂与现场的实际情况,绘制成具有可实施性的施工图纸。深化设计分为建筑深化和预制构件深化设计两个阶段。建筑深化设计阶段即施工图阶段,应完成建筑的平立剖面设计、结构构件的截面和配筋设计、节点连接构造设计、结构构件的安装图等,其内容和深度应满足施工安装的要求。在预制构件深化设计阶段,设计人员应根据建筑、结构、设备等各专业和项目各环节的综合要求细化构件的各项参数,确定合理的制作和安装公差,其内容和深度应满足构件加工的要求。深化设计的成果图纸如表2-5所示。

图2-15　模块单元式结构房屋的单元模块轴线定位
(a.单列模块轴线定位;b.多列模块轴线定位;c.多列错位模块轴线定位)
图片来源:中国工程建设协会.集装箱模块化组合房屋技术规程:CECS 334—2013[S].北京:中国计划出版社,2013.

① 中国工程建设协会.集装箱模块化组合房屋技术规程:CECS 334—2013[S].北京:中国计划出版社,2013.

表2-5　深化设计图纸

图纸类型	用途	使用人员
图纸目录	图纸种类汇总以及查看	构件生产人员、施工人员
总说明、平立剖面图	深化设计要求，反映预制构件位置、名称和重量，以及立面节点构造	构件生产人员、施工人员
预制板装配图	构件在节点处相互关系的碰撞检验图	施工人员
楼梯装配图	构件现场安装用图	施工人员
楼板预埋件分布图	施工现场预埋件定位	施工人员
预制构件图	构件厂生产构件用图纸，反映构件外形尺寸、配筋信息、埋件定位及数量等	构件生产人员
公共详图	通用的构件细部详图	构件生产人员、施工人员
索引详图	通过索引代号反映各部位的构件细部详图	构件生产人员、施工人员
金属件加工图	工厂用和现场用金属件的工厂生产	构件生产人员

表格来源：上海市城市建设工程学校（上海市园林学校）．装配式混凝土建筑结构设计[M]．上海：同济大学出版社，2016: 118.

装配整体式结构拆分设计是设计阶段的关键环节。拆分基于多方面因素，包括建筑功能性和艺术性、结构合理性、制作运输安装环节的可行性和便利性等，应当由建筑、结构、工厂、运输和安装各个环节的技术人员协作完成。构件拆分总体工作和一般流程如下[①]：

①确定现浇与预制的范围、边界；

②确定结构构件的拆分部位；

③确定后浇区与预制构件之间的关系，包括相关预制构件的关系；

④确定构件之间的拆分位置。

除此之外，在拆分构件的时候还应该充分考虑各个专业和环节的要求。例如，从结构合理性考虑，构件拆分应保证结构有足够的强度，构件接缝选在应力小的部位；从构件制作、运输、安装的角度考虑，构件拆分必须符合工厂和施工现场起重机能力、模台和生产线尺寸、运输限高限宽限重等的要求。以装配式梁柱结构体系为例，常规拆分方法是在预制柱、梁结合部位，叠合梁和叠合楼板的结合部位后浇筑混凝土。拆分时，每根预制柱的长度为结构的一层，连接套筒预埋在柱子底部。梁主筋在柱距的中心位置，通过注胶套筒或机械套筒连接，后浇筑混凝土（图 2-16a）。考虑到运输问题，当遇到双向交叉十字形梁结构时，需要把梁的一侧长度调整到运输车辆车宽以下。这样一来，梁与楼板连接区域至梁主筋的突出长度缩短，梁主筋的连接位置也会调整至梁的端部（图 2-16b）。

① 郭学明. 装配式混凝土建筑——结构设计与拆分设计200问[M]. 北京：机械工业出版社，2018.

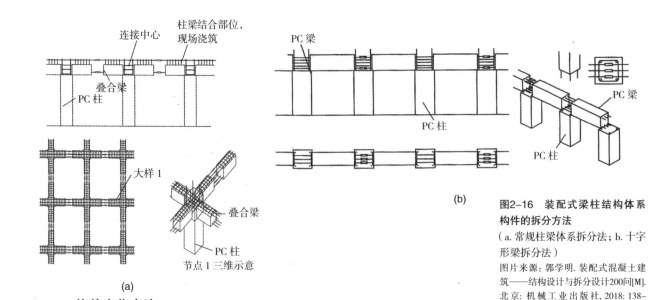

图2-16 装配式梁柱结构体系构件的拆分方法

（a.常规柱梁体系拆分法；b.十字形梁拆分法）

图片来源：郭学明.装配式混凝土建筑——结构设计与拆分设计200问[M].北京：机械工业出版社，2018: 138–139.

2.2.1.3 构件定位表达

现阶段设计与施工信息的交付成果基本采用的是二维图纸的方式。为了规范各地的图示方法，建设部于2003年批准《混凝土结构施工图平面整体表示方法制图规则和构造详图03G101-1》作为国家建筑标准设计图集。随着装配式建筑的发展和推广，自2009年以来国家和行业发布了关于装配式建筑的规范、规程、图集15种，地方规范、规程和图集近60种，表2-6为国家发布的装配式建筑的图集汇总。其中《装配式混凝土结构住宅建筑设计示例（剪力墙结构）15J939-1》和《装配式混凝土结构表示方法及示例（剪力墙结构）15G107-1》规定了装配式剪力墙结构的结构布置及施工图的表示方法。毋庸置疑，施工图平法标注的标准化使得图纸数量减少65%~80%，有力地推动了我国建筑行业的发展。在这些图集中，结构构件的位置一般通过构件编号、所在轴号、楼层号以及标高或相对标高来表达。虽然图集中鼓励设计人员采用BIM技术对混凝土剪力墙结构进行可视化设计虚拟施工，并用三维图纸的形式帮助使用者理解设计方案和预制构件的位置，但目前总体仍是以二维图纸方式表达结构的施工做法。

表2-6　国家级装配式建筑图集

名称	编号	适用阶段	发布时间
《装配式混凝土结构住宅建筑设计示例（剪力墙结构）》	15J939-1	设计、生产	2015年2月
《装配式混凝土结构表示方法及示例（剪力墙结构）》	15G107-1	设计、生产	2015年2月
《预制混凝土剪力墙外墙板》	15G365-1	设计、生产	2015年2月
《预制混凝土剪力墙内墙板》	15G365-2	设计、生产	2015年2月
《桁架钢筋混凝土叠合板（60 mm厚底板）》	15G366-1	设计、生产	2015年2月
《预制钢筋混凝土板式楼梯》	15G367-1	设计、生产	2015年2月
《装配式混凝土结构连接节点构造（楼盖和楼梯）》	15G310-1	设计、施工、验收	2015年2月
《装配式混凝土结构连接节点构造（剪力墙结构）》	15G310-2	设计、施工、验收	2015年2月
《预制钢筋混凝土阳台板、空调板及女儿墙》	15G368-1	设计、生产	2015年2月

表格来源：作者自制

目前，生产施工所需要的所有建筑信息，如结构尺寸、标高、构造等，基本都是通过二维图纸表达。在这种模式下，施工图中的图形符号和尺寸、定位数据往往是分离的，信息就固化在图面元素中，图纸和模型的修改难以联动，容易出现错误和遗漏。另外，施工图是一种平面表达方式，而建筑是三维的，在一些复杂情况下难以用二维方式表达清楚。所以，虽然二维图纸的表达方式具有施工信息集中、图纸数量少、绘图工作少、方便现阶段的施工图文档的提交和审阅等优点，但由于装配式建筑施工中有大量预制构件生产和拼装的过程，只用 CAD 软件绘制的二维图纸不仅容易出现表达方式不直观、有歧义，构件定位信息不全，定位信息不直观等缺点，而且图纸之间没有关联性，使得出图的工作量过大，专业之间难以协同。借助 BIM 技术可以有效地解决施工信息表达问题，构件的定位信息可以在三维模型中直观地展示出来。同时借助智能化施工放样设备可以在施工现场对预制构件精确定位放样，并在移动通信设备中查看、检验构件的位置信息。所以在实际施工中，可以运用基于BIM 的三维定位作为施工图纸的补充，将平法的抽象化信息与 BIM 的数据信息相统一，以便更加全面直观地表达施工信息。

2.2.2　生产运输阶段

2.2.2.1　构件生产

1. 钢构件生产

预制构件生产制作一般在工厂进行。钢结构构件制作主要包括放样、号料、切割下料、边缘加工、弯卷成型、折边、组装、矫正和防腐与涂饰等工艺过程，宜全部采用自动化生产线，减少手工作业，各项工序的制作尺寸偏差应符合《钢结构工程施工质量验收规范》（GB 50205—2020）的相关规定。必要时，钢构件宜在出厂前采用实体预拼装或数字模拟预拼装。模块化轻型钢结构房屋的模块单元和结构构件尺寸偏差应符合表 2-7 的要求。

表2-7　模块单元和结构构件制作尺寸偏差要求

项目		允许偏差（mm）
柱承重单元角柱	长度	0，−2
	截面尺寸	±1
	两端板与角柱侧面的垂直度	≤ 1.5°
	两端连接板平行度	≤ 1.5°
	立柱连接孔间距	±1
模块单元外形尺寸	≥ 3600 mm	0，−5
	< 3600 mm	0，−4
	端面对角线	≤ 4
	侧面对角线	≤ 5
	模块单元垂直度	$H/1000$，且 ≤ 3

表格来源：中华人民共和国住房和城乡建设部,轻型模块化钢结构组合房屋技术规程意见稿,
注：H为模块单元高度。

2. 混凝土构件生产

混凝土构件的生产过程较为复杂，要经模具制作与拼装、钢筋与预埋件加工、构件制作和构件标识等步骤[①]。

（1）模具制作

模具对装配式混凝土结构构件质量、生产周期和成本的影响很大，模具的精度是预制构件精度的基础和保证，因此，模具的制作与组装是预制构件生产中非常重要的环节。模具可选用钢材、铝材、混凝土、超高性能混凝土、玻璃纤维增强混凝土（Glass Fiber Reinforced Concrete，GRC）、玻璃钢等多种材料制作，其中最常用的是钢模具。根据《装配式混凝土结构技术规程》（JGJ 1—2014）规定，模具设计与制作应满足以下 3 项要求：

①模具形状与尺寸准确。模具的尺寸和定位必须满足一定的精度，试生产的预制构件的各项检测指标均在标准的允许公差内才能投入正常生产。侧模和底模应有足够的强度、刚度和稳定性，并符合构件精度要求和尺寸要求（表2-8）。考虑到在浇筑振捣混凝土的过程中会有一定程度的涨模现象，因此模具尺寸一般要比构件尺寸小 1~2mm。

②钢筋、预埋件安放方便，穿过模具的伸出钢筋孔位准确，混凝土入模方便。

③固定灌浆套筒、孔眼内模、预埋件的定位装置位置准确。制作模具时按照定位线放线，采用中心线定位，而不是以边线（界面）定位，特别是固定套筒、预埋件、孔眼的辅助设施，需要以中心线定位和控制误差，相关位置允许误差见表2-9。此外，模具构造应尽量简单，满足易清理、脱模和拆装的要求，以及满足多次周转次数等要求。

表2-8 模具尺寸的允许偏差

检验项目及内容		允许偏差（mm）	检验方法
长度	≤ 6 m	1，−2	用钢尺量平行构件高度方向，取其中偏差绝对值较大处
	>6 m 且≤ 12 m	2，−4	
	>12 m	3，−5	
截面尺寸	墙板	1，−2	用钢尺测量两端或中部，取其中偏差绝对值较大处
	其他构件	2，−4	
对角线差		3	用钢尺量纵、横两个方向对角线
侧向弯曲		L/1500 且≤ 5	拉线，用钢尺量测侧向弯曲最大处
翘曲		L/1500	对角拉线测量交点间距离值
底模表面平整度		2	用 2m 靠尺和塞尺检查
组装缝隙		1	用塞片或塞尺量
端模与侧模高低差		1	用钢尺量

注：L为模具与混凝土接触面中最长边的尺寸。
表格来源：中华人民共和国住房和城乡建设部. 装配式混凝土结构技术规程：JGJ 1—2014[S]. 北京：中国建筑工业出版社，2014.

① 上海市建筑建材业市场管理总站. 装配式建筑预制混凝土构件生产技术导则[Z]. 2016.

表2-9　模具预埋件、预留孔位置允许偏差

检验项目及内容	允许偏差（mm）	检验方法
预埋件、插筋、吊环、预留孔洞中心线位置	3	用钢尺量
预埋螺栓、螺母中心线位置	2	用钢尺量
灌浆套筒中心线位置	1	用钢尺量

表格来源：中华人民共和国住房和城乡建设部.装配式混凝土结构技术规程：JGJ 1—2014 [S]. 北京：中国建筑工业出版社, 2014.

（2）钢筋加工

混凝土预制构件一般是将钢筋骨架加工好，灌浆套筒或浆锚搭接内模、预埋件、吊钩、吊钉、预埋管线与钢筋骨架连接固定完成后一起入模。钢筋加工有自动和手动两种方式，在条件允许的情况下，钢筋加工生产线宜采用自动化数控设备，来提高钢筋加工的精度、质量和效率。钢筋的尺寸和安装都有相应的规定，一般应满足表 2-10 的要求。

表2-10　钢筋网和钢筋骨架尺寸允许偏差

项目			允许偏差（mm）	检验方法
钢筋网片	长、宽		±5	钢尺检查
	网眼尺寸		±5	钢尺量连续三档，取最大值
钢筋骨架	长		±5	钢尺检查
	宽、高		±5	钢尺检查
受力钢筋	间距		±5	钢尺量两端、中间各一点，取最大值
	排距		±5	
	保护层	柱、梁	±5	钢尺检查
		板、墙	±3	钢尺检查
钢筋、横向钢筋间距			±5	钢尺量连续三档，取最大值
钢筋弯起点位置			15	钢尺检查

表格来源：中华人民共和国住房和城乡建设部.装配式混凝土结构技术规程：JGJ 1—2014[S]. 北京：中国建筑工业出版社, 2014.

（3）构件制作

在制作预制混凝土构件之前，需要做好前期的准备工作，包括生产计划与加工图纸的检查、生产原材料的验收、设备与工艺的检验以及模具的制作与拼装。预制混凝土有两种制作工艺，即固定方式和流动方式。固定式是指模具布置在固定位置，包括固定模台工艺、立模工艺和预应力工艺等。流动式指模具在流水线上移动，也称流水线工艺，有全自动、半自动和手控之分。表 2-11 总结了固定方式和流动方式制作工艺的特点和适用性，生产企业可以根据自身的生产条件、构件的类型和项目要求选择适宜的生产方式。

表2-11 预制混凝土构件的模具类型及适用性

类型	固定式模具			流动式模具		
	固定模台	立模	预应力	全自动	半自动	手控
可生产构件	梁、叠合梁、柱、楼板、叠合楼板、外墙板、楼梯板等多种构件	内墙板、外墙板、柱、楼梯板	预应力叠合板、预应力空心板、预应力实心楼板、预应力梁	楼板、叠合楼板、内墙板、双层墙板	楼板、叠合楼板、内墙板	楼板、叠合楼板、内墙板
特点	适用范围广	适用范围少	大跨度构件	用工少，但投资高	使用范围少，用工多，占地多	使用范围少，用工多，占地多

表格来源：作者自制

（4）构件质量检验

预制构件的质量关系到整个建筑的质量，因此需要在出厂运送至施工现场之前严格检验构件的质量。检验内容包括材料检验、构件制作过程检验和构件检验。尺寸偏差检验是构件检验的重要环节，关系到施工建造时构件能否准确定位和安装。允许的偏差数值和检验方法应符合《混凝土结构工程施工质量验收规范》（GB 50204—2015）和《装配式混凝土建筑技术标准》（GB/T 51231—2016）的相关规定（表2-12）。

表2-12 预制构件的尺寸偏差及检验方法

项目			允许偏差（mm）	检验方法
长度	楼板、梁、柱、桁架	<12 m	±5	尺量
		≥12 m 且 <18 m	±10	
		≥18 m	±20	
	墙板		±4	
宽度、高（厚）度	楼板、梁、柱、桁架		±5	尺量一端及中部，取其中偏差绝对值较大处
	墙板		±4	
表面平整度	楼板、梁、柱、墙板内表面		5	2 m 靠尺和塞尺量测
	墙板外表面		3	
侧向弯曲	楼板、梁、柱		L/750 且 ≤20	拉线、直尺量测，最大侧向弯曲处
	墙板、桁架		L/1000 且 ≤20	
翘曲	楼板		L/750	调平尺在两端量测
	墙板		L/1000	
对角线	楼板		10	尺量两个对角线
	墙板		5	
预留孔	中心线位置		5	尺量
	孔尺寸		±5	
预留洞	中心线位置		10	尺量
	洞口尺寸、深度		±10	
预埋件	顶埋板中心线位置		5	尺量
	预埋板与混凝土面平面高差		0，-5	
	预埋螺栓		2	
	预埋螺栓外露长度		+10，-5	
	预埋套筒、螺母中心线位置		2	
	预埋套筒、螺母与混凝土平面高差		±5	

续表

项目		允许偏差（mm）	检验方法
预留插筋	中心线位置	5	尺量
	外露长度	+10，−5	
键槽	中心线位置	5	尺量
	长度、宽度	±5	
	深度	±10	

表格来源：中国建筑科学研究院. 混凝土结构工程施工质量验收规范：GB 50204—2015[S]. 北京：中国建筑工业出版社，2015：23.

注：L为楼板、梁、柱、墙板、桁架的长度。

工程名称		生产日期	
构件编号		检验日期	
构件重量		检验人	
构件规格			

图2-17 构件标识图示例

图片来源：张金树，王春长. 装配式建筑混凝土预制构件生产与管理[M]. 北京：中国建筑工业出版社，2017：156.

（5）构件标识

预制构件需要在入库后和出厂前标识产品，说明产品的各种信息。构件标识主要包括：工程名称、产品名称、产品型号、构件编号、生产日期、制作单位、检查信息和安装方向等（图2-17）。标识应标注在构件显眼、容易辨识的位置，并保证在堆放、运输和安装过程中不易被损坏。

2.2.2.2 构件堆放和运输

1. 构件堆放

预制构件在施工安装之前，一般会在工厂或施工现场的堆放场存放一段时间。预制构件应按照规格、品种、使用部位、吊装顺序分类设置堆放场地。构件堆放场有专用堆放场、临时堆放场、现场堆放场三种类型。专用堆放场是指设在构件工厂内的存储场地，一般设在靠近预制构件的生产线及起重机所能达到的范围内。当预制构件的生产量很大、专用堆放场容纳不下全部构件时，就需在施工现场附件设置临时堆放场供构件临时储存。现场堆放场是指构件在施工现场预制成型、就位堆放及拼装的场地。构件的现场预制分为一次就位预制（如柱子按吊装方案布置图一次就位预制）和二次倒运预制（如屋架或外围护结构施工时，在现场将小尺寸构件二次吊运，拼装成大尺寸构件之后整体吊装）。现场堆放场内构件存储布置方式应根据施工组织设计确定。

根据构件的类型和存放方法的不同，需要将存放区域划分成不同的存放单元。一般来说，混凝土构件堆放有平式和立式两种方式：叠合板、预制柱和

(a)

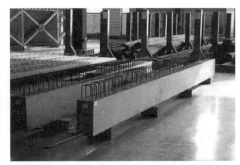
(b)

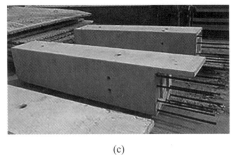
(c)

(d)

图2-18 混凝土预制构件的存放方式
（a.叠合板；b.预制梁；c.预制柱；d. 预制墙板）
图片来源：https://image.baidu.com

预制梁均采用平式叠放储存方式，构件之间加放垫木防止接触造成构件缺损；墙板采用立式存放，并用专用竖向存放支架或临时支撑架防止墙板倾倒[1]（图2-18）。存放同类型构件时，应按照不同工程项目、楼号、楼层分类存放。

2. 构件运输

预制构件运输是联系工厂生产和现场装配的重要纽带，需要根据施工安装顺序来制订运输计划，合理的运输方式、路线和次序会极大地提高整体生产施工的效率。

（1）运输路线

在运输之前，先在地图上模拟规划运输路线，再实地勘察验证。详细调查记录每条运输路线所经过的桥梁、涵洞、隧道等结构物的限高、限宽等要求，以及沿途上空是否有障碍物，确保构件运输车辆无障碍通过。最后筛选出较为理想的2至3条线路，选出最合理的一条作为常用运输线路，其余线路可作为备用方案。

（2）运输工具与方式

构件运输主要采用公路运输，选择合适的运输车辆和运输台架，以及采取相应的保护措施可以最大限度地避免和消除构件在运输过程中的污染和损坏。运输车辆有专用运输车和改装后的平板运输车，不同类型的构件采用的运输方式也不同。梁、柱、楼板装车应平放，楼板可以叠层放置；剪力墙构件运输宜采用专用支架竖向或斜向靠放的方式运输（图 2-19）。

① 张金树，王春长. 装配式建筑混凝土预制构件生产与管理[M]. 北京：中国建筑工业出版社，2017.

图2-19 预制构件的运输方式
图片来源：https://wenku.baidu.com

2.2.3 施工安装阶段

装配是将建筑各个系统的预制构件通过可靠的连接方式组合成整体的过程。装配式建筑与现浇混凝土建筑相比，施工安装环节的不同点主要在于以下几点：

（1）施工环节与设计和制作环节协同工作更加紧密；

（2）施工精度要求更高，误差限度从厘米级上升至毫米级；

（3）构件安装工作在施工中的比重增加，大幅提升了起重吊装的工作量；

（4）构件连接的工作大幅增加。

2.2.3.1 施工准备

在安装施工之前应设置施工控制网，需要进行测量放线、设置构件安装定位标识。测量放线应符合《工程测量规范》（GB 50026—2007）的有关规定，并核实施工放样资料，包括总平面图、场区控制点坐标、高程及点位分布图、建筑物的设计与说明、建筑物的轴线平面图、建筑物的基础平面图、设备的基础图、土方的开挖图、建筑物的结构图和管网图等。施工放样、轴线投测和标高传递的偏差不应超过表 2-13 的规定。在安装施工前，核对已完成结构的外观质量和尺寸偏差。

表2-13 建筑物施工放样、轴线投测和标高传递的允许偏差

项目	内容		允许偏差（mm）
基础桩位放样	单排桩或群桩中的边桩		±10
	群桩		±20
各施工层上放线	外廊主轴线长度 L（m）	L≤30	±5
		30<L≤60	±10
		60<L≤90	±15
		90<L	±20
	细部轴线		±2
	承重墙、梁、柱边线		±3
	非承重墙边线		±3
	门窗洞口线		±3
轴向竖向投测	每层		3
	总高 H（m）	H≤30	5
		30<H≤60	10
		60<H≤90	15
		90<H≤120	20
		120<H≤150	25
		150<H	30

续表

项目	内容		允许偏差（mm）
标高竖向传递	每层		±3
	总高 H（m）	$H \leq 30$	±5
		$30 < H \leq 60$	±10
		$60 < H \leq 90$	±15
		$90 < H \leq 120$	±20
		$120 < H \leq 150$	±25
		$150 < H$	±30

表格来源：中华人民共和国住房和城乡建设部. 工程测量规范：GB 50026—2007[S]. 北京：中国计划出版社, 2008: 62.

另外，在吊装构件之前，必须检验现浇层伸出的钢筋位置与伸出长度的准确性。如果钢筋长度和位置不达标，则无法安装构件，连接节点的安全性和可靠性也会受到影响。通常会使用专用定位模板来防止预留钢筋错位（图2-20）。

2.2.3.2 构件安装

装配式建筑施工主要依靠以机械为主的对预制构件的组装，其中，预制构件的吊装是整个过程的中心环节。起吊是否成功、构件能否精确就位关系到施工能否顺利进行，都将影响整个施工程序。因此，合理的吊装设备选型、布置位点及吊装安全保证在整个装配式建筑的施工中起着举足轻重的作用。

1. 吊装设备选型

（1）起重设备

装配式建筑施工常用的起重设备有塔式起重机和自行式起重机。塔式起重机亦称塔吊，是动臂装在塔身上部的旋转起重机。其作业空间大，主要用于多层和高层建筑施工中垂直运输和安装钢材、模板、预制构件等重型施工用料的吊装，是施工工地上必不可少的机械设备。自行式起重机是指自带动

图2-20 现浇混凝土伸出钢筋定位装置

图片来源：郭学明. 装配式混凝土结构建筑的设计、制作与施工[M]. 北京：机械工业出版社,2017: 412.

① 李志勇, 郎义勇. 施工现场平面布置方法及要点[J]. 山西建筑, 2011, 37(28): 100-101.

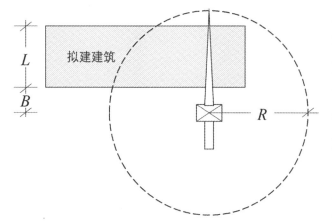

图2-21　塔式起重机布置
图片来源: 作者自绘

力, 能够沿着有轨或无轨通道运移的臂架型起重机, 有轮胎起重机、汽车起重机、随车起重机、履带起重机、铁路起重机等几种类型。

塔式起重机是施工现场最为常用的一种起重设备。塔式起重机的布置是否合理会对施工现场平面布置产生极大的影响, 甚至会影响整个施工过程, 因此需要根据场地及施工需要确定塔式起重机的种类、数量和布置方式。起重设备选型前必须确定关键的吊装参数, 主要包括吊装半径、吊装重量和吊装高度等。拟建工程平面和施工主材料构件堆放场地要控制在塔式起重机的工作范围之内, 尽量减少死角①。由于塔式起重机在施工现场布置中起到了关键性的作用, 因此需要尽可能详细地描述起重机的信息, 不仅包括三维几何信息, 还应包括型号、起重力矩、最大起重量、最大臂展等相关信息。叉车、货车、铲车等运输机械对施工现场布置的影响稍小, 可以在道路确定之后再根据实际需求选择。通常情况下, 在场地较宽的一面沿着建筑物长度方向布置塔式起重机能够提高其工作效率。单侧布置时, 塔式起重机的回转半径 $R \geq L+B$, 其中 L 代表建筑平面的最大宽度, B 为轨道中心线与外墙边的距离 (图 2-21)。另外, 还应充分考虑塔式起重机基础埋深对建筑地下室的不利影响, 以及相邻塔式起重机之间、塔式起重机与相邻建筑物和电线之间的安全距离。

（2）吊索具

构件吊装时, 吊物与起重设备间必须通过吊索具连接。常用的吊索具有钢丝绳、吊带、链条葫芦、卸扣、工具式横吊梁等 (图 2-22)。由于预制结构构件体积和重量大、种类多, 而且起重设备均属于特种机具, 因此, 需要严格按照规范选用吊索具, 以防出现严重的后果。

图2-22　吊索具
(a.钢丝绳; b.吊带; c.链条葫芦; d.卸扣; e.吊梁)
图片来源: http://image.baidu.com

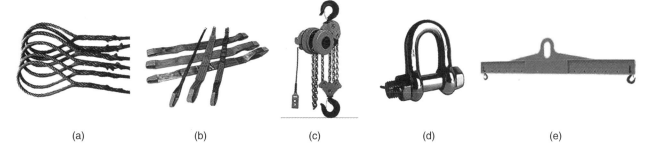

(a)　　　　　(b)　　　　　(c)　　　　　(d)　　　　　(e)

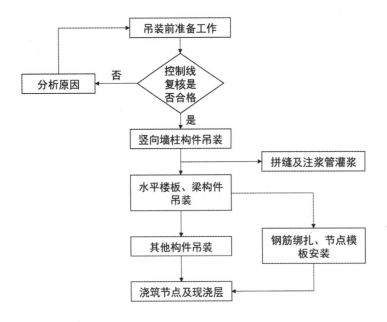

图2-23　混凝土结构预制构件
吊装流程
图片来源：作者自绘

2. 结构构件安装工艺

预制构件的吊装施工方案应结合项目实际情况，综合考虑构件形状、尺寸、重量，以及机械设备的起吊能力、作业半径、构件的施工工艺等因素，具体确定吊装方法、吊点位置、吊装顺序、临时支架方法等。预制构件在吊装就位后，应及时校准并采取临时固定措施。一般来说，预制构件出厂顺序与吊装顺序一致，例如混凝土结构构件的吊装顺序为预制墙体／预制柱→叠合梁→叠合板（图2-23）。不同类型的预制构件有各自的吊装施工工艺，钢结构应根据结构特点选择合理的安装顺序，形成稳固的空间单元，并及时校正安装好的构件的位置信息（水平度、垂直度、标高、轴线等），并在施工过程中监测结构变形、环境变化等不利状况。本节将具体讨论混凝土主体结构构件的吊装施工工艺。

（1）墙板构件

预制剪力墙板与现浇部分连接的墙板宜现行吊装，其他宜按照外墙先行吊装的原则进行吊装。吊装施工工艺流程为：墙板吊装前检查→起吊→临时支撑→安装精度校正→绑扎钢筋→现浇部位支模→墙板连接拼缝注浆。具体操作如下（图2-24）：

①吊装前检查。包括检查复核放样定位的基准，构件上的吊环是否完好，构件的规格、型号、位置是否正确无误等。墙板以轴线和轮廓线为控制线，外墙应以轴线和外轮廓线双控。

②墙板起吊。依次逐级增加速度，保证运送过程平稳；在构件距离安装面1.5 m时，慢速调整构件下降速度；构件缓慢降落至安装位置正上方时核对构件编号，调整方位直至定位方位完全吻合，将构件完全放置在安装位置。

图2-24　预制墙板构件吊装流程

图片来源：https://www.bca.gov.sg/Professionals/IQUAS/others/precastinstallation.pdf

③安装临时支撑。墙构件基本就位后，利用可调式斜支撑临时固定，待墙构件与楼地面保持基本垂直后摘除吊钩。

④调整安装精度。通过线锤或水平尺校正墙构件的垂直度，通过可调式斜支撑微调构件，直至符合偏差限制要求；利用塞尺、长靠尺等工具校正墙构件的整体平整度，确保构件轴线位置、缝隙满足质量要求。

⑤绑扎钢筋。绑扎现浇约束边缘构件的钢筋和后浇段部分的钢筋。

⑥现浇部位支模。安装并检查验收完边缘约束构件的钢筋后，支设边缘构件和后浇段部分的模板。

（2）柱构件

预制柱宜按照角柱、边柱、中柱顺序安装，与现浇部分连接的柱宜现行吊装。预制柱构件的吊装施工工艺流程为：吊装前准备→起吊→初步定位→临时支撑→调整安装精度→柱底封堵。具体操作如下（图2-25）：

①吊装前准备。复核基准放样、柱边线放样和钢筋位置；测量柱底标高并在柱底部位安装垫片；在柱顶绘制梁或屋架的安装中心线。

②柱起吊。起重设备将柱子运送至安装位置上方就位，以轴线和外轮廓线为控制线，对于边柱和角柱，应以外轮廓线控制为准。就位前应设置柱底调平装置，控制柱安装标高。

图2-25　预制柱构件吊装流程

图片来源：https://image.baidu.com

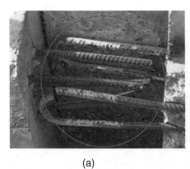   

(a)　　　　　　　　　　　(b)　　　　　　　　(c)　　　　　(d)

③安装临时支撑。柱安装就位后应在两个方向设置可调节临时固定措施。

④调整安装精度。通过线锤或水平尺校正柱构件的垂直度，用可调式斜支撑微调构件，然后在 4 角放置垫片。

⑤柱底封堵。用高强砂浆封堵柱底。

（3）梁构件

预制梁或叠合梁的吊装施工工艺流程为：吊装前准备→起吊→初步定位→临时支撑→调整安装精度→绑扎钢筋和支设模板。具体操作如下（图 2-26）：

①吊装前准备。梁构件起吊和安装前需要复核相关信息，包括梁的编号、方向，吊环的外观、规格、数量、位置，立柱上主梁安装基准线、主梁上次梁安装基准线，以及叠合梁现浇部分钢筋。

②起吊。吊装顺序宜遵循先主梁后次梁、先低后高的原则，吊装次梁前必须完成对主梁的校正。

③定位和调节安装精度。梁构件就位时其轴线控制根据控制线一次就位，同时通过其下部独立支撑调节梁底标高；待轴线和标高正确无误后绑扎钢筋和支设现浇部分的模板。

（4）楼板构件

预制楼板构件的吊装施工工艺流程为（图 2-27）：

①吊装前准备。检查楼板编号、预留洞口、预埋件、管线、接线盒的位置和数量、叠合板搁置的指针方向；为保持起吊平衡，每块楼板构件不得少于 4 个吊点；起吊前，校正墙体标高控制线，复核水平构件的支座标高，对几何形状有偏差的部位进行修补、切割或剔凿等作业来满足构件安装要求。

图2-26　梁构件吊装流程
图片来源：https://www.bca.gov.sg/Professionals/IQUAS/others/precastinstallation.pdf

图2-27　预制楼板吊装流程
图片来源：https://www.bca.gov.sg/Professionals/IQUAS/others/precastinstallation.pdf

②楼板起吊。通过慢起、快升、缓放的方式，依照次序吊装楼板构件，叠合板搁置长度为 15 mm。

③吊装精度校核。楼板吊装完后应校核板底接缝高差，当板底接缝高差不满足设计要求时，应将构件重新起吊，通过可调托座调节。

④安装临时支撑。楼板构件吊装就位时安装临时支撑。

⑤钢筋绑扎和管线铺设。楼板就位后需要调平、绑扎附加钢筋和楼板下层横向钢筋，铺设和连接水电管线，然后绑扎固定楼板上层钢筋。

⑥浇筑混凝土。采用干硬性防水砂浆或细石混凝土填实楼板间缝隙，然后浇筑混凝土。

此外，吊装阶段结构构件的定位还应该注意以下几点：

①对于柱子和剪力墙等竖向构件的安装定位，水平放线首先确定标高支点。标高支点一般布置 4 个（图 2-28a），布置的方法有预埋螺母法和钢垫片法。预埋螺母法是最常用的标高支点做法：在下部构件顶部或现浇混凝土表面预埋螺母，旋入螺栓作为上部构件调整标高的支点，通过旋转螺栓实现对标高的调整，上部构件对应螺栓的位置预埋相应的镀锌钢片以削弱局部应力的集中影响（图 2-28b）。如果支垫采用钢垫板方式，则准备不同厚度的垫板调整到设计标高 (图 2-28c)。构件安装后，测量调整柱子或墙板的顶面标高和平整度。

②对于支撑在墙体或梁上的楼板和支撑在柱子上的莲藕梁，水平放线首

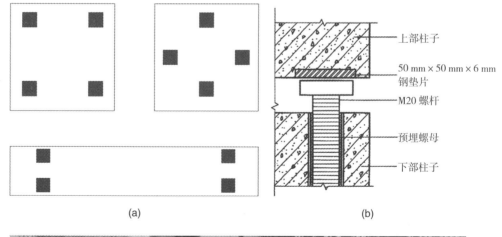

(a)　　　　　　　　　　　　　　　(b)

(c)

图2-28　标高支点布置方法
（a. 标高支点布置位置；b. 预埋螺母法；c. 钢垫片法）

图片来源：郭学明. 装配式混凝土结构建筑的设计、制作与施工[M]. 北京：机械工业出版社,2017：285–286.

先测量控制下部构件支撑部位的顶面标高，安装后测量控制构件顶面或底面标高和平整度；没有支撑在墙体或梁上的叠合楼板、叠合梁的水平结构构件安装时，水平放线首先控制临时支撑体梁的顶面标高。构件安装后测量控制构件的底面标高和平整度。

③预制构件安装原则上以中心线控制位置，辅以其他控制线，如预制混凝土柱的安装精度可以通过轴线、柱轮廓井字线、柱定位控制线（柱轮廓线以外200 mm）、柱纵横轴线、梁安装控制线、支撑体系的平面网格线和斜撑立杆的定位点等控制[①]。建筑外墙构件，包括剪力墙板和建筑表面的柱子、梁，其"左右"方向与其他构件一样以轴线作为主要控制线，"前后"方向以外墙面作为控制边界。

① 蒋博雅, 张宏, 庞希玲. 工业化住宅产品装配过程信息集成[J]. 施工技术, 2017, 46(4):37-41, 86.

3. 结构构件连接

构件连接是装配式建筑施工的核心技术，主要有湿连接和干连接两种方式（表2-14）。湿连接是装配整体式混凝土结构主要的连接方式，包括钢筋套筒灌浆、浆锚搭接、叠合层连接、后浇混凝土连接、粗糙面与键槽等。干连接采用螺栓、焊接的方式连接构件，适用于全装配式混凝土结构、装配整体式混凝土建筑的非结构构件和轻钢、木等轻装配式结构。

表2-14 装配式结构连接方式及适用范围

类别		连接方式	连接的构件	适用范围
湿连接	灌浆	套筒连接	柱、墙	各种结构体系高层建筑
		浆锚搭接	柱、墙	高度小于3层或12 m的框架结构，二、三级抗震的剪力墙结构
		金属波纹管	柱、墙	
	后浇混凝土钢筋连接	螺纹套筒	梁、楼板	各种结构体系高层建筑
		挤压套筒	梁、楼板	各种结构体系高层建筑
		注胶套筒	梁、楼板	各种结构体系高层建筑
		环形钢筋	墙板水平连接	各种结构体系高层建筑
		绑扎	梁、楼板、阳台板、挑檐板、楼梯板固定端	各种结构体系高层建筑
		.直钢筋无绑扎	双面叠合板剪力墙、圆孔剪力墙	剪力墙体结构体系高层建筑
		焊接	梁、楼板、阳台板、挑檐板、楼梯板固定端	各种结构体系高层建筑
		锚环钢筋连接	墙板水平连接	多层装配式墙板结构

类别		连接方式	连接的构件	适用范围
湿连接	后浇混凝土钢筋连接	钢索连接	墙板水平连接	多层框架结构和低层板式结构
		型钢螺栓	柱	框架结构体系高层建筑
	叠合构件后浇混凝土连接	钢筋折弯锚固	叠合梁、叠合板、叠合阳台	各种结构体系高层建筑
		锚板	叠合梁	各种结构体系高层建筑
	预制混凝土与后浇混凝土连接截面	粗糙面	各种接触后浇筑混凝土的预制构件	各种结构体系高层建筑
		键槽	柱、梁等	各种结构体系高层建筑
干连接		螺栓连接	楼梯、墙板、梁、柱等	各种结构体系高层建筑的楼梯，框架结构、组装墙板结构或轻钢（木）结构建筑的主体结构构件
		构件焊接	楼梯、墙板、梁、柱等	各种结构体系高层建筑的楼梯，框架结构、组装墙板结构或轻钢（木）结构建筑的主体结构构件

表格来源：郭学明. 装配式建筑概论[M]. 北京: 机械工业出版社, 2018: 23.

4. 结构构件安装精度检验

结构构件安装完成后，需要检验其安装质量。装配式混凝土结构的安装质量、精度和检验方法应符合《钢结构工程施工质量验收规范》（GB 50205—2020）、《装配式钢结构建筑技术标准》（GB/T 51232—2016）等国家标准的相关规定。装配式混凝土结构的安装精度和检验方法应满足《装配式混凝土建筑技术标准》（GB/T 51231–2016）、《混凝土结构工程施工质量验收规范》（GB 50204—2015）等国家标准的相关规定（表2-15）。

表2-15　预制构件安装尺寸的允许偏差及检验方法

项目			允许偏差（mm）	检验方法
构件中心线对轴线位置	基础		15	经纬仪及尺量
	竖向构件（柱、墙、桁架）		8	
	水平构件（梁、板）		5	
构件标高	梁、柱、墙、板底面或顶面		±5	水准仪或拉线、尺量
构件垂直度	柱、墙	≤6 m	5	经纬仪或吊线、尺量
		>6 m	10	
构件倾斜度	梁、桁架		5	经纬仪或吊线、尺量
相邻构件平整度	板端面		5	2 m 靠尺和塞尺量测
	梁、板底面	外露	3	
		不外露	5	
	柱墙侧面	外露	5	
		不外露	8	
构件搁置长度	梁、板		±10	尺量
支座、支垫中心位置	板、梁、柱、墙、桁架		10	尺量
墙板接缝	宽度		±5	尺量

表格来源：中华人民共和国住房和城乡建设部. 装配式混凝土建筑技术标准: GB/T 51231—2016[S]. 北京: 中国建筑工业出版社, 2017: 64.

2.2.4 运营维护阶段

建筑运营维护阶段的主要工作内容是通过整合人员、设施、技术等各种资源，进行建筑规划、整合和维护管理，从而满足使用者的基本需求。运维管理包括资产管理、空间管理、维护管理、应急管理、能耗管理五部分：①资产管理主要是经营和运作建筑内的各种资产，降低资产的闲置浪费，减少和避免资产流失；②空间管理主要满足在空间方面的各种分析及管理需求，如建筑中的空间、房间以及构件位置信息的管理；③维护管理的任务是建立设施设备的信息库和维护计划，巡检管理其运行状态，一旦设备出现故障，覆盖从维修申请到完工验收的全过程；④应急管理是对自然灾害与人为隐患建立防范体系与应急预案；⑤能耗管理是指采集、统计、分析水、电、天然气等能耗情况，为节能与优化提供科学依据①。对于结构构件来说，需要建立起构件信息数据库，在日常的检查和维护过程中，能够快速查询到构件的编号、所在空间位置（如楼层、房间号）等数据，并记录其维护历史和更换信息。此外，对于大型、高层建筑来说，还要在使用期间监测主体结构，防止因温度、沉降、地震等原因产生结构变形，进而造成安全隐患。

2.2.5 拆除回收阶段

建筑到了使用年限或是出于改扩建等目的，需要拆除已经建成或是部分建成的建筑物。按照拆除方式不同可分为人工拆除、机械拆除、爆破拆除、静力破碎拆除等。按拆下来的建筑构件和材料的利用程度不同，拆除工程可分为毁坏性拆除和拆卸。在建设和拆除的诸多环节中会产生大量的建筑垃圾和废弃物，给当今社会带来沉重的环境负担。所以，为了最大限度地节约资源、保护环境和减少污染，应尽可能地对构件进行拆卸，然后通过拆解、切割、去污、加固等方法加工构件后再次用于房屋建造。构件拆卸的基本要求是区分不同种类的构件，尽量保持其完好无损，便于再利用。本节从拆卸可行性、拆卸方法、优化设计等方面探讨如何提高构件的再利用性。

2.2.5.1 拆卸可行性

结构类型、构件质量、连接方式、经济性等因素对构件能否顺利拆卸及拆卸程度都会有重要影响。结构简洁、规律性强、易于辨识且由少量的大构件组成的结构更易于实现构件拆卸。构件的保存状况与建筑外围护结构的质量息息相关，保存完好的构件更便于拆卸后的再利用。结构构件拆卸的关键在于建造过程的可逆性，即构件连接点具有可拆和重组的特性。在钢结构、木结构、轻钢、铝合金等轻型结构，以及一些特殊的混凝土装配式结构中，构件之间大

① 汪再军. BIM技术在建筑运维管理中的应用[J]. 建筑经济, 2013(9):94-97.

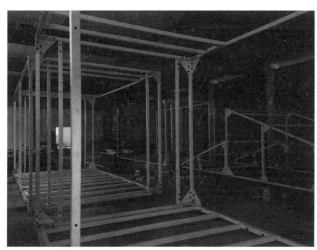

图2-29　轻型结构构件之间通过螺栓连接
图片来源：作者拍摄

多采用机械连接方式，适合多次拆卸重建，因此构件具有很高的再利用性（图 2-29）。对于这些可以再次利用的构件，需要统计好拆卸构件的数据，制作详细的构件清单，并明确构件的存储地点。而对于混凝土结构来说，由于构件之间大多通过浇筑混凝土的方式连接，建造过程不可逆，构件拆卸并再利用具有很大的难度，一般采用毁坏性拆除方式。因此，可以通过回收利用旧材料的方式，即将拆除的材料分类、粉碎、熔化后作为构件生产环节的原材料循环利用，也能够达到节约资源的目的。此外，还需要根据拆卸工期、构件清单、所需人工和机械设备等计算拆卸后构件回收利用或再利用的价值总量，综合评估构件拆卸的经济可行性。

2.2.5.2　拆卸方法

构件拆卸是一项劳动密集型工作，因此在拆卸之前，需要制作构件清单、分析财务和评估拆解程度，并制订拆卸工作计划。一般来说，拆卸工作遵循从内到外、自上而下的原则，大致按照室内装饰构件、门窗、管线与设备、屋顶构件、隔墙、围护结构、竖向结构构件、楼板的顺序展开。构件拆毁与拆卸的不同之处是，出于保护构件的考虑，后者往往需要更多人力和时间，并尽量避免使用大型机械设备。人工拆卸构件的方式可以较好地保证构件的完整性，但危险性较大。在保证施工安全的基础上，采用机械辅助人工的方式可以完成细致的拆卸工作。根据人工方式和机械方式的不同组合方式，可以形成不同的拆卸方法。例如，单件构件的拆卸主要通过工人采用锤子、扳手、撬棍等工具完成；组件或单元拆卸是移除复合构件或完整的单元，使其整体保留并再利用，拆卸对象体积较大，需要大型机械切割和吊装。在实际工程中，往往难以实现完全的人工拆卸或机械拆卸。实际操作中最常见的方式是人工和机械相结合：机械设备拆卸大尺寸构件，人工拆卸小尺寸、需要细致拆卸的构件。

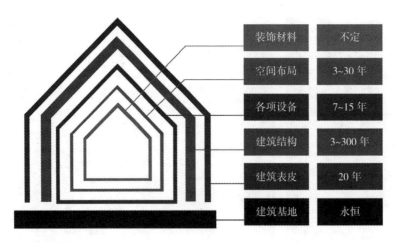

装饰材料	不定
空间布局	3~30 年
各项设备	7~15 年
建筑结构	3~300 年
建筑表皮	20 年
建筑基地	永恒

图2-30　斯图尔特·普兰德的建筑层次理论

图片来源：贡小雷. 建筑拆解及材料再利用技术研究[D]. 天津：天津大学，2010：62.

2.2.5.3　优化设计

构件拆卸和再利用对减少建筑废弃物、节约资源能源具有重要意义，但现有的建造方法、材料、结构和节点形式的选用极少为建筑生命周期末端考虑，因此拆卸工作很难进行。如果以可持续发展的眼光，在项目的初始阶段就从建筑全生命周期的概念出发，优化建筑和构件的设计和建造过程，可以使构件的拆卸、再利用和建筑改造变得更加方便和节能。

1. 理论基础

建筑各个功能部件具有不同的预期寿命。因此，可以把建筑看作是具有不同预期寿命的构件组合，将其划分为建筑基地、建筑结构、建筑表皮、建筑设备、空间布局、装饰材料（图 2-30）。在建筑层次理论中，各建筑系统之间相互独立，并具有明确的分割界限，方便系统和构件的拆卸和更换。此外，简洁规整的结构体系更易于构件拆卸，因此在建筑设计时，还应尽量遵循模块化和标准化的设计原则，减少构件的类型和数量，降低拆卸工作的难度。

2. 设计方法

构件可拆卸再利用极大地减少了建筑垃圾的产生和资源的消耗，在设计时应该从建筑材料、结构体系和构造节点等方面提高构件拆卸回收的可能性。

（1）建筑材料

在建筑设计阶段选择耐久性长、可循环利用、多功能、适应性强等易于再利用的材料，有助于提高构件的再利用率，如木材、钢材、铝合金等。

（2）结构类型

建筑结构是建筑体系中寿命最长的部分，在漫长的使用过程中，使用者的需求不会一成不变，这就要求建筑结构能在一定程度上具有可变性。框架结构、大板结构、空间单元结构较为高效，能提供大面积的使用空间，因而建筑功能布局灵活，易于空间改造（图 2-31）。同时，模块化和标准化的结构构件可以减少构件类型，适当的构件尺寸能够在拆卸构件时避免因构件过小

降低拆卸效率或是构件过大增加机械作业量的问题。

（3）构造节点

合理的节点设计对提高构件拆卸和再利用的可能性也同样重要。通常情况下，构件之间的连接方式主要有直接连接、间接连接、填充连接3种类型。直接连接的构件相互重叠或连锁，拆卸时对构件的破坏性较大。间接连接是通过螺钉、螺栓、连接件等机械紧固件对构件进行连接，各构件彼此独立，这种连接方式最易于拆卸。填充连接是通过石灰砂浆、胶水、粘合剂、封口胶等材料对构件进行化学连接，构件拆卸的可能性较低。综合来看，最适于构件拆卸的节点是自身耐久性好，并在拆卸过程中能保证结构构件完整性的节点。另外，应避免构件接头相互贯通，对于不能一起回收的构件，应当采用易于分离的连接方式。

2.3　构件空间信息

2.3.1　构件空间信息的内容

从装配式建筑全生命周期的工作流程来看，预制构件在不同阶段需要不同的空间信息，这其中包括项目位置、构件尺寸、堆放位置、构件安装的位置等（表2-16）。根据空间信息的精确程度，预制构件的追踪定位可以分为两个层级，即物流层级和建造层级（图2-32）。物流层级的追踪定位主要用于构件的生产运输和运维管理，包括构件在工厂和施工现场的堆放位置，在运输过程中构件运输车辆位置，以及构件所在的楼层、房间号、构件编号，定位精度要求较低，达到米级或者更低即可；建造层级的追踪定位主要用于构件的施工装配，与构件的制造尺寸、组装和装配的位置有关，定位精度高，为毫米级别。

表2-16 装配式建筑全生命周期构件空间信息

项目阶段	空间信息
设计阶段	模数空间网格、构件尺寸、定位轴线、构件编码
生产运输阶段	构件尺寸、构件编码、运输路线、堆放位置
施工阶段	施工控制网、构件编码、安装定位轴线、构件偏移量
运营维护阶段	构件编码、所在楼层和房间号
拆除回收阶段	构件编码、构件尺寸

表格来源:作者自制

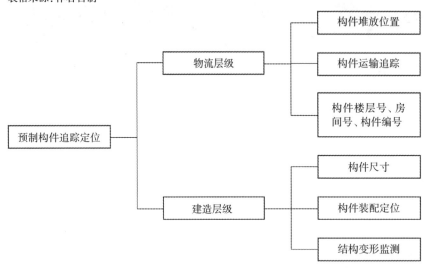

图2-32 预制构件追踪定位层级划分
图片来源:作者自绘

在实际使用中,并不需要同时读取或处理这些空间信息,而是根据具体的项目阶段和工作内容来选择。根据存放时间和适用性,空间信息可以分为当前位置(临时、固定和可移动的构件)、临时位置(运输路线信息和构件在存储与堆放时的位置)、最终位置(安装位置)等不同类型,用于构件安装定位、运输和存储管理、供应链可视化、质量控制、构件维修和拆卸等工作。根据存在的项目时间不同,空间信息还可以分为固定信息、过程信息和历史信息:有的位置信息在设计阶段就已经定义好(如构件的最终安装位置),属于固定信息;有的位置信息产生于全生命周期的各个阶段(如构件的存放位置、运输路线),属于过程信息;上一阶段的位置信息可以作为历史信息为后面的工作提供参考。过程信息包含了生命周期某个阶段的相关信息,而且会根据此阶段的具体工作发生变化。在设计阶段,构件编号和最终位置信息作为固定信息被输入到数据库中,并通过适宜的方法传递给各个阶段的工作人员;在不同的项目阶段,工作人员也会通过数据采集技术和无线通信技术将运输路线、堆放位置等各过程位置信息反馈回项目数据库;在项目竣工以后,上述的位置数据均作为历史数据储存在数据库中,为建筑良好的运营维护提供支持(图2-33)。

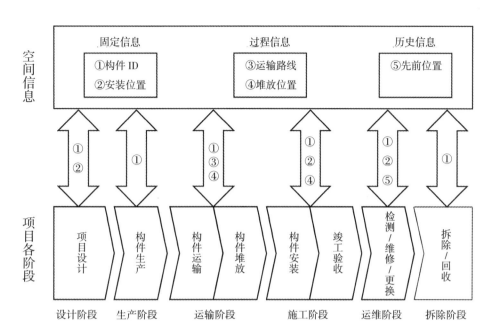

图2-33　全生命周期各阶段的
构件空间信息类型

图片来源：作者自绘

2.3.2　构件空间信息的传递特点

　　与传统建筑项目相比，装配式建筑全部或大部分结构构件都是在工厂预制生产，然后运输到现场安装，所以生产阶段的工作比重大幅提升。最终产品由多种预制构件按一定比例协调供应、安装，供应链网格系统更具有复杂性和不确定性，面临着不同的挑战和风险（表 2-17）。在装配式建筑中，各个项目阶段紧密连接，某个环节出现问题会对其上下游环节都造成一定的影响。

　　信息传递是装配式建筑供应链中的关键环节。装配式建筑的供应链有众多的利益相关方，整个流程是从上游（如材料供应商和预制构件生产商）向下游（如施工方和业主）单向进行，而信息的流通却是双向的。现阶段，在

表2-17　装配式建筑生产供应链中的挑战与风险

面临的问题	挑战	关键计划中的风险
按时交付和紧凑的装配现场	紧凑的装配空间导致安装效率低下	构件延迟交付 构件安装错误
各参与方之间的预制构件生产信息共享	运输成本高且效率低下	由于人为错误导致物流信息不一致 不同企业资源规划系统之间的信息互操作性较低
在建筑（造）构件中嵌入生产信息供下一步流程使用	各参与方信息系统之间缺乏互操作性	吊（安）装设备的故障与维修 质量检查程序缓慢
各参与方之间的有效沟通	各参与方之间技术和流程信息传输效率低	设计数据转换效率低 设计师和制造商之间信息有误
有效识别和验证建筑构件	构件信息存储方法不当 缺乏实时的信息可见和可追溯性	构件信息无法及时查阅 施工现场无法快速识别、查找和追踪构件

表格来源：Li C Z, Hong J K, Xue F, et al. SWOT analysis and Internet of Things-enabled platform for prefabrication housing production in Hong Kong[J]. Habitat International, 2016(57): 74-87.

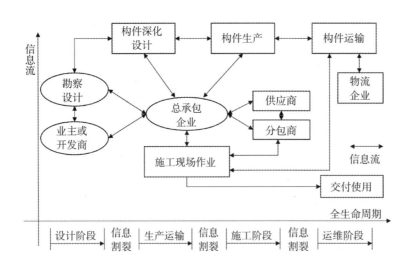

图2-34　装配式建筑全生命周期信息流

图片来源：苏畅. 基于RFID的预制装配式住宅构件追踪管理研究[D]. 哈尔滨：哈尔滨工业大学, 2012.

装配式建筑全生命周期内，参与方之间信息传递的需求非常复杂[①]（图2-34）。各参与主体不仅是信息的使用者，同时也是信息的提供者。信息传递不畅，会影响资源整合和运行效率。传统信息流通方式通常以纸质文件为主要媒介，或通过电子邮箱、传真等方式传递电子图纸或相关信息。这种信息传递方式具有以下局限性：

①在整个生产供应链中，有多家公司或部门参与构件信息的创建和传递工作。如果将这些信息保存在不同的数据库中，数据库的权限、标准和文件格式可能存在差异，这就会阻碍构件与项目信息的传递与共享。

②不同的项目参与方对构件信息有不同的需求，如生产厂家需要构件的加工尺寸，运输司机需要构件的运送地点、到达时间，业主需要构件的使用年限等。缺乏统一的信息管理机制就难以明确各阶段、各专业部门需要的构件信息，从而可能造成供应链上游的参与方忽略了下游的工作内容，无法提供完整可用的构件信息。

③信息的创造者往往会根据自己的喜好和情况，按照最方便的方式保存和传递信息（如提供纸质报告和图纸）。在这种情况下，虽然信息使用者在当时可以访问这些文件，但极易因管理不当造成信息丢失，同时也难以从多个文件中提取信息。

由于装配式建筑供应链各阶段的信息呈离散化，采用传统的信息管理方式难以实现有效的信息集成利用，造成供应链信息共享程度低。因此需要改变这种低效的管理方式，采用更加高效、智能的方式管理各方信息。在装配式建筑的全生命周期中，实时追踪定位预制构件，及时获取构件的空间信息，能够提高整个建设链的效率，节约成本，保证建设项目顺利实施。对预制构件追踪定位和空间信息管理主要体现在构件实体管理和信息管理两个方面：

① 苏畅. 基于RFID的预制装配式住宅构件追踪管理研究[D]. 哈尔滨：哈尔滨工业大学, 2012.

（1）构件实体管理方面

构件生产供应商、配送单位和施工单位之间的高效协调是项目顺利进行的关键。在施工阶段，物流管理的有序性非常重要，构件生产和运输单位要及时向施工单位提供构件的生产、运输、堆放等情况，便于施工单位有的放矢地制订施工计划；另一方面，需要根据项目的实际情况，制定合理的构件施工定位方案，选择适宜的定位放线设备，保证构件定位精度和安装质量。

（2）信息管理方面

空间信息管理过程是对构件空间信息的获取、分析、共享过程。由于生产供应链中利益相关方的多元性与复杂性，数字化与集成化是空间信息准确、高效服务于供应链运行的关键。在建筑供应链的众多参与方中，施工单位与其他参与方联系最多，所需要的信息也最复杂。这些信息来源主要分为两大部分：一部分来自构件的供应管理，根据项目施工计划，构件安装施工单位须及时掌握构件生产、运输、堆放过程中的信息，若构件抵达施工现场后不能立即安装，就需要就近存放在堆场，施工人员须明晰构件堆放的位置，并将其实时反馈到施工计划中，保障施工计划的有序运行；另一部分信息来自构件的施工管理，不仅要将构件的安装位置精确地投映至施工现场，还要通过信息采集技术实时掌握构件在施工现场的位置信息，以确保构件安装的质量和进度。这些信息反映至上层数据库中，形成完整的构件空间信息链来监控和管理整个项目过程（图 2-35）。

从装配式建筑的全生命周期来看，构件空间信息管理主要具有以下特点：

①在全生命周期中构件空间信息会在各阶段被多次创建、访问、更新和传

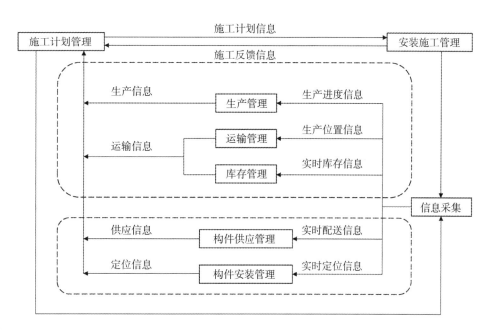

图2-35　装配式建筑全生命周期中构件空间信息的传递流程

图片来源：作者自绘

递。生产供应链下游的各方部门需要了解上一阶段构件的数据信息，并在必要时更新数据信息，并重新规划生产施工任务。例如，项目经理需要及时掌握构件的运输位置，了解构件是否被及时送到施工现场，从而判断执行还是修改施工计划。

②不同的项目参与方需要不同的构件空间信息。例如，构件运输公司只需要构件的数量、编号、运送地点和日期等信息；在构件出现问题时，业主和管理人员需要快速查找到构件的楼层和房间号。

③项目的不同阶段所需的构件空间信息也不同，设计、生产、运输和安装部门需要经常沟通协调来确定构件的位置，以保证构件能够按时到达施工现场，并被按时、准确无误地安装。

综上所述，在装配式建筑的全生命周期中，被统一用于各部门、各阶段的信息管理平台需要结合先进的数据采集和追踪定位技术来简化空间信息交互过程，提高人们获取信息的效率和准确性。

2.4　本章小结

本章介绍了重型装配式建筑和轻型装配式建筑的主要结构类型和结构构件类型。通过梳理装配式建筑全生命周期各阶段的基本流程，分析和总结出结构构件追踪定位需要的空间信息内容、类型和传递特点，以及目前构件空间信息传递、共享和管理过程中存在的问题，进而为选择适宜的追踪定位技术和信息管理技术，以及创建装配式建筑全生命周期构件追踪定位技术链提供依据。

第3章 预制构件追踪定位技术

在装配式建筑全生命周期中，预制构件的追踪定位是一个复杂的动态过程，其中不仅涉及构件识别、空间信息采集、分析和管理等操作，而且还有众多项目专业和部门的参与和合作。显然依靠一种技术难以解决全生命周期过程中的所有追踪定位问题，必然需要多种技术的结合。对构件空间信息的处理大体可以分为创建、存储、采集、传递、共享和管理等方式，不同的处理方式需要不同的技术来支持（图3-1）。由于不同阶段、不同层面、不同的项目参与方所需要的构件空间信息不同，因此需要统一的数据库来创建和存储构

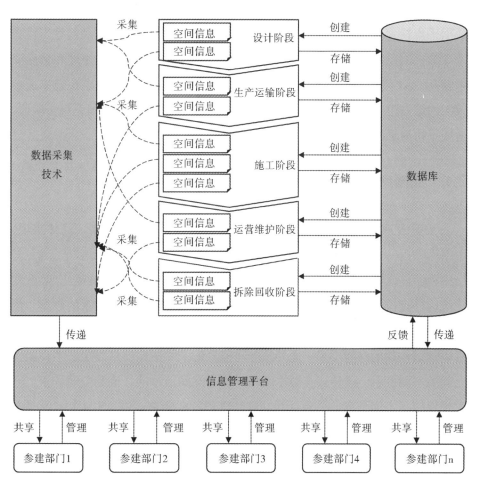

图3-1 建筑全生命周期构件追踪定位技术类型

图片来源：作者自绘

件的空间信息。数据采集技术是在建筑全生命周期中获取和传递构件空间信息的重要手段，其工作重点随着项目阶段任务内容的变化而变化。例如在运输阶段，需要采集实际运输路线和车辆位置；在施工阶段，数据采集任务的重点是测量构件尺寸和定位安装位置、监测施工进度和检验施工质量等；在运营维护阶段，物业管理人员需要构件所在的楼层、房间号等位置信息以便于查找更换问题构件；在建筑的拆除阶段需要回收构件的尺寸、材料等数据。信息管理平台为参建各方共享和协同管理构件空间信息提供了可靠保障。信息管理平台的数据信息主要来自数据库的原始数据和数据采集技术获取的实时数据，所以从技术实现角度来看，信息管理平台需要数据库与数据采集技术的支持。因此，本节主要从数据库和数据采集技术两个方面梳理和分析现有的追踪定位技术。

项目管理人员需要明确装配式建筑的全生命周期中会有哪些构件空间信息，而这些信息会出现在什么阶段，需要暂时保存还是作为固定信息被永久存储。因此，就要对构件的空间信息分类，并且结合各阶段的工作内容和项目的具体情况（资金、人员、技术储备等），合理地制订构件追踪定位和信息管理计划，并选择适宜的技术和设备。本书根据追踪定位的精度和距离，将数据采集技术分为两大类：①数字测量定位技术；②自动识别和追踪定位技术。数字测量定位技术适用于建造层面的构件定位，对定位的速度和精度要求较高，用于构件的生产和建筑的施工阶段。自动识别和追踪定位技术适合较大的定位距离，对定位的精度要求不高，多用于构件的运输和运营维护阶段，适用于物流层面的构件定位。

3.1 数据库

数据库是数据管理的高级阶段，由文件管理系统发展而来。具体来说，数据库是以一定方式存储在一起、能够被多个用户共享、具有最小冗余度、与应用程序彼此独立的结构化数据集合，具有整体性、共享性等特征[①]。装配式建筑构件定位的空间信息是指与构件空间位置和空间关系相联系的数据。由于每个构件都在三维坐标网格中，通过空间坐标、轴网编号、楼层号等信息可以知道构件的空间位置。此外，空间信息记录的拓扑信息表达了多种构件之间的空间关系，这种拓扑数据结构方便了空间信息的查询和空间分析，同时也保持了空间信息的一致性和完整性维护。在建筑业中，BIM 和 GIS 是最常用的两种数据库。BIM 的核心是建筑全生命周期过程中的信息共享与转换，空间数据库管理系统是 GIS 的关键技术。这两种数据库的结合使用，可以从

① 王珊, 陈红. 数据库系统原理教程[M]. 北京:清华大学出版社, 1998.

物流和建造层面综合管理构件的空间信息。

3.1.1 建筑信息模型

BLM 的核心思想是通过在建筑全生命周期中有效地创建、管理和共享信息来为工程项目的建设和使用增值。在 BIM 技术背景下，BLM 得到了高速的提升和全面的充实。BIM 使建筑全生命周期的信息得到有效的组织和追踪，防止信息丢失和沟通障碍，保证信息在项目各阶段和各部门顺利地传递和共享。

3.1.1.1 BIM 概述

建筑领域的信息模型研究是在制造业产品信息模型（Product Information Modeling，PIM）的基础上展开的。制造业通过产品信息模型技术及以产品为中心来组建协作程度高、联系紧密的专业协作团队，实现无纸化设计。随着信息模型技术的日益成熟，该技术逐渐在建筑设计中得到应用。

对 BIM 含义的解释有很多种，至今业内都没有形成统一的定义。由于 BIM 正在发展，其定义也随着相关政策、技术和使用方法的不断成熟而不断发展和完善。一般来说，BIM 的概念有狭义和广义之分（图 3-2）。狭义的 BIM 被视为一种工具，仅解决基于中央信息数据库的数字建筑模型的创建技术问题。而广义 BIM 的含义较为复杂，美国建筑科学研究院（National Institute of Building Sciences，NIBS）在制订《美国国家 BIM 标准》的过程中就不断地更新 BIM 定义，内容主要包括以下三个方面：① BIM 作为一个产品，是对建筑项目物质特性和功能特性的数字化再现，是在开放标准和互操作性基础之上建立的，可以作为建筑项目虚拟替代物的信息化电子模型，贯穿建筑项目全生命周期，为决策提供数据支持；② BIM 作为一个活动，是建立、调整、完善

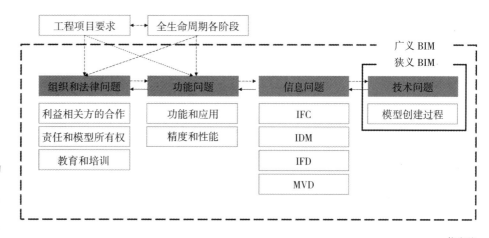

图3-2 狭义BIM和广义BIM的含义

图片来源：Volk R, Stengel J, Schultmann F. Building Information Modeling (BIM) for existing buildings – Literature review and future needs [J]. Automation in Construction, 2014, 43(5):109–127.

建筑项目信息化模型的行为，参与方从各自角度提取、使用、修改中央模型，用于可视化（二维与三维）、碰撞检查、分析与模拟、预算与造价等；③ BIM 作为一个系统，可以视为融合各利益相关方需求的工作环境，为其共享项目数据、提高工作效率提供便利。在所有对 BIM 含义的解释中，最核心的内容就是"信息"，既要保证信息的完整性和准确性，又要流畅地共享和交流各方信息，妥善地管理和使用信息，并及时纠正错误信息。

经过近年来全球层面的实践，BIM 已经广泛应用于建筑工程以及建筑全生命周期的各个阶段（表3-1）。美国 buildingSMART 联盟（buildingSMART alliance，简称 bSa）基于美国建筑业的 BIM 使用情况，归纳了目前 BIM 的主要应用领域。随着 BIM 在中国的推广和发展，其应用领域也逐渐覆盖建筑的全生命周期。目前，BIM 在中国建筑市场的典型应用主要包括了协同化设计、可视化分析、施工组织模拟、资产管理等项目的各个方面。由于建筑项目千差万别，在项目的实施过程中，应当有的放矢、因地制宜地使用 BIM，在执行过程中充分发挥 BIM 的优势。

从上述应用领域来看，BIM 软件可以分为 6 种类型：概念设计和可行性研究软件、建模软件、分析软件、预制加工软件、施工管理和协同软件、运营维护管理软件。在设计阶段，运用 BIM 对项目进行可行性研究，对建筑、系统和构件进行设计，对设计方案进行结构、能耗分析，在 3D 设计模型中增加时间维度和成本预算，进行施工模拟和成本概算。在施工阶段，根据施工计划和可视化的施工模拟，管理生产加工和施工建造活动。在运营阶段，利用模型中各项设备的运行和维护数据安排相关的管理工作。表 3-2 是目前一些主流 BIM 软件工具在建筑全生命周期的应用范围。

表3-1　BIM在建筑全生命周期中的典型应用和应用阶段

项目阶段	BIM 应用	
	美国	中国
规划设计	现状建模、成本预算、建筑策划、程序设计、场地分析、方案论证、设计创作、能耗分析、结构分析、照明分析、机械分析、LEED 评估、代码验证、3D 协调	BIM 模型维护、场地分析、建筑策划、方案论证、可视化分析、协同设计、性能化分析、工程量统计、管线综合
生产施工	3D 协调、现场利用规划、施工系统设计、数字化建造、3D 控制和规划、记录模型	管线综合、施工进度和组织模拟、数字化建造、物料跟踪、施工现场配合、竣工模型交付
运营维护	3D 协调、记录模型、维护计划、建筑系统分析、资产管理、空间管理和追踪、灾害应急模拟	竣工模型交付、维护计划、资产管理、空间管理、建筑系统分析、灾害应急模拟

表格来源：作者自制

表3-2　主要BIM软件在建筑全生命周期的应用范围

软件工具		规划设计阶段			生产施工阶段				运营维护阶段		
公司	软件	方案设计	初步设计	施工图设计	施工投标	施工组织	深化设计	项目管理	设施维护	空间管理	设备应急
Autodesk	Revit	●	●	●	●	●	●	●			
	Ecotect Analysis		●								
	RSA		●	●							
	Navisworks		●		●	●	●	●	●	●	●
	Recap							●	●	●	●
	BIM 360	●	●	●	●	●	●	●			
Trimble	Tekla		●	●	●	●					
	Vico Office	●	●	●	●	●	●	●			
Graphisoft	ArchiCAD	●	●	●	●	●	●				
	BIMx	●	●	●	●	●	●		●	●	●
Bently	AECOsim	●	●	●	●	●	●				
	Construct Sim				●	●	●	●			
	ProjectWise	●	●	●	●	●	●	●	●		●
	Facility Manager								●	●	
Dassault	Digital Project	●	●	●	●	●	●				

表格来源：作者自制

3.1.1.2　BIM 支撑要素

BIM 的应用贯穿建筑项目全生命周期的各个阶段，要全面管理和集成各阶段规模浩大的信息，需要标准、数据、管理等要素的支撑。

1. 标准要素

BIM 的主要功能之一就是方便信息的传递与共享。然而，由于不同软件开发者在数据格式上的壁垒，很难在不同软件平台上直接利用 BIM 成果来交换信息，降低了 BIM 的应用价值。为了解决这些问题，需要用统一的、公开的、结构化的标准来规范数据的表达与交换。在建筑全生命周期中，参与方和需要使用的软件产品数量众多，专用数据格式无法支持这么多的参与方、应用软件和系统在整个项目内的信息交换。类似 AutoCAD 的 DXF（Data Exchange Format）开放性交换文件格式，BIM 信息存储和交换也需要一个中立的、公开的标准数据格式。1995 年，国际协同工作联盟（International Alliance for Interoperability，IAI）提出基于建筑构件的工业基础类数据模型标准 IFC，现由 buildingSMART International 开发和维护。IFC 是一个基于构件的、计算机可以处理的建筑数据表示和交换标准，其目标是提供一个不依赖于任何具体系统的，适合于描述贯穿整个建筑项目生命周期内产品数据的中性机制，可以有效地支持建筑行业各个应用系统之间的数据交换和建筑物全生命周期的数据管理[①]。目前，各大建筑应用程序都支持 IFC 标准，许多国家也致力于基于 IFC 标准的 BIM 实施规范的制订工作。IFC 数据架构包括了 4 个层次（图 3-3）：

① 张建平, 曹铭, 张洋. 基于IFC标准和工程信息模型的建筑施工4D管理系统[J]. 工程力学, 2005, 22(S1):220–227.

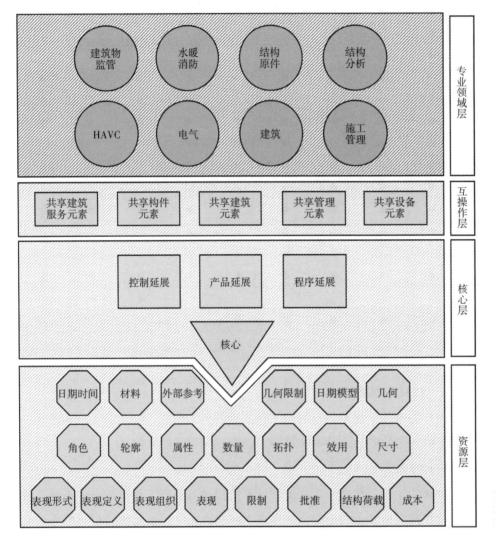

图3-3　IFC数据架构
图片来源：Industry Foundation Classes IFC4 Release Candidate 4, http://www.buildingsmart-tech.org/ifc/IFC2x4/rc4/html/index.htm

（1）专业领域层（Domain layer），包含由实体定义的某一学科的特殊产品、流程或资源，这些定义通常用于领域内的信息交换和共享；

（2）互操作层（Interoperability layer），包含由实体定义的跨学科的一般产品、流程或资源，这些定义通常用于领域内部的建设信息交换和共享；

（3）核心层（Core layer），包含了核心模块和核心延伸模块，这些模块中包括最通用的实体定义，在此层的所有实体都有全局唯一的 ID；

（4）资源层（Resource layer），包含了 26 个基础 EXPRESS 语言定义集，确定了基础的可重复使用的结构，如几何、拓扑、材料、测量等。这些定义没有全局唯一的 ID，不能独立与上层实体使用。

IFC 定义了一个基于 EXPRESS 语言的实体（Entity）关系模型，该模型由组织成基于对象的继承层次结构的几百个实体组成。实体是一种数据类型，表示一类具有共同特性的对象，例如"ifcCartesianPoint"定义了在二维或三维笛卡尔坐标系中的点（基本元素），"ifcExtrudedAreaSolid"定义了挤压区域实体的各种参数（几何形体），"ifcBeam"定义了梁的各种参数（建筑元素）。作为应用于建设工程各个领域的数据模型标准，IFC 的发展目标是包含工程项目中要使用的所有对象，对象的范围包括 5 个方面：①实际构件或部件，例如墙"ifcWall"、板"ifcRoof"、梁"ifcBeam"、柱"ifcColumn"、门窗"ifcWindow""ifcDoor"、家具"ifcFurnitureType"等；②空间，例如建筑"ifcBuilding"、场地"ifcSite"等；③设计、施工和运营维护的流程，例如"ifcProcess"；④参与的人和组织，例如"ifcActor"定义了项目中涉及的所有人员，"ifcConstructionResource"是项目中不同资源的抽象概括，有助于在 IFC 对象模型的资源部分中安排人员和组织定义；⑤对象之间存在的关系，例如"ifcRelationship"是对所有客观关系的抽象概括[①]。不同于 CAD 的制图过程，基于 IFC 的建模过程是从分类中选择对象的组装过程，即用 IFC 模式表达，最后成为公开标准格式以供其他项目成员共享信息的过程。

基于 IFC 标准，建筑活动中的利益相关方可以更好地共享模型。IFC 使建筑行业的应用软件具有协同工作的能力。在支持 IFC 标准的商业软件中，项目组的成员能够共享工程数据，从而保证了数据的一致性和管理的高效性。商业软件的开发者只需遵循 IFC 标准定义数据，就可以在与其他同样遵循 IFC 标准的软件之间实现数据交换。

2. 数据要素

数据格式交换技术是 BIM 的数据支撑。建筑全生命周期的工程数据量大、数据类型复杂、数据关联多，其中包括几何体的模型数据和非几何体（关系、属性、行为）的文档数据。一般情况下，两个应用程序之间的数据交换通常以下列 4 种方式进行：①特定 BIM 工具之间的直接互换；②专有交换格式，主要处理几何数据；③公共产品数据模型交换格式；④基于可扩展标记语言（eXtensible Markup Language，XML）的交换格式。直接互换方式是通过系统所提供的应用程序接口（Application Programming Interface，API）来读取或是写入数据的信息互用方式，如 Revit 的开放应用程序接口或是 ArchiCAD 的 GDL 语言。专有交换格式是由商业组织开发的与该公司应用程序接口的格式，可以解决某些特定的功能，如欧特克公司定义的 DXF 数据交换格式。公共产品数据模型使用开放的公共的模式和语言，如 IFC 或用于钢结构工程和装配工程的 CIS/2（CIMsteel Integration Standard Version 2）。可扩展标记语言

是互联网基本语言的扩展，可以定义数据的结构和含义。表3-3总结了AEC
领域中常见的交换格式的主要特性。这些格式基于二维光栅图像格式、二维矢
量绘图格式、三维曲面格式和实体构件格式。

表3-3　AEC领域程序中常见的交换格式

格式类型	格式名称	特性
图像光栅	JPG、GIF、TIF、BMP、PNG、RLE	由具有特定颜色和透明度的像素组成，压缩时可能产生数据丢失
二维矢量	DXF、DWG、AI、CGM、EMF、IGS、WMF、DGN、PDF、ODF、SVG、SWF	包含不同类型曲线的线型、颜色、图层信息
三维曲面和形状	3DS、WRL、STL、IGS、SAT、DXF、DWG、DWF、OBJ、DGN、U3D、PDF(3D)	包含三维曲面和形状的类型、材质属性（颜色、纹理、图像位图）、视点信息等
三维对象交换	STP、EXP、CIS/2、IFC	产品数据模型中包含了各种类型的2D或3D几何信息，还携带了对象类型数据和对象之间的关系
GIS	SHP、SHX、DBF、TIGER、GML	地理信息系统格式，包含多种类型的2D和3D数据
XML	AecXML、Obix、AEX、bcXML、AGCxml	XML架构下的数据交换，可以多种方式交互，并支持工作流
游戏	GOF、X、FACT	游戏文件格式，包含了各种类型的继承结构、材质属性、纹理和贴图参数，以及动画和肤质等信息

表格来源：Eastman C M, Eastman C, Teicholz P, et al. BIM handbook: a guide to building information modeling for owners, managers, designers, engineers and contractors[M]. New Jersey: John Wiley & Sons, 2011.

3. 管理要素

信息集成平台是对项目中的所有信息实行统一管理的BIM管理要素。
BIM信息的创建是随着工程进展，逐步积累、集成工程信息的过程。从设计、
施工到使用，最终覆盖建筑的全生命周期，基于对象的管理方式替代了传统
基于文件的管理方式。在BIM的信息化模型中，工程信息在建筑全生命期内
有创建、管理、共享三类行为，协调管理任务会随着项目的发展、对象数量的
增加和文件结构的复杂化而激增。建立统一的项目信息平台是解决复杂数据
管理问题的良策。信息平台汇集了所有与项目相关的信息，方便实现BIM信
息的读取、保存、传递、扩充，以及确保该过程的准确性。图3-4为BIM信息
平台的一般架构，信息平台的核心是基于IFC的BIM模型数据库，用以存储、
发布和交换在建筑全生命周期产生的各项信息，从而被项目各专业共享使用。
目前，基于BIM服务器的数据集成和管理平台主要有IFC Model Server、EDM
Model Server、BIM Sever、Eurostep Model Server，以及各BIM软件公司开发的
与其设计软件配套的协同设计服务器。

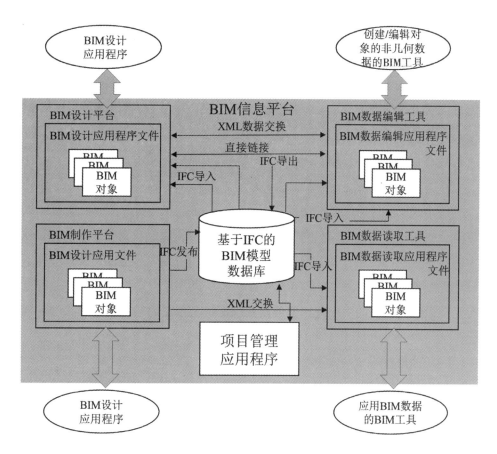

图3-4　BIM信息平台架构

图片来源：Eastman C M, Eastman C, Teicholz P, et al. BIM handbook: a guide to building information modeling for owners, managers, designers, engineers and contractors[M]. New Jersey: John Wiley & Sons, 2011.

3.1.1.3　BIM 在装配式建筑中的应用

建筑工业化区别于传统建筑生产方式的最大特点之一是更好地体现了全生命周期的理念，实现设计与施工环节一体化，并将 BIM 技术融入建造和后期运维环节，做到运用 BIM 对构件进行全生命周期的管理。从概念上说，BIM 中的特定构件相当于"预制模块"，这种思想与工业化生产制造方式不谋而合，具有相同材料、结构、功能、工艺的构件可以一起生产加工。

1. BIM 应用于装配式建筑的必要性

与传统建筑相比，装配式建筑的集成性更强，这也意味着不同系统、专业、功能和单元的集成非常容易出错、遗漏和重合。装配式建筑对建造工序衔接要求较高，预制构件的生产与运输顺序需要和现场吊装的顺序保持一致。同时，装配式建筑施工精度要求高，建筑构件尺寸误差和连接节点位置的误差都是毫米级别。此外，装配式建筑连接点多，结构构件之间、其他各个系统构件之间的连接点和相关因素都很多。而且装配式建筑全部或大部分采用预制构件，在施工现场出现问题后，很难及时补救，容错度低。

装配式建筑的上述特点决定了需要更加直观准确的制图方式和检查手段，各专业和各环节必须实现信息共享和密切协同，以及生产施工工序的有效管理和无缝衔接。BIM 具有的参数化、三维可视化、输出性、模拟性、协同性等特点，可以很好地满足装配式建筑的上述需求。具体表现如下：

（1）参数化

在 BIM 模型中，构件的尺寸、相互关系通过参数化规则来定义，因此避免了空间上的协调错误。在完成构件模型之后，设计人员只需要一次更改，相关的模型信息就会随之改变，省去了大量重设参数、重复计算和绘图的过程，从而避免了人工修改产生的错误。

（2）三维可视化

由于预制构件的配筋和连接节点复杂且数量较多，传统的二维工程图纸难以全面表达且容易出错，降低了构件尺寸与安装定位的精度。BIM 具有强大的三维可视化功能，可以把构件的各个角度和内部构造呈现出来，增强了设计图纸和数据的可读性。BIM 的可视化是依靠信息自动生成的，是一种具有互动性和反馈性的可视化，也可以做到建筑全生命周期各阶段状态的可视化。

（3）输出性

通过 BIM 技术可以对任何构件或者项目的特定视图提取信息，创建准确一致的设计图纸，大大减少了信息和图纸输出的时间和错误率。当设计变更时，只要修改模型，就可以快速生成与模型一致的图纸。BIM 强大的输出功能降低了构件生产和施工时，因图纸不明确或错误而导致的返工现象。

（4）模拟性

BIM 可以模拟工程项目各阶段的活动，评估建筑的各种性能，通过分析比较，预测建筑全生命周期可能出现的问题，并获得最佳解决方案。例如，在拆分设计中，通过 BIM 模拟不同拆分方案对结构强度、模具数量、生产施工时间和成本的影响，来选择最佳拆分方案。再如，在施工组织设计时，利用 BIM 软件模拟塔式起重机的作业轨迹来比较不同布置方案的作业效率和有效覆盖范围，并评估是否具有安全隐患。

（5）协同性

BIM 系统中的信息可以共享，各环节的信息互相衔接。如果一个因素发生了变化，其他相关因素也随之产生相应的改变，或是发出错误信息。BIM 的协同性对装配式建筑的设计和实施非常重要。设计和施工的高度一体化、集成化，需要设计人员、生产人员和施工人员在协同配合中投入更多的精力，BIM 的协同性能够帮助许多相关工作及时地开展或自动完成。

2.BIM 应用于装配式建筑的目标

在选择和应用 BIM 技术之前，首先要考虑目标项目的特征、实施项目人员的能力等问题，然后确定实现哪些具体的项目目标。一般来说，运用 BIM

的目标有两种：一种是缩短设计周期、降低建造成本、提高整体项目质量等，这些目标是从项目的整体角度出发；另一种是项目实施过程中的具体目标，如通过模块化设计降低设计成本，根据精细的 3D 模型及坐标系统提供高质量的施工图纸，或是利用精确的施工模拟提高施工质量等。在项目的全过程中，可以根据不同阶段的工作内容选择相应的 BIM 应用。各个应用在时间轴线上有先后顺序，但并不是独立分割的，很多应用都相互关联，可以交叉使用。多个应用一起联合使用时可以根据各应用程序对现阶段目标的重要性来确定优先级，如在预制装配式建筑的施工中，运用 3D 模型坐标系统及施工前碰撞检查的重要性比其他应用要高。因此，团队人员充分理解 BIM 模型在项目不同阶段应完成的目标和解决的问题，利于帮助实现 BIM 的成功应用。

3.BIM 应用于装配式建筑的基本流程

BIM 应用于装配式建筑的基本流程如图 3–5 所示，具体如下：

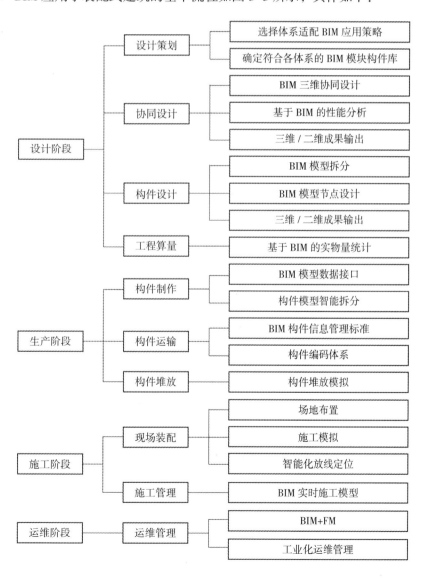

图3-5　BIM应用于装配式建筑全生命周期的基本流程

图片来源：作者自绘

（1）从设计策划开始，选择适用于装配式建筑项目的 BIM 应用策略，创建符合预制装配式结构体系的 BIM 构件库。在统一的 BIM 平台上协调各专业的设计，并在 BIM 可视化的基础上展开详细设计，在重点构件的拼装、节点处理上进行碰撞检查和施工模拟，最终确定预制拼装图纸。

（2）在生产制造环节，按照统一定型详细设计图纸在工厂完成批量生产，并通过 BIM 模型构件的开放数据接口集成和传递生产过程中的各类数据信息。然后，根据施工顺序组织构件运输，从而在现场有限的空间内有序地堆放预制构件。

（3）在现场装配阶段，按照施工计划安排施工人员进行区域拼装工作，同时利用构件模型中预设的生产信息和三维定位手段组装构件，将生产和装配过程合二为一。

（4）最后将项目竣工信息和竣工模型上传至项目数据库中，成为后期运营维护管理的基础资料。

3.1.2　地理信息系统

与 BIM 一样，GIS 含义也有多种解释，可以有广义和狭义之分。广义的 GIS 是一门研究地理信息科学的学科，研究运用计算机技术对地理信息进行相关操作过程中提出的一系列基本问题。狭义的 GIS 是一种空间信息系统，在地理学、测量学、地图学、计算机科学等多门学科的支持下，管理、分析、输出地理相关信息，并把地图这种独特的视觉化效果和地理分析功能与数据库操作集成在一起[①]。本书讨论的是 GIS 系统，即在充分了解 GIS 系统的基本功能、应用领域和发展方向的基础上，探讨它在优化装配式建筑供应链、管理和处理构件空间信息中的作用。在建筑的全生命周期中，构件的空间信息不仅限于在建筑中的位置，也包括在运输中、施工装配之前更加广阔空间的地理信息。BIM 可以有效地创建和共享构件在建筑中的空间信息，但缺乏良好的地理信息处理能力。空间数据库管理系统是 GIS 的关键技术，预制构件的地理空间信息可以通过 GIS 来构建和管理。

3.1.2.1　GIS 的基本功能

GIS 系统主要由 4 部分组成，即计算机硬件系统、计算机软件系统、地理空间数据和系统管理操作人员（图 3-6）。计算机硬件和软件系统是 GIS 的核心部分，用于支持 GIS 对空间信息数据的所有计算、分析、处理等工作；空间数据库包含了 GIS 输入和输出的所有地理数据；管理人员和用户决定了系统的需求与工作方法。GIS 的用途十分广泛，可以用于与空间信息有关的许多领域，例如能源、测绘、环境、国土资源综合利用、交通等。在建筑领域，GIS 强

① 宋彦, 彭科. 城市空间分析 GIS应用指南[J]. 城市规划学刊, 2015(4):124.

大的空间信息数据管理与分析能力、图形化的显示功能都非常适用于建筑供应链的管理，特别是对项目资源和产品流通路径的模拟、可视化监测、定位追踪以及对项目成本的分析和控制。

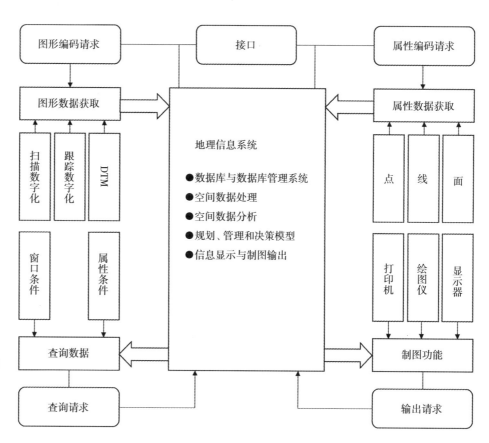

图3-6　地理信息系统的组成和功能

图片来源：宋彦，彭科. 城市空间分析GIS应用指南[J]. 城市规划学刊，2015(4):124.

1.GIS 的基本数据类型

GIS 数据主要来自二维或三维空间的地理信息，这些信息用于描述研究对象在空间中的位置、属性和对象之间的拓扑关系。在 GIS 中，研究对象的空间位置通过其在某一坐标系中的坐标值来表达。坐标系可以是二维的，例如由 x 轴、y 轴和原点（0，0）组成的笛卡尔坐标系，也可以是三维的，例如经纬度组成的球坐标。为了将坐标系这个抽象的表达和地球表面的实际位置联系起来，需要大地基准面和地球形状的模型，即参考椭球体，从而形成大地坐标。根据基准面的不同，大地坐标主要有北京 54 坐标系（BJZ54）、1980 年国家大地坐标系（GD-80）、WGS-84 坐标系（World Geodetic System，1984）和 2000 国家大地坐标系（CGCS2000）。由于大地坐标的参考椭球体是曲面，而地图及测量空间一般是二维平面，因此在一些空间分析或地图绘制、线性测量时往往需要将曲面地理数据转换为平面坐标数据。在 GIS 中，利用不同地图投影的转换，可以实现球面坐标与平面坐标之间的切换。为了更加准确地描述研究对象，GIS 中的地理信息包括空间数据和属性数据两种基本数据类型。

（1）空间数据

GIS 中大多数数据都与位置相关，被称为空间数据。通过空间数据可以了解发生的事情和事发地点。常用的基本空间数据类型是矢量数据和栅格数据（图 3-7）。最基本的矢量表达方式是点、线和面（多边形）等离散数据。点数据可以表达某个具体位置，如建筑、公共设施；线数据可以表达线状元素，如道路、河流、管道；若干条线围合而成的多边形数据可以表达街区、地块范围等。矢量数据的优点是能够以很高的精度储存空间属性的位置，数据结构紧凑，图形显示质量好，精度高，修改和添加已有的矢量数据相对容易。栅格数据是由规则格网像素组成的连续数据，每个像素都包含一个信息值，如温度、高程、降雨量等。栅格数据的优点是数据结构简单，可进行高级的空间和统计分析。

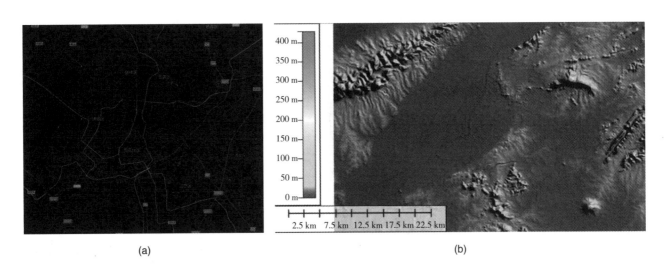

(a)   (b)

（2）属性数据

GIS 中地理对象的属性数据表示其与位置、分布、形状等空间信息无关的特性。相比于空间数据来说，属性数据通常呈现相对独立的变化，如交通网络中路段空间位置数据未变，但路段等级提高的情况。因此，在管理对象时需将二者分别存储来应对同一对象不同数据的变化。如果说空间数据反映了对象的"形"，那么属性数据就反映了对象的"意"，即确定对象是什么，属于哪一类，以及描述对象的详细信息。对应空间数据的矢量数据和栅格数据，属性数据可以分为向量模型和主题模型两种基本数据类型。矢量数据模型采用的"面向对象"的图形数据结构，属性值与对应的地理实体相联系，地理对象的各属性项之间彼此独立并形成向量数列，称为"向量模型"。栅格数据模型采用的是"面向空间"的图形数据结构，属性值与相应的空间位置相联系，

图3-7　GIS基本空间数据格式
（a.南京市道路网矢量数据；b.南京市数字高程栅格数据）
图片来源：作者自绘

并需要在一个专题内容下选择属性的取值，因此称为"专题模型"。

2.GIS 的主要功能

基于地理科学，GIS 集成了多种类型的数据，形成了强大的地理数据库。同时结合计算机和信息技术，GIS 能够采集、编辑、存储地理数据，并对其进行分析、管理、显示和输出等操作。

（1）数据采集、转换和编辑

数据采集是在数据处理过程中获取现实世界的原始数据并传输到 GIS 系统内部的过程，常用的原始数据有栅格数据（如遥感 RS 图像）、图形数据（如道路网）、测量数据（如 GPS 数据）和属性数据（如数字和文字）等几种类型。目前 GIS 数据的采集越来越多地借助现代信息采集技术。例如将 GIS 与 RS 技术、GPS 技术综合使用的 3S 一体化技术，将遥感数据和图像作为 GIS 重要的数据来源，并利用 GPS 测定空间实体的三维坐标，为 GIS 提供准确的地理数据。数据转换是将栅格、图形、测量、属性等原始数据从 GIS 无法直接识别的外部格式转换为可识别和处理的内部格式。在数据转换的过程中，GIS 提供了与其他软件转换数据的接口，从而进一步增强了采集空间数据的能力。虽然原始数据可以转换成可以被 GIS 系统识别的数据格式，但数据本身可能存在不完善或错误的情况而影响后期数据计算和分析结果的准确性。GIS 具有编辑空间数据的功能，可以完善和修正图元及其属性，图元编辑包括布尔运算、拓扑关系、投影变换、地理配准、误差校正等，属性编辑可以方便图元信息的筛选与过滤，使其更具"智能"。

（2）数据存储和管理

GIS 中的各类地理数据以数据集的方式储存在数据库中，存储方式与数据文件的组织密度有关，关键在于建立记录的逻辑顺序。GIS 的数据管理包括空间数据管理和属性数据管理。空间数据的管理是 GIS 数据库的核心，各种图形信息的存放都遵循着特定的逻辑结构。属性数据管理一般直接利用商用关系型数据库软件来管理。在 GIS 中，地理数据库不仅是数据集的集合，也是数据管理的主要数据格式。当使用多个 GIS 文件格式时，就会使用地理数据库来编辑和处理所需的数据集，使得这些数据集更易于被操作。

（3）空间分析

空间分析是 GIS 最强大的功能。借助空间分析功能，数据操作人员可以应用一组复杂的空间运算符将来自众多独立信息源的信息合并，得到全新的信息（结果），从而帮助管理层做出关键性的决策，例如，从某个区域的交通路线图和运输成本资料中分析出两地之间的最佳运输路线。空间分析的基础概念是将包含不同类型数据的图层堆叠起来，并根据事物真实的地理位置对比这些图层，从而进行统计分析、缓冲分析、地形分析、网络分析等一系列的操作。网络分析是GIS空间分析中的一个重要方面，用于研究筹划网络功能最优运行效果，在城市规划、基础设施网络、交通、物流、通信的布局设计中发挥了重要作用。常规的网络分析包括资源分析选址问题、连通分析、路径分析等，其中路径分析常运用于优化建设供应链的研究。

（4）数据输出

制作地图是GIS输出数据的主要方式。GIS集成各类表格、数据库中的数据和公开数据、实时数据，以及各组织分享的数据，通过整合数据、空间分析，不仅可以制作全要素地图，还能以自定义的方式制作专题地图、统计图表等，从而帮助使用者发现数据的分布模式、相互关系和发展趋势，以便更好地指导决策和行动并分享信息。随着可视化技术的发展，GIS中的许多地理数据还可以和无人机影像、倾斜摄影测量建模成果、BIM等数据接合，并以三维的方式直观地显示出来，展现出更加逼真的场景，方便用户迅速捕捉到目标信息。

3.GIS的常用应用程序

软件是GIS的重要组成部分，有关地理空间信息的各种操作需要在适宜的软件环境中进行。GIS软件的选型直接影响着系统解决方案，甚至是项目的建设周期和效益。从功能分，GIS软件主要包括以下几类：操作系统软件、系统开发软件、数据库管理软件等。表3-4列举了目前常用的几种GIS软件的基本功能和局限性。

表3-4　常用GIS软件及其基本功能

软件名称	性质	基本功能	局限性
ArcGIS	商业综合软件	功能全面，集成了多种处理和分析地理信息的插件，且交互性好，便于数据管理、空间分析、实时数据支持、制图，具有良好的三维数据处理、展示能力和网络共享能力，具有信息平台的功能	软件费用较高
MapInfo	商业桌面端软件	支持多种GIS数据文件格式，支持对GIS数据的基本操作，创建地图	高级空间数据分析能力较弱
MapGIS	商业桌面端软件	支持多种GIS数据文件格式，支持对GIS数据的基本操作，特别是海量数据的浏览和查询，创建地图，快速建立、可视化和融合分析三维数据	功能不够齐全，软件自动化和数据库能力较弱
QGIS	开源桌面端软件	支持多种GIS数据文件格式，支持对GIS数据的基本操作，创建地图，通过插件的形式支持扩展功能。较之ArcGIS软件更加轻量化，且界面友好，操作简单	高级数据处理能力较弱

表格来源：作者自制

3.1.2.2　GIS的发展及应用

1.GIS的发展

（1）互操作性的发展

近些年来，GIS在飞速发展的同时，也存在一些技术瓶颈，特别是传统

GIS 的孤立性和封闭性与各领域、各系统相互合作、信息共享需求之间的矛盾。传统的 GIS 系统没有统一的标准，采用不同的数据格式、数据存储和处理方法，彼此之间数据交互性和兼容性较差。各系统间数据共享的主要方法是转换数据格式，即通过公开各自的数据结构，将一个系统的数据用专用程序转换为另外一系统的数据格式，从而实现两系统间的互操作。由于空间对象之间缺少统一的标准，信息缺损与丢失的情况经常出现于数据转换中。此外，计算机通信网络技术的发展给单机独立运行的 GIS 带来了很大的冲击。在网络环境下，GIS 的体系结构发生了很大的改变，基于开放式 GIS（Open GIS）思想的网络服务为实现地理信息共享与数据互操作，以及信息资源共享与协同工作发展奠定了技术基础[①]。

开放式 GIS 是在计算机和通信环境下，根据行业标准和接口所建立起来的 GIS。接口相当于一种大家都遵守并达成统一的标准。通过接口，不同公司的 GIS 软件和分布式数据库之间可以在一个集成的环境中将数据结合并相互交换。开放地理信息系统联合会（Open GIS Consortium，OGC）是专门发展开放式 GIS 规范的机构，此机构研究和建立了开放式 GIS 交互操作规程（Open Geodata Interoperability Specification，OGIS）来使用户开发基于分布计算技术的标准化公共接口。

地理标记语言（Geography Markup Language，GML）和城市地理标记语言（City Geography Markup Language，CityGML）都是 OGC 建立和维护的开放式通用数据标准。GML 基于 XML 可扩展标记语言，是在地理空间信息领域专门用于表示空间和属性数据的标记语言规范。利用 GML 不仅可以存储和发布各类地理信息，还可以控制地理信息在 Web 浏览器中的显示，支持 WebGIS 的开发和发展。CityGML 数据标准也基于 XML 格式，是用来表示、存储、传输和交换数字城市三维模型的可扩展空间数据交换国际标准[②]。

CityGML 的重要特点是采用模块化方式构建数据。不同数据模型以子集的形式作为 CityGML 的模块，由 1 个核心模型模块和 13 个扩展模块组成，其构成关系如图 3-8 所示。核心模块（CityGML Core）包括 CityGML 数据模型的基本概念和组件。基于核心模块，每个扩展模块都涵盖了虚拟三维城市模型的某个主题领域，这 13 个主题扩展模块分别是：外观（Appearance）模块、桥梁（Bridge）模块、建筑（Building）模块、城市设备（City Furniture）模块、城市对象组（City Object Group）模块、通用（Generics）模块、土地利用（Land Use）模块、地势（Relief）模块、交通（Transportation）模块、隧道（Tunnel）模块、植被（Vegetation）模块、水体（Water Body）模块、纹理表面（Textured Surface）模块[③]。每个模块都描述了城市中的特定对象，例如，公路和铁路用

① 王家耀. 地理信息系统的发展与发展中的地理信息系统[J]. 中国工程科学, 2009, 11(2):10-16.
② 李明涛. 基于IFC和CityGML的建筑空间信息共享研究[D]. 北京:北京建筑大学, 2013.
③ OGC. OGC City Geography Markup Language (CityGML) Encoding Standard: OGC 12-019[S /OL]. http://www.opengeospatial.org/standards/citygml#overview

于交通运输，土地可以用于开发建设，二者分别由交通（Transportation）模块和土地利用（Land Use）模块来描述。Building 模块是建筑专题模块，根据使用者需要的程度，可以将这个模块中的建筑物、建筑构件以及建筑内部房间布局和家具等信息分成 5 个细节层次（Level of Detail，LoD）进行空间和语义上的描述，这与对 BIM 模型的 LoD 划分相似。

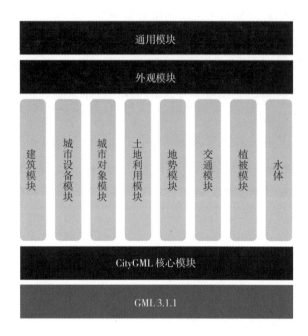

图3-8　CityGML模块关系图
图片来源：OGC. http://www.opengeospatial.
org/standards/citygml

（2）应用方式的发展

开放式 GIS 大大提高了不同系统和领域之间在地理信息数据上的交互性，而随着计算机硬件、数据采集技术、数据库、网络技术等相关技术的迅速发展，GIS 的应用也出现了新的特点，主要有以下几个方面：

①3D/4D 数据结构和对象关系模型。GIS 技术在空间和时间上呈现多维度的发展，3D-GIS 和 4D-GIS 目前是 GIS 理论和应用研究中的热点问题之一。3D-GIS 以三维（x, y, z）数据模型为基础数据结构，相关的数据查询、分析和输出都是在三维数据模型的基础上进行；4D-GIS 是在 3D-GIS 的基础上加入时间维度（x, y, z, t），形成动态的三维空间地理信息[①]。可视化是 3D-GIS 研究中的热点问题，三维数据模型的输入、编辑、存储、管理，以及分析和结果输出，都存在三维对象的几何建模和三维可视化表达的问题。4D-GIS 强调的是在空间分析的基础上增加时间考量因素来模拟动态过程，从而探究和挖掘隐含于时空数据中的信息和规律。

②技术集成。近年来 GIS 的内涵和外延正在不断变化。GIS 已经从最初的单一性应用软件逐步发展成为一门综合性的技术平台，并在平台中集成了 CAD、BIM、遥感、GNSS、混合现实等相关技术，极大拓展了应用范围（表 3-5）。

① 徐苏维, 王军见, 盛业华. 3D/4D GIS/TGIS现状研究及其发展动态[J]. 计算机工程与应用, 2005, 41(3):58-62.

表3-5 GIS与几种技术的结合

GIS-CAD	CAD 作为一种计算机辅助制图和设计技术,与 GIS 的综合管理功能相结合,有助于实现对空间的管理、设计和表达
GIS-RS	遥感技术的发展为 GIS 提供了更加多元和清晰的图像数据;同时,GIS 的应用和发展提高了遥感数据的提取和分析能力
GIS-GPS	GPS 的数据采集和实时追踪功能和 GIS 相结合,可以监控交通、物流等领域的工作
GIS-RFID	RFID 具有自动识别和定位追踪的功能,与 GIS 和 GPS 技术相结合,可以监控和管理交通、供应链、人员物品等
GIS-VR	GIS 与虚拟现实技术结合,提高了 GIS 图形显示的真实感和对图形的可操作性,使用户能够身临其地理环境中实现观察、触摸和检测等操作
GIS-BIM	GIS 与 BIM 相结合,可以运用于城市规划、施工管理、建筑供应链和全生命周期的监测、管理和优化

表格来源:作者自制

③网络化。随着计算机网络技术的发展,网络技术应用于 GIS 系统形成了 WebGIS,并已成为 GIS 发展的重要方向。利用互联网的优势,WebGIS 能够以极少的成本和时间实现数据共享,方便使用者在 PC 端和移动端上更加灵活方便地浏览、查询、分析地理信息[①]。

2.GIS 在建筑领域的应用

GIS 系统与全球定位系统、遥感系统合称为 3S 系统,其应用领域十分广泛,从自动制图、资源管理、土地利用,发展到与地理位置相关的水利电力、邮电通信、地质矿产、交通运输、城市规划、工程建设等多个领域。现代工程建设需要实现精细化设计、生产、施工和管理的目标,因此对施工精度和项目管理方面的要求越来越高。GIS 拥有强大的地理信息数据库,能够分析、管理、输出和共享项目地理信息数据,为项目审批、规划设计,再到施工时的测量、管理、监测等各项工作提供了有力的支持。

(1)GIS 在建设审批及规划中的应用

GIS 数据管理和显示的功能能够优化审批流程。GIS 地图中可以清晰地显示出待审批的建设项目位置,并在专用的项目数据库统一管理单位名称、企业资质、资金来源、项目负责人员等信息,从而便于审批工作人员查询和审核,降低了人为错误的可能性。在用地规划阶段,可以利用 GIS 管理和分析现状数据,推测和规划待开发用地的功能、布局、建设计划,以及总体规划部署教育、医疗、公共交通等设施的位置或区域。进一步借助 3D-GIS 和 RS 等信息技术,通过建立空间数据库,将目标地区赖以生存和发展的各种基础设施用数字化、网络化的形式综合集成管理,从而实现规划过程中的三维可视化、虚拟管理等功能。

(2)GIS 在工程测量中的应用

现代工程测量在工程测量学、光学、机械学、自动化科学和计算机技术等多学科的基础上,与大数据、移动互联、智能处理和云计算等高新技术高度融合,产生了一系列较为成熟的自动化、数字化和智能化的数据采集、处理、监

① 刘南,刘仁义. Web GIS原理及其应用:主要Web GIS 平台开发实例[M].北京:科学出版社,2002.

控的测绘技术，提高工程测量数据的获取方式，提升测量信息的处理技术，促进工程测量成果的应用，使信息化测量逐步升级为智能测量，进而提高了施工建设的质量和效率。目前，GIS 系统与 GPS、RS、网络通信技术和数字化成图技术紧密结合，形成了一套信息化测绘技术体系。相关的工程设计人员根据此项技术所勘测的数据可以更清晰地抓住地形特点和施工重点，从而制定设计方案。通过测绘的地理空间分析功能，还可以实现数字化数据转化。此外，借助 GIS 平台技术，还能够将云计算、大数据、移动通信等技术相融合，深入应用到工程项目的数据管理、数据制图、监测分析、成果共享等各个环节，最终推进工程测量从信息化向智能化的转型。

（3）GIS 在施工管理中的应用

许多工程项目都具有场地复杂、资源数量多、信息量大、周期长等特点，需要通过合理的办法来宏观管理，才能保证施工工作能够有序进行，而复杂图元及其属性的综合分析正是 GIS 的长处。GIS 可以在单一软件平台上融合历史影像、勘测数据、设计方案等不同来源与格式的图元及其属性，并模拟与评估各种潜在的风险，为决策提供可靠的依据[①]。

（4）GIS 在建筑信息管理中的应用

建筑全生命周期的各个环节都需要处理大量的空间数据，许多数据与城市地理信息有关，例如项目选址、生产供应商的位置、道路的分布和级别、施工现场的地理信息，这些信息具有覆盖范围广、结构复杂、处理运算量大等特点。依靠人工或 BIM 技术难以管理城市级别的建筑信息，而 GIS 是处理地理空间信息的最佳工具，其强大的空间数据录入、查询、分析、管理和共享功能为建筑全生命周期各个阶段的工作提供了高效优质的技术保障。

3.1.3　BIM 与 GIS 的特性

BIM 既是设计工具，又是团队合作的平台。通过三维模型数据库，BIM 集成了从设计到建设施工直至使用、拆除的全生命周期内所有的项目信息。GIS 是在计算机软硬件的支持下，采集、输入、存储、操作、分析、建模、查询、显示和管理地理空间数据的计算机空间信息系统。GIS 系统能够集计算机的诸多技术于一体，如图形处理、数据库、网络等，为资源，环境和各种区域性的研究、规范、管理决策提供支持。表 3-6 为这两种系统的主要区别。BIM 系统主要应用在建筑层面，具有极强的 3D 模型能力，模型的细节水平高，模型对象有自己的局部坐标，还可以添加其各阶段的几何和非几何信息。GIS 系统的3D 模型能力较弱，单体建筑模型细节较少，但可以用最抽象的方式分析已经存在的对象，是对建设项目相关的环境状况、现有建筑分布和建设项目外形的

① 马聪. GIS在建筑领域中的管理及应用 [J]. 测绘与空间地理信息, 2017(1):119-120.

客观描述，具备查询和分析的功能。由于 GIS 技术可以将现有建筑模型的优点和适用性扩展至更大的建设环境，通过基于标准的方法整合建筑和地理空间信息，有望提高项目数据交换的质量和有效性。

表3-6　BIM与GIS系统的主要区别

	BIM	GIS
模型环境	主要关注建筑室内环境或建筑局部外环境	主要关注大范围外环境
参考坐标	BIM 中的对象有自己的局部坐标和参照全球坐标	采用全球坐标或地图投影
模型细节	具有开发更高级别模型深度的能力，包含几何和非几何信息	建立在现有的对象和信息上，模型细节较少
3D 模型能力	具有丰富的空间特征和属性，3D 模型能力强	处于初级阶段，不成熟
主要应用领域	建筑层面	城市层面

表格来源：作者自制

对 BIM 和 GIS 这两种信息技术的整合主要体现在基本层面和语义层面。在基础层面需要解决数据交换和互操作性问题，这可以通过基础技术和数据模型标准实现。首先，二者都包括数据库管理和图形图像处理技术，这为 BIM-GIS 的可视化功能提供了较好的专业技术基础。其次，BIM 和 GIS 的数字化信息处理方式相同，二者的数据可以转换为统一标准下的数字化数据。在语义层面实现互操作性是将 BIM 与 GIS 这两种技术的优势结合在一起的关键性问题。IFC 和 CityGML 分别为 BIM 和 GIS 领域内通用的数据模型标准，通过将两者的几何信息过滤及语义映射的方法，可以实现 BIM 和 GIS 模型几何和语义信息的互操作[1]，从而将 BIM 和 GIS 中的信息互为对方数据源，以确定施工方场地的合理化布置和物流运输路线的最佳选择。虽然无法直接将 IFC 和 CityGML 整合在一起，但通过 CityGML 的扩展机制可以实现两种技术的结合。除此之外，虽然 IFC 中大部分内容都是关于建筑的，但是 buildingSMART 协会一直致力于将 IFC 的范围扩大至其他工程领域。目前，该协会已经开发了使 GIS 能够与 IFC 模式的数据交换地理信息的模型标准——IFG（Industry Foundation Classes for Geographic Information System）[2]，并以此数据模型标准为基础，开展建立 CAD-GIS-BIM 模型架构的研究。

3.1.4　BIM-GIS 与装配式建筑供应链的契合性分析

1. BIM 与装配式建筑供应链的契合性分析

BIM 与装配式建筑供应链的契合性主要体现在信息的整合和交互方面。首先，BIM 能够实现有效的信息表达、交互和协同工作。借助 IFC 标准，BIM 可以使交互信息和交互方法标准化，实现各专业协同工作。以 BIM 数据库为核心，通过网络技术建立装配式建筑信息管理平台，供应链各方之间能够及

① 汤圣君, 朱庆, 赵君峤. BIM与GIS数据集成:IFC与CityGML建筑几何语义信息互操作技术[J]. 土木建筑工程信息技术, 2014, 6(4):11-17.
② IAI, BuildingSmart-IAI International. International Alliance for Interoperability, IFC for GIS[EB/OL].(2012-05-10). http://www.iai.no/ifg.

时、高效地沟通信息。装配式建筑的构件生产和现场作业过程较为复杂，BIM提供了构件数据库中所有构件的几何、性能、状态、物料等各方面信息，大大节省了生成和管理构件清单的时间，同时利用 BIM 技术可模拟生产和现场作业关键环节的全过程，并编制生产要素供应计划和提供合理的施工方案。

2.GIS 与装配式建筑供应链的契合性分析

GIS 与装配式建筑供应链的契合性主要体现在对项目整体环境进行大范围空间和非空间数据的分析、挖掘、存储和管理。作为供应链中的重要环节，物流对地理空间有较大的依赖性。将 GIS 融入装配式建筑的供应链中，了解相关空间信息（如构件生产供应的位置、仓储地点、施工现场的位置），可以更方便地管理物流系统中构件的运输、仓储、装卸等各个环节，特别是对运输路线的选择、配送车辆的调度、仓库和配送中心位置的选择、仓库的布局和合理装卸策略等问题进行有效的管理和决策分析。同时，将项目的三维模型与生产建设进度结合，使得建筑构件在不同阶段的状态可视化，清晰地显示出构件的可利用程度以及各时间的位置，提高了建设过程的透明度。另外，GIS可以通过图形描述整个供应链过程，例如供应商的地理位置、运输网络图等，也能更加清晰地显示构件物料的位置和在一段时间里的动态[①]，为运输路线的选择和物流成本的管理提供了很好的参考。

综上所述，BIM 可以提供有关建筑项目丰富的本体信息，GIS 具有的良好地理空间信息分析能力可以支持相关的物流活动。BIM 为所有的建筑构件提供属性信息（如身份识别信息、生产制造信息、施工位置信息等），GIS 中交通网络、资产位置等信息可以用于追踪定位构件、降低运输和物流成本等目标。所以，根据二者的技术特点和整合后能够达到的优势互补，BIM 和 GIS 非常适合综合运用于整个建筑供应链的管理（图 3-9）。

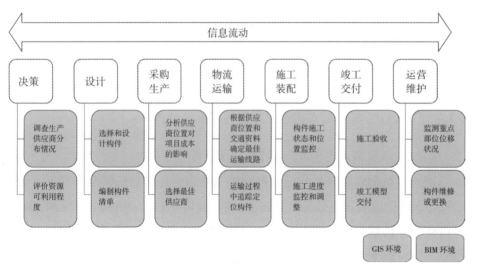

图3-9 BIM和GIS在建筑供应链中的适用性
图片来源：作者自绘

① 林宏源. 基于GIS的移动定位技术在物流信息化建设中的应用研究[D]. 上海:上海交通大学, 2012.

3.2　数字测量技术

工程测量包括控制测量、地形测量、施工测量、竣工测量和变形监测五大部分。工程测量技术随着测绘技术的发展形成了两大发展趋势：一是新仪器、新方法、新手段的出现，使得工程测量向着内外业一体化、数据采集和处理自动化、测量控制智能化和测量成果数字化的方向发展；二是工程测量领域的不断扩展，出现了工业测量、地下管线探测和建筑测绘等新的领域[①]。建筑工程测量为建筑设计和施工方案的制定提供了重要的基础资料，也是施工定位、校验、监测过程中必不可少的技术手段。如何掌握现代测量技术并能够在工程项目中选用适宜的技术已经成为工程建设、施工企业面临的重要问题。在建筑工程中，已经开始广泛使用先进的空间、地面测量仪器。GNSS、智能型全站仪、三维激光扫描仪、摄影测量技术等已经在我国建筑工程测量定位中得到了极大的推广与应用。利用先进的数字化、信息化测量技术可以降低测量工作的难度和工作量，提高建筑工程测量和工作的效率。

3.2.1　GNSS 定位系统

3.2.1.1　GNSS 系统概述

1.GNSS 系统的发展

GNSS 系统是一种具有全方位、全天候、全时段、高精度的卫星定位系统，可以提供定位对象准确的三维空间信息。目前世界有四大 GNSS 系统，即美国的 GPS、俄罗斯的 GLONASS、欧盟的 GALILEO、中国的北斗卫星导航系统（BeiDou Navigation Satellite System，BDS）和若干卫星增强系统。

现阶段，国内常用的卫星定位系统是 GPS 和北斗卫星导航系统。GPS 起始于 1958 年，是 GNSS 系统中最早研发和使用的卫星定位系统，发展至今已经实现全面的现代化，具有很高的安全性、连续性、可靠性和测量精度。虽然目前有多个卫星系统可用，但 GPS 出现得最早，因此常用 GPS 来狭义地代指其他的卫星系统。北斗卫星导航系统完全由我国自主研发，于 1983 年开始筹建，1994 年正式开始研制，2000 年实现了区域性的导航功能，2012 年完成对亚太大部分地区的覆盖，并在 2020 年提供导航定位服务。

2. GNSS 定位分类

GNSS 定位系统由卫星、地面监控站、信号接收机 3 部分构成。接收机同时接收 3 颗以上卫星发出的信号，可以实时地计算出测站的三维坐标、三维速度和时间[②]。根据定位的用途不同，GNSS 接收机一般有导航型和测量型两种（图 3-10）。导航定位功能的 GNSS 主要应用于车辆的定位和导航系统。

① 王晏民, 洪立波, 过静珺,等. 现代工程测量技术发展与应用[J]. 测绘通报, 2007(4): 1-5.
② 周忠谟, 易杰军. GPS卫星测量原理与应用[M]. 北京:测绘出版社, 1992.

与 GIS、RS、无线通信网络及计算机车辆管理信息系统相结合，可以提供车辆跟踪、出行路线规划和导航、信息查询等许多交通智能服务[①]。

　　根据定位时测量型接收机的运动状态不同，GNSS 定位可以分为静态定位和动态定位；根据接收机的数量，静态定位又可以分为绝对定位和相对定位[②]。静态绝对定位是指将 GNSS 接收机安置在某个固定不动的待定点上，来确定其三维坐标。若将两台 GNSS 接收机分别安置在两个固定待定点上，确定两个待定点之间相对位置的方法就是静态相对定位法，这是当前 GNSS 定位中精度最高的方法。一般来说，静态定位的观测时间较长，为了缩短观测时间，可以采用快速静态测量，但测量精度会相应降低。动态定位中需要有至少一台接收机处于运动状态，测定的是各观测时刻运动中的接收机的绝对点位或相对点位。根据定位的实时性，动态定位可以分为实时动态定位（Real Time Kinematic，RTK）和后处理动态定位。实时动态定位可以根据 GNSS 接收机观测到的数据实时获得待定点的位置信息。常用的 RTK 技术能够在室外实时得到厘米级的定位精度。后处理定位是指通过后期处理 GNSS 接收机收到的观测数据得出坐标数据的一种定位方法。静态定位是精密定位的基本模式，定位精度高，但是所需仪器数量较多，观测时间长，几分钟至数小时不等。动态定位的观测时间短，外业效率高，可以实时获得待定点的坐标。静态定位和动态定位各有利弊，在建筑施工测量定位中应根据定位目的、定位精度、所处环境等要求选择相应的方法，表 3-7 是各种类型的 GNSS 定位方法比较。

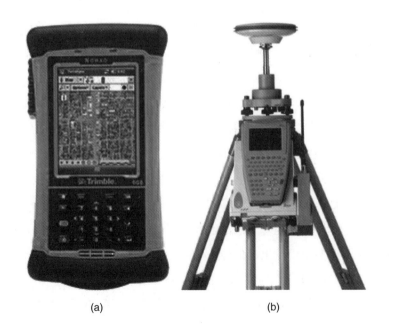

(a)　　　　　　　　　　　　(b)

图3-10　GNSS接收机
（a.导航型；b.测量型）
图片来源：http://www.trimble.com

① 夏枫, 胡达. 城市车载GPS导航系统的设计[J]. 计算机与现代化, 2004(4):72–74.
② 曲亚男. GPS定位技术在建筑物变形监测中的应用研究[D]. 济南：山东大学, 2012.

表3-7　GNSS测量定位方法比较

类型	测量时间	测量精度	适用性
静态测量	很长	5 mm+1 ppm·D	建立国家级大地控制网和精度要求高的工程控制网，基础测量以及建筑结构变形监测等
快速静态测量	短	8 mm+1 ppm·D	建立和加密大地控制网，以及快速建立工程控制网
实时动态（RTK）测量	很短	水平：10 mm+1 ppm·D 垂直：20 mm+1 ppm·D	对精度要求不高的工程项目的快速测量和定位

注：ppm为设备厂商经常使用的精度单位，1ppm即一百万分之一，D为测量距离
表格来源：作者自制

3. GNSS 坐标及坐标转换

GNSS 系统采用大地坐标，不同的定位系统采用的坐标不同，例如 GPS 采用的是 WGS-84 坐标系，北斗卫星导航系统采用的是 CGCS2000 坐标系。除此之外，许多项目和测量设备采用的是独立坐标或空间直角坐标系，所以在 GNSS 定位的实际应用中需要转换不同的坐标系。不同空间直角坐标系之间的转换是一个复杂的过程，需要求出坐标系统之间的转换参数，然后利用转换参数来转换各点的坐标[1]。在施工测量中，常见的测量类坐标转换有以下几种：

（1）大地坐标之间的转换。目前我国大部分测量控制成果都是基于 BJZ-54 坐标和 GD-80 坐标，在已有国家控制网或地方控制网的地区进行采用 WGS-84 和 CGCS2000 坐标系的测量定位时，就要转换新旧测量定位结果的坐标。

（2）大地坐标对平面直角坐标的转换。一般来说需要先确定椭球参数、分带标准和中央子午线的经度等转换参数[2]。在规划、设计和施工中往往需要把测区投影到平面上来，将地理坐标转换成直角坐标。投影的方法有很多，较为常用的是高斯正投影和 UTM（Universal Transverse Mercator）投影。

（3）任意两空间坐标的转换。由于测量坐标系和施工坐标系往往会采用不同的标准，要精确转换这两种坐标系，必须知道至少 3 个重合点在两个空间坐标系的坐标值，从而转换其他位置点的坐标，这在建筑定位点的地理配准中经常使用。

现在国内外都有成熟的数据处理软件（如徕卡公司的 Leica Geo Office 软件、天宝公司的 Trimble Data Transfer）可以自动处理测量数据，减少了人工换算坐标系和处理数据可能造成的错误。以徕卡的 Leica Geo Office 为例，该软件可以输入来自 GNSS 接收机（GPS、GLONASS、GALILEO 和北斗数据）、全站仪、数字水准仪的原始数据，通过数据处理，将最终结果输出到 GIS 或 CAD 系统中。除了专业的测量数据处理软件之外，通过 GIS 软件也可以将大地坐标数据转换成独立坐标数据。

① 姚刚. 高层及超高层建筑工程的GPS定位控制研究[D]. 重庆:重庆大学, 2002.
② 刘学军. 工程测量中平面坐标转换及其应用[J]. 北京测绘, 2014(6):142-145.

3.2.1.2　GNSS 在建筑中的应用和特点

GNSS 定位技术具有高精度、高效率和对基准点依赖性低的特点，近些年来被广泛用于高层建筑或形体复杂建筑施工测量中的平面轴线控制、高程传递、建筑构件的安装定位和建筑物的变形监测。相对于常规的建筑施工定位技术，GNSS 定位技术具有如下优点：

（1）GNSS 水平定位精度约为 1 cm+1 ppm·D，垂直定位精度均为 2 cm+1 ppm·D。在 300~1500 m 工程精密定位中，1 小时以上观测的解，其平均平面误差小于 1 mm。在实时动态定位和实时差分定位方面，定位精度可达厘米级和分米级，满足各种工程测量的要求。

（2）GNSS 定位技术把定位测量体系由建筑物扩大到大地测量体系之内，与常用的施工定位技术和全站仪定位测量技术相比是一种外控定位法，所以 GNSS 定位测量技术可以有效地解决由于内控法在定位建筑垂直度时缺少外部校验而产生的误差累计问题[1]。

（3）GNSS 定位技术根据三维坐标值来确定施工控制网基点的位置，因此基点的选择约束较少，且各观测站点之间不需要相互通视，点数和点位也可以根据实际要求变化，均不影响定位精度。

（4）GNSS 定位技术提供定位点的三维坐标，定位数据的测定和分析均使用计算机处理，避免了人为误差产生，且 GNSS 定位测量的过程数据可以在大地测量体系之中得到有效的自验和互验，大大提高了定位的可靠性。

（5）利用 GNSS 技术可以监测高层建筑结构变形和施工安全状况，并监测建设中和竣工后高层建筑结构在强风下的振动位移特性，自动获取结构的振动位移数据，评估建筑结构是否安全[2]。

（6）GNSS 系统不仅可以用于测量（GNSS 能够在全天候任意地点定位），并且可以提供移动速度和行动轨迹的记录，具有授时功能以及路线规划、导航功能，在物流运输定位和过程控制中具有不可替代的优势。同时，结合 GIS 地理环境数据库和空间分析等功能，选择最优行驶路线，为建筑供应链中的物流运输环节提供动态路径规划。

大量工程实践虽然已体现了 GNSS 的优越性，但也暴露出了一些问题。例如，GNSS 测量是通过接收卫星发射的信号来确定点位坐标的，如果信号受到了干扰或遮挡，会直接影响到观测点位的精度而产生测量误差。此外，GNSS 测量的几种模式均无法给出观测站的实时定位结果，也不能实时检验观测数据的质量，所以在后期处理数据时可能会发现不合格的测量结果，造成需返工重测的问题。

---

[1] 施志远. 上海中心大厦垂直度 GNSS(GPS)测量研究[J]. 上海建设科技, 2015(3): 56-60.
[2] 熊春宝, 田力耘, 叶作安, 等. GNSS RTK技术下超高层结构的动态变形监测[J]. 测绘通报, 2015(7): 14-17, 31.

3.2.2　全站仪测量系统

3.2.2.1　全站仪概述

全站仪集合了光电测距仪和电子经纬仪，是由电子测角、电子测距单元组成的测量仪器，可以直接测定地面点的三维坐标，同时可以自动存储和处理工程测量数据。与传统测量方式相比，全站仪测量技术获得的位置数据更加全面和精确。

1. 全站仪测量系统组成

全站仪测量系统主要是由全站仪、测量手簿、棱镜等硬件和相关数据处理软件组成。目前建筑行业中使用的全站仪种类很多，按照测量功能来分，可以分为四类：经典型全站仪、机动型全站仪、免棱镜型全站仪和智能型全站仪（表3-8）。经典型全站仪具备电子测角、测距和数据自动记录等基本功能。机动型全站仪在经典型全站仪的基础上安装了电机，可以自动驱动全站仪照准目标和旋转望远镜，完成自动测量。免棱镜型全站仪能够在无反射棱镜的条件下，对一般的目标进行测距。智能型全站仪（Robotic Total Station, RTS）在上述三种全站仪的基础上，添加了自动目标识别照准的功能，并在相关软件控制下，在无人干预时自动完成多个目标的识别、照准和测量。从仪器精度和使用领域来分，全站仪精度及性能从高到低依次为：精密监测全站仪、专业测量全站仪、测量工程全站仪和建筑工程全站仪。

表3-8　各类全站仪（徕卡TPS系列）

类型	系列名称	性能特点
经典型全站仪	TC	标准型全站仪
机动型全站仪	TCM	马达驱动
免棱镜型全站仪	TCR	无反射棱镜
	TCRM	无反射棱镜，马达驱动
智能型全站仪	TCA	马达驱动，自动跟踪目标点
	TCRA	无反射棱镜，自动跟踪目标点

表格来源：http://www.leica-geosystems.com.cn/leica_geosystems/index.aspx

2. 全站仪测量与放样

全站仪是施工建设中常用的测量仪器，从最初的手动式、机动型全站仪逐步向自动化、智能化的方向发展和完善。目前，全站仪的测量精度在安装精度要求高、体型复杂的结构安装工程中得到了很好的体现。上海中心大厦、北京国家体育场、上海世博工程等国家级大型工程中均采用了全站仪三维坐标法安装结构构件，可以准确地将建筑、构件的特征点放样到施工空间位置。

利用全站仪三维坐标法测量和放样坐标值，具有灵活、高效、方便、准确的特点。坐标测量和放样的原理相同，均是在根据项目情况建立的直角坐标系中计算和处理目标位置点的坐标，二者是互逆的过程。坐标测量是测量获取目标点的坐标数值，坐标放样是根据已知坐标数值，在施工现场找出该坐标值对应的实际位置。全站仪常用的坐标放样方法包括在已知点设站和在未知点设站两种情况：在已知点设站包括坐标法放样和极坐标法放样；在未知点设站包括角度后方交会法设站坐标放样和边角联合方交会法设站坐标放样[1]。一般来说，全站仪在已知点设站测设的精度高于在未知点测设的精度。

3. 全站仪的建筑测量特点

全站仪测量方式在工程测量中的应用具有以下几方面的优点：

（1）利用全站仪测量技术可以通过相对简单易行的操作方式完成工程测量工作，还可以在工程测量的过程中直接获取地面点的三维坐标，提升工程测量的准确度。

（2）利用全站仪测量技术可以尽可能地减少工程测量的人员配备数量。一般情况下，三个专业的工程测量人员就可以完成全站仪测量任务，有着相对较高的工程测量效率。

（3）全站仪仪器与专业的工程测量软件配合使用，一旦在工程测量过程中出现问题，就可以通过专业的工程测量软件及时对出现的问题进行调整，防止错误的延续，提升工程测量过程中的测量效率和测量准确性。

（4）全站仪仪器与专业的绘图软件配合使用，可以将全站仪获取的地面点三维坐标直接转化为地形图，极大提升了工程测绘的内业效率。

3.2.2.2 智能型全站仪

1. 智能型全站仪的发展

从 20 世纪 80 年代测量机器人的概念在奥地利维也纳技术大学首次被提出至今，此种测量仪器的发展经历了被动式测量型、主动式测量型、自动化测量型和信息化测量型 4 个阶段（表 3-9）。智能型全站仪也叫机器人（自动）全站仪，是一种随光电技术、精密机械制造和计算机技术的快速发展而产生的智能化测量系统，集自动目标识别、自动照准、自动测角与测距、自动目标跟踪、自动记录于一体，包含测量仪器硬件以及图形导入、坐标选点、数据处理的软件系统，具有极大的技术优势[2]。相比于常规型全站仪，智能型全站仪只需一个人操作就可以确定被测点位置。通过远程定位技术，操作人员可以在定位棱镜的同时控制全站仪的放样或数据采集工作。智能型全站仪还可以与其他技术结合，满足不同的项目需求。例如，与 GPS 集成，用于局部坐标向全局坐标的转化；与数码相机结合，形成图像辅助全站仪（Image

① 李巍, 赵亮, 张占伟, 等. 常用全站仪放样方法及精度分析[J]. 测绘通报, 2012(5):29–32, 40.
② 张亮. BIM与机器人全站仪在场地地下管线施工中的综合应用[J]. 施工技术, 2016, 45(6):27-31, 48.

Assisted Total Station, IATS），在布局放样和收集目标对象坐标数据的同时，获取其图像信息。

表3-9 全站仪发展阶段和特点

发展阶段	特点
被动式测量型	采用被动式三角测量或极坐标法测量；需要反射棱镜辅助测量，并在被测物体上设置照准标志
主动式测量型	通过空间前方角度交会法来确定被测点的坐标；无须在被测物体上设置照准标志，用结构光形成的点、线、栅格扫描被测物体
自动化测量型	采用前方交会的原理获取物体的形状和三维坐标；根据物体的特征点、轮廓线和纹理，用不影响处理的方法自动识别、匹配和照准目标
信息化测量型	与计算机技术和信息化技术紧密结合，利用无线网络将测量数据导入或导出全站仪，除了专用电子手簿，还可以用手机、iPad等通信设备控制仪器自动识别、匹配、照准、追踪、测量和记录目标，提高了测量定位的效率，并实现了内业和外业工作的一体化

表格来源：作者自制

　　随着我国经济的快速发展，大型、高层建筑的数量持续增加，对建筑施工精度的要求越来越高。在施工过程中，土建、机电、精装、幕墙等施工项目都需要大量的放样定位和测量校核工作，任何错误和返工都是时间和成本的浪费。BIM技术保证了施工模型的信息精准度，通过智能型全站仪将BIM模型引入施工现场，利用BIM模型放样定位，采集实际建造数据并更新BIM模型，将实际建造数据与BIM模型中的设计数据对比分析作为施工验收的依据。这种"BIM+智能型全站仪"的数字化定位系统提高了施工质量和效率，成为施工放样定位的新趋势。

　　2. 智能型全站仪系统的组成

　　（1）全站仪

　　近年来，各个测量仪器厂家都相继推出了智能型全站仪，如徕卡公司推出的TCA型全站仪、拓普康公司推出的GPT和GTS系列全站仪和天宝公司推出的RTS系列全站仪。表3-10为较常用的徕卡智能型全站仪的性能对比。其中TCA2003和TPS1201是较为专业的测量型全站仪，常用于道路和隧道的放样、大型工程项目的变形监测以及对飞机、船舶等工业的测量。TS02plus系列、Builder系列和iCON系列为建筑施工专用全站仪，特别是iCON Robot全站仪可以和BIM技术很好地结合。将BIM模型与智能型全站仪相结合，不但能够指导施工精确定位，还可以协调结构、电气、管道等系统，减少了现场的冲突量。BIM模型中各构件定位点的三维坐标数据通过网络同步到现场控制器中，再由全站仪将定位点放样至施工场地，实现BIM模型向施工现场的"复制"。

表3-10 徕卡智能型全站仪性能表

性能参数	TCA 2003	TPS1201	TS02 plus power-5 E	Builder502	iCON Robot60
上市时间	1998 年	2004 年	2008 年	2012 年	2017 年
测角精度	0.5″	1″	5″	2″	1″
测距精度	1 mm+1 ppm·D	2 mm+2 ppm·D	1.5 mm+2 ppm·D	2 mm+2 ppm·D	1 mm+1.5 ppm·D
测程	1000 m	1000 m	1000 m	500 m	1000 m
手持设备接口	是	是	是	是	是
遥控测量	否	是	是	是	是
适用范围	道路放样，大型工程变形监测，施工自动引导，工业级测量	道路放样，大型工程变形监测，施工自动引导，工业级测量	建筑测量、放样，面积和体积测量，建筑轴线放样，高程传递，隐蔽点测量，对边检查，偏心测量	建筑测量，基础定位放样，轴线放样，高程传递，面积、体积计算，平整度、垂直度施工及复查，隐蔽点测量，平行线放样，特殊点造型放样	各种建筑施工测量、放样，三维定位任务，与BIM相结合进行智能化施工
仪器图示					

表格来源：http://www.leica-geosystems.com.cn/leica_geosystems/index.aspx

（2）现场控制器

常用的现场控制器为专业全站仪电子手簿或是具有放样软件的移动通信设备（图3-11），用来运行控制传感器和全站仪的相关软件。控制器的类型

(a)　　　(b)

图3-11 全站仪现场控制器
（a.徕卡iCON CC80手簿；b.具有放样软件的iPad）
图片来源：http://www.leica-geosystems.com.cn/leica_geosystems/index.aspx

取决于用户需要和使用的应用程序类型。智能型全站仪会有与其型号相对应的控制器，如适用于天宝 RTS 系列全站仪的 LM80 型手持控制器和徕卡 iCON Robot 系列全站仪的手持控制器，通过蓝牙信号与全站仪连接控制的半径较长（180~360 m）。对于非专业施工布局人员来说，具有放样软件的 iPad 更容易操作，通过无线网络与全站仪连接，控制半径只有专业全站仪手簿的一半。

（3）棱镜

全站仪可以使用棱镜测量，也可以免棱镜（无反射）测量。棱镜的作用是通过光信号的反射时间计算出反射距离。利用棱镜反射全站仪发射的光信号，测量出棱镜的位置和全站仪与棱镜的角度和距离，从而计算出棱镜的坐标。在实际操作中，智能型全站仪自动追踪棱镜，测量人员根据控制器上显示的模型将棱镜放置在布局点，并不断调整棱镜位置，直至控制器上显示位置正确。无反射测量方法不使用棱镜，而是将可见的红色激光投射到测量点上，计算出仪器与测量点之间的距离和测量点的坐标。在选择是否使用棱镜时，应考虑测量区域的位置和有无遮挡物。如果测量点和全站仪之间有遮挡，或激光束受到干扰而无法到达测量点时，应该选择棱镜来测量放样。如果测量点处于较为危险的环境或较高时，例如标注梁的定位点，可以采用无棱镜的定位法，不需要搭建梯子或脚手架，也避免了高空作业带来的安全隐患。

（4）软件设备

用于智能型全站仪的软件设备大致分为两种类型：一种为用于测量仪器的专业测量软件，如徕卡公司的 iCON build、Captivate 三维测量软件和天宝公司的 LM80 Desktop，这类软件主要适用于全站仪的电子手簿；一种为 BIM 系统中的放样定位软件，如欧特克公司的 Autodesk Point Layout 插件和 BIM 360 Layout，这类软件主要适用于 iPad 等移动通信设备。

3.2.2.3　全站仪在建筑施工中的应用

全站仪作为一种高精度的测量仪器被广泛应用于工程测量定位的各个领域。在建筑施工中，全站仪的使用从场地布设、施工放样，一直到竣工验收和结构变形监测，贯穿于整个施工建造阶段的各个环节。随着信息化、智能化技术的发展，智能型全站仪与 BIM 技术的联系越来越紧密。全站仪将设计数据真实地投射至施工现场，并将施工现场的实际数据快速准确地反馈至 BIM 模型中，使得施工定位更加准确高效。一般来说，全站仪在建筑施工中的应用主要为以下几个方面：

（1）复核起始数据

施工之前使用全站仪复核拟建建筑物四周城市导线点的坐标及高程等起始数据，其精度满足测量规范的要求后，即可将城市导线点作为该工程布设建筑平面控制网的基准点和起算数据。

（2）建立平面控制网与施工放样

平面控制网是建筑物定位、施工放样的基本依据。建筑施工放样随着测量仪器的不断发展和更新，由过去的经纬仪测角、钢尺量距到运用全站仪直接输入坐标放样和校核施工控制点点位的坐标值，工作效率得到很大提高。近几年出现的建筑专用智能全站仪在放样过程中只需输入控制点坐标，就可以直接放样。这样一来不仅可以更加准确方便地测设出整个建筑的平面控制网，进而加密成建筑方格网，而且大大提高了结构构件，特别是复杂结构构件的放样定位精度。最新的三维测量作业软件和 BIM 云技术的发展，可以让操作人员通过手簿和 BIM 移动端上的三维模型，定位和标注控制点的坐标值（图3-12），如混凝土板上锚栓的位置，实现了测量定位工作的智能化与可视化。

图3-12　徕卡Captivate三维测量作业软件
图片来源：http://www.leica-geosystems.com.cn/leica_geosystems/index.aspx

通过全站仪坐标管理软件录入坐标结果，实现坐标资料的数字化管理。由于在实际建设中，可能会根据不同的结构关系在施工图纸或模型中设立不同的施工坐标系，所以现在的全站仪可以实现施工控制点坐标的数字管理，方便以后的坐标管理和坐标系之间的转换与应用。

（3）室内测量定位

不同于 GNSS 采用卫星定位的方法会受到信号遮挡的影响，全站仪是一种光学测量仪器，通过产生和接收光波来测量目标位置。由于现在大部分全站仪的光波为激光，其测量的精度受环境影响较小，因此非常适合于室内的施工定位，如室内结构构件的安装、室内装修、管道设备的安装。

（4）动态追踪定位

智能型全站仪的自动照准、识别和测量功能被应用于多种动态定位工中，例如大型构件拼装测量和大型吊车的定位测量。在拼装大型构件时，构件会受到重力、空气流动等因素影响而不停地振动，在这种情况下，智能型全站仪可以锁定目标来跟踪测量，指导正确移动和拼装构件。在建筑施工时，常常需要使用龙门吊、塔式吊车等大型的起吊设备搬运和吊装重型构件，利用智能型全站仪能够实时检测吊车、吊臂、吊钩位置，从而指导吊车在安全范围内作业。

（5）施工验收

智能型全站仪结合 BIM 技术可以验收装配完成部分的施工质量。利用全站仪高效的数据采集功能来测量现场施工结果的三维坐标信息，通过无线网络将现场验收数据传输到项目数据库中，对比项目设计模型中的坐标信息，发现并记录下偏差超过验收规范要求的所有问题部分，并将此信息反馈给现场施工人员对其整改。利用全站仪获取现场测绘数据与施工模型的偏差分析使验收结果更全面准确，同时基于云端服务的问题追踪也使现场整改的管控更加方便。

（6）结构变形监测

建筑结构体的变形问题，对建筑的危害很大，直接影响了建筑物的质量和使用寿命。当变形量超过建筑物的设计指标极限时，将会危及建筑物的安全运营。因此在建筑物的施工和运营过程中监测结构体的变形至关重要。利用智能型全站仪可以通过对控制点的坐标监测结构的变形情况，测量分析建筑结构的挠度和振荡频率，从而获得准确的结构变形数据。智能型全站仪拥有毫米级的测量精度，这将有助于测量非常小的位移运动。在完成结构体的施工时，将全站仪安装在已知位置，此位置通过至少两个控制点来校准。将棱镜固定在某个控制点，获取其在负载下的参考位置。在建筑的使用过程中，通过测量棱镜的移动距离，计算其修正坐标，并通过比较初始坐标和最终坐标来计算出结构的偏移值。另外，智能型全站仪还可以检测不同荷载条件下结构体的振荡频率，用于分析其稳定性，以及引起不同结构体在共振频率下产生振荡的荷载条件。这些振荡可能会对结构体造成毁灭性的影响，因此需要通过改变荷载条件来避免振荡对其产生的威胁。

3.2.3　三维激光扫描技术

3.2.3.1　三维激光扫描技术概述

三维激光扫描（Laser Detection and Ranging，LiDAR）突破了传统的点对点的测量方法，采用自动连续获取数据的方法，具有非接触式测量、直接获得物体表面三维信息、测距范围广（一般在 1 m～1 km）、采样率高（数万点/秒）、

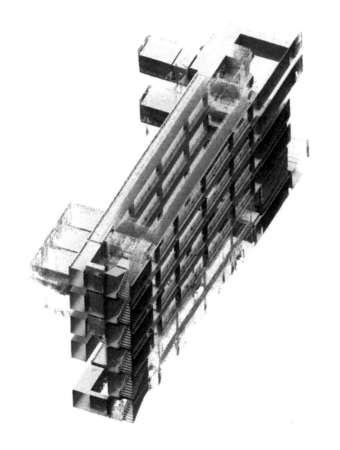

图3-13　三维激光扫描仪获取的点云模型
图片来源：作者自绘

分辨率和精度高（百米内毫米级精度）、不受环境影响，以及可与数码相机、GPS 系统配合使用的优势[1]。随着计算机、光学和微型芯片激光器等相关技术的发展，三维激光扫描技术能够用少量的数据采集工作即可获取整个施工现场准确且全面的三维数据（图 3-13）。三维激光扫描技术的工作流程如图 3-14 所示，三维数据以密集点云的形式存储，每个点都具有扫描仪坐标系的 x、y、z 坐标。相比于其他三维测量技术，激光扫描可能是目前能精确有效地感测项目三维状态的最佳技术，具有传统测量所不具备的显著特点。激光扫描技术可以实现大范围的数据远程采集，测量范围可达数百米。此外，激光扫描技术能够快速而准确地提供大量构件表面信息，由此可以创建出精确度达到 1mm 的三维模型[2]。

　　激光扫描仪因为功能、规格、型号不同，应用的领域也不同。根据搭载仪器的平台，扫描仪可以分为空中机载、地面车载、测量型和便携式。摄影扫描式适用于室外物体长距离扫描，全景式扫描适用于室内宽视角扫描，混合式集成了前两种类型的优点。不同的设备工作原理也不同，大多数采用的是脉冲测距技术（Pulse Ranging Technology, PRT）。表 3-11 为几种经典工程测量型三维激光扫描仪的重要参数信息。

① 李亚东, 郎灏川, 吴天华. 现场扫描结合BIM技术在工程实施中的应用[J]. 施工技术, 2012, 41(18):19–22.
② Goedert J D, Meadati P. Integrating construction process documentation into building information modeling[J]. Journal of Construction Engineering and Management, 2008, 134(7): 509–516.

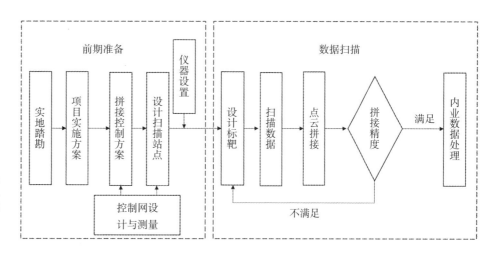

图3-14　三维激光扫描工作流程
图片来源: 曹先革, 张随甲, 司海燕, 等. 地面三维激光扫描点云数据精度影响因素及控制措施[J]. 测绘工程, 2014, 23(12):5-7.

表3-11　经典工程测量型三维激光扫描仪参数表

公司	设备型号	分辨率	精度		扫描视场（水平角/垂直角）	最大测距 (mm)	采样率（点/秒）
			距离 (mm)	角度 (")			
徕卡	P40	2 mm @50m	1.2	8	360°/270°	270	1.0×10^6
天宝	GX 3D	3 mm @50m	2.5	12	360°/60°	350	5.0×10^3
拓普康	GLS2000	3 mm @50m	3.5	6	360°/270°	500	1.2×10^4

表格来源: 作者自制。

注: 三维激光扫描仪的分辨率的含义, 如2 mm@50 m是指测50 m距离时相邻点之间的距离为2 mm。

3.2.3.2　三维激光扫描在建筑中的应用

三维激光扫描技术的应用领域众多。与从设计到生产施工过程中的正向建模技术相反, 三维激光扫描多用于逆向建模技术, 即从实体或实景中直接还原出现状模型。逆向建模可以将建筑生产和使用过程中的变化重构出来, 然后以此进行各种特性分析、检测、模拟、仿真、虚拟制造、装配等活动。目前, 三维激光扫描技术在工业制造、文物保护、古建筑物修缮、变形监测等领域的应用已经相当成熟。

随着 BIM 技术的发展, 三维激光扫描技术开始逐渐应用于工程项目的各个阶段。三维激光扫描技术与 BIM 技术相结合促进了工程信息数据的整合管理, 这主要包含 3 方面功能:

（1）数据采集

在保证扫描精度的前提下, 通过三维扫描仪完整、客观地采集目标部位的现状数据。

（2）数据应用

三维激光扫描生成的点云模型经过数据处理后, 能够为 BIM 建模提供参照，进而寻找实际 BIM 施工模型与设计 BIM 模型之间的差异。

（3）统一的数据管理方式

经过数据采集与转换后，实际的生产、建造以及使用情况可以很完整地以 BIM 模型或点云模型的形式在统一集成的信息平台中整合，进而开展相关管理工作。

基于上述 3 种功能，三维激光扫描技术在建筑生产、建造和使用过程的应用主要有以下几个方面：

（1）生产及施工质量检测

三维激光扫描技术可以获得目标对象的高精度三维模型和坐标数据，因此可以检测构件生产和施工建造的质量。在构件生产检测方面，通过三维激光扫描技术获取实际构件的点云数据，与构件的 BIM 模型进行对比，检测复杂构件尺寸，预留钢筋规格、数量、位置，预埋件和吊环的规格、数量、位置等项目是否满足设计要求[1]（图 3-15）。将合格构件的实测三维模型导入到整体模型中，匹配和分析构件各接口的形状，保证最终构件满足现场安装要求。在施工质量检测方面，利用三维激光扫描精度高的特点，在施工现场选定关键的检查验收部位进行扫描实测。扫描完成后，对比点云模型与 BIM 模型、现场全站仪实测数据，分析施工偏差是否符合验收要求。

图3-15　复杂钢结构构件三维扫描示意图

图片来源：彭武. 上海中心大厦的数字化设计与施工[J]. 时代建筑, 2012 (5): 82-89.

（2）施工现场布局

通过扫描施工现场，建立现场点云模型并转化为 BIM 模型。在此基础上布局施工现场，划分堆场、交通道路等区域，并模拟构件运输、堆放、吊装等活动，找出作业可能的碰撞点和安全隐患，以便及时调整。

（3）构件吊装定位

在大型、复杂或高层建筑中，利用三维激光扫描技术能够快速扫描构件，获取构件的三维模型，计算控制点坐标和吊装精度，从而模拟构件吊装的过程，并预判吊装过程中可能出现的突发情况，为实际吊装提供精确的空间数据，确保构件安装的精度和结构安全。

① 彭武. 上海中心大厦的数字化设计与施工[J]. 时代建筑, 2012 (5): 82-89.

（4）施工进度管理

目前，许多施工单位采用 Microsoft Project、P6 等工程管理软件管理施工进度。对于复杂程度很高的工程，这类软件难以达到全面、精细、实时的管理要求。BIM 与三维激光扫描技术相结合，将施工现场的空间信息和时间信息集合在 4D 模型中，便于合理、科学地制订施工进度计划，实现施工进度管理的可视化。同时，还极大方便了不同施工阶段之间的衔接，有利于提高效率，降低成本。

3.2.4　摄影测量技术

摄影测量（Photogrammetry）是通过二维影像获取三维空间信息的一门科学，用以确定目标对象的三维尺度信息、特性和运动状态（图 3-16）。通过此技术，不仅可以获取物体的照片和影像，还可以利用相关的应用程序获得物体的三维点云模型。虽然摄影测量在 20 世纪 60 年代就已经用于建筑领域，特别是遗产测量方面，但是相机校正等专业而复杂的环节限制了该技术的大规模应用，传统上主要作为激光扫描的补充。近年来，计算机视觉领域的算法 SfM（Structure from Motion）使基于图像的三维重建实现了全自动化，降低了摄影测量的技术门槛。

根据测量范围，摄影测量可以分为近景摄影测量、航空摄影测量和航天摄影测量，其中用于建筑领域的多为近景摄影测量和基于消费级无人机的低空摄影测量。虽然三维激光扫描技术和摄影测量技术都可以通过获取目标物

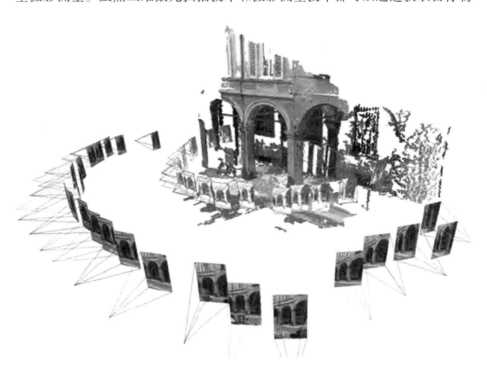

图3-16　基于摄影测量技术的三维建模

图片来源：作者自绘

体的三维点云模型来记录其真实现状，但从创建模型的原理角度来说，摄影测量技术是基于图像的三维场景还原技术，而三维激光扫描是基于距离的三维场景还原技术。相比于三维激光扫描技术，摄影测量技术通过相机采集数据，因此在成本、便携性、作业时间、颜色记录等方面更具优势，精度可以与激光扫描媲美。而且随着消费级无人机、全景相机等设备的使用，摄影测量技术突破了以往拍摄角度受限的瓶颈，这是三维激光扫描技术无法比拟的。在实际使用中，由于这两种技术存在优势互补（表3-12），所以通常会一同用于复杂的大规模场景中。在建筑项目的施工过程中，常常将摄影测量和三维激光扫描、全站仪、GPS、传感器等技术相结合，来提高数据采集的效率。目前，摄影测量技术主要用于施工现场目标（构件、重型设备和临时结构）追踪、施工进度监测和建筑变形监测等方面。

表3-12 摄影测量技术与激光扫描技术的性能对比

性质	摄影测量技术	激光扫描技术
成本	低	高
便携性	很好	较差
数据采集时间	极短	总体较长
三维信息	间接获得	直接获得
对材料的依赖	几乎不依赖	依赖
对光线的依赖	依赖	几乎不依赖（拍照除外）
对纹理的依赖	依赖	不依赖

表格来源：作者自制

3.2.5 施工测量技术的适用性分析

当前，我国建筑工程施工中的测量工作的相应特点可以影响测量技术的选型和应用。表3-13为常用施工测量技术的参数及适用对象比较。其中前四种测量技术（钢尺、激光测距仪、GNSS、全站仪）是直接测量技术，可以直接获取目标对象的测量数据；后两种测量技术（三维激光扫描、近景摄影测量）是间接测量技术，需要通过转换或后期处理来获取目标对象的测量数据。钢尺、激光测距仪和非智能型全站仪为目前建筑施工中常用的测量工具，成本不高，且获取数据较为简单快捷，但数字化程度低，与BIM和GIS等系统结合程度低，适用于规模较小、精度要求不高的低层建筑。智能型全站仪、GNSS、三维激光扫描仪和近景摄影测量等现代测量技术不但测量精度高，而且数字化程度高，可以很好地与BIM和GIS等系统结合，促进信息化施工，但有些设备成本较高，适合规模较大、施工定位复杂、精度要求高、需要自动化和信息化施工的建筑项目。

表3-13　常用施工测量性能比较和适用对象

	钢尺	激光测距仪	全站仪		GNSS	三维激光扫描仪	近景摄影测量
			非智能	智能			
精度	高	高	极高	极高	高	高	高
成本	低	低	中	高	中	高	低
便携性	高	高	低	低	低	低	高
测量半径	5 m	200 m	1 km	3.5 km; 1 km(免棱镜)	15 km	100 m	50 m
采样率	低	低	低	低	低	高	高
误差累计	有	有	有	有	无	有	有
地理配准	无	无	无	无	是	无	无
数字化程度	低	低	低	高	高	高	高
适用对象	规模小、精度要求不高的建筑测量和定位	测量半径不大且精度要求不高的距离测量	适合于各种建筑施工测量、放样和三维定位任务	与BIM技术相结合的智能化施工测量和定位任务	建立大范围的场地和施工控制网,室外复杂环境下高层或大型建筑的的施工测量和定位任务	高成本创建复杂构件和建筑的实际三维模型,施工模拟、管理和全天候施工监测	低成本创建复杂构件和建筑的实际三维模型,施工模拟、管理和监测

表格来源:作者自制

　　装配式建筑的重要特点是大部分或全部采用预制构件,现场需要大量的装配作业,现浇作业的比重低。由于预制构件基本上是在工厂生产完成后再运送至施工现场安装,因此在施工现场对构件本身的调整度降低,这就意味着对预制构件尺寸的精确度要求更高。另外,装配式建筑的构件之间采用的多是机械连接(如钢构件之间采用螺栓连接或焊接)或现浇节点连接(如预制混凝土构件之间的连接),所以整体性往往低于现浇建筑。为了提高施工质量、保证建筑的整体性和强度,对施工定位的准确性要求更高。BIM模型提供了预制构件尺寸以及施工定位的精确参考值,但传统的测量手段无法与BIM技术结合,更不能将BIM模型"带入"施工现场,因此难以体现BIM技术在施工中的优势。在数字化施工的过程中,测量定位技术必须以数字形式快速准确地提供BIM模型中的定位参考值。根据建筑类型、规模、预制构件数量和项目成本,施工人员需要选用适宜的建筑测量技术来满足装配式建筑测量定位的精度和效率要求。

3.3 自动识别和追踪定位技术

位置信息对于生产供应链管理、设备管理和建筑全生命周期管理来说是至关重要的。因为在这些管理过程中需要知道管理对象的位置信息，才能有效地监测人员流动、材料构件位置、施工设备运行轨迹等情况和管理各类项目资源，进而全局掌控整个项目。位置信息不是单纯的"位置"，而应该包括3个参数：空间坐标（地理位置）、时间坐标（处在该位置的时刻）和身份信息（处在该位置的对象）。目前，在装配式建筑的生产和施工过程中，常常出现由于无法实时追踪构件而导致生产和施工计划无法及时反馈和调整的情况。借助物联网技术可以将上述管理对象与其位置信息连接在一起，自动地实时识别、定位、追踪、监测构件并触发相应事件。目前常用的识别追踪技术有 RFID 技术、二维码技术、卫星导航定位技术、蓝牙、红外、无线局域网等。

3.3.1 自动识别技术

自动识别技术是物联网系统中非常重要的一项技术，其原理是利用识别装置，通过被识别物品和识别装置之间的接近活动，自动获取被识别物品的相关信息，并提供给后台计算机处理系统完成后续处理[1]。根据识别原理和应用对象，自动识别技术可以分为以下 7 种类型：生物识别技术、人脸识别技术、图像识别技术、磁卡识别技术、IC 卡识别技术、光学字符识别技术、条码识别技术和 RFID 识别技术。近年来，条码识别技术和 RFID 识别技术在建筑行业，特别是装配式建筑中的应用日趋广泛。

1. RFID 技术

RFID 技术是一种非接触式的自动识别技术，通过射频信号自动识别目标对象并获取相关数据，可工作于各种恶劣环境中[2]。如今，RFID 技术已经被广泛应用于工业自动化、商业自动化、军事、交通运输控制管理等多个领域。在物流与供应链管理中，利用 RFID 技术的实时追踪特性，能够提高管理的整体效率和质量。作为一种自动数据采集和信息存储技术，RFID 技术可以用于建筑的生产、运输、施工和运营维护等各个阶段。目前在库存管理、设备监控、施工进度管理、建筑材料管理和质量监控等方面都有关于 RFID 应用的研究与实践。RFID 标签可以无线存储和读取一定量的数据（如产品 ID、价格、生产日期等），具有多个标签同时访问多个数据集的能力。与条形码相似，RFID 可以用于识别和追踪对象，但在使用灵活性、适应恶劣环境和数据存储能力上比条形码更具有优势。如今 RFID 被越来越多的企业用来提高运营效率和获得竞争优势。

---

① 吴德本. 物联网综述(3)[J]. 有线电视技术, 2011, 18(3):119–123, 129.
② 李泉林, 郭龙岩. 综述RFID技术及其应用领域[J]. 射频世界, 2006(1):51–62.

（1）RFID 技术的发展

RFID 是产品电子代码（Electronic Product Code，EPC）的物理载体，通过与互联网、通信等技术结合，实现全球范围内的信息传递和物品追踪。RFID 技术从产生到发展大致可以分为三大阶段：RFID 技术诞生于 20 世纪 40 年代，应用于飞机目标的识别；20 世纪 90 年代，RFID 技术得到迅速的发展，特别是在 20 世纪 90 年代末期，美国麻省理工学院成立了自动识别技术中心（AUTO–ID Center），并与复旦大学、剑桥大学、苏黎世联邦理工大学、阿德莱德大学、庆应义塾大学和韩国科学技术院合作建立了自动识别技术实验室（AUTO–ID Lab），进行 RFID 技术的相关研究；到 21 世纪初，RFID 技术的成本大幅降低，其应用范围也大大增加，欧盟统计部门的数据曾显示，截至 2010 年，全球约有 3% 的公司采用 RFID 技术，从 2013 年到 2018 年，全球范围内 RFID 标签的商业需求市场将以大约 22.4% 的年复合增长率增加。目前，RFID 技术已融入了物流快递行业、商品防盗、门禁管理等日常生活之中，尤其在美国的物流业中得到了很大的发展。相比于欧美等国家，RFID 技术在中国起步较晚，但近年来发展趋势特别迅猛，已在门禁安保、生产线自动化、仓储管理、电子物品监视系统、货运集装箱的识别等领域得到了广泛的应用[①]。

（2）RFID 技术的组成

RFID 是一种利用不同频率的无线电波来识别对象的技术。一套标准的 RFID 设备基本上由 4 部分组成（图 3-17）：标签、读写器、中间件，以及上层管理系统。在 RFID 系统中，信息存放在标签中，再由读写器识别出来。在一些应用中，读写器还可以将信息写入标签。读写过程是通过天线在双方之间无线通信来实现的。

图3-17　RFID应用系统的组成结构
图片来源：作者自绘

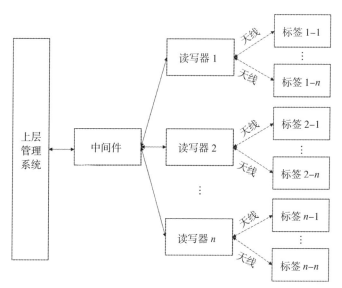

① 丁健. 射频识别技术在我国的应用现状与发展前景(下)[J]. 射频世界, 2010(6):45–48.

①标签。从技术的角度来说，RFID技术的核心是储存识别信息的标签，其内存容量从几比特到几十千比特。RFID标签里面储存的数据类型一般为两种：一种为UID（Unique Identification Number），是标签的唯一识别码，作为只读数据固化在标签中，不可更改；另一种是可以擦写的数据，用来表示被识别物体的相关信息。图3-18为常见的RFID标签类型，根据不同的技术参数，RFID标签可以分为以下几类：

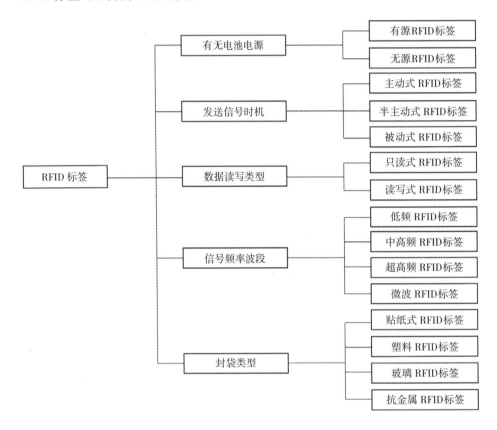

图3-18　常见的RFID标签类型
图片来源：作者自绘

　　a.根据供电方式和发送信号时机，RFID标签可以分为有源/主动式标签、无源/被动式标签和半被动式标签（表3-14）。有源/主动式标签由内置的电池提供能量，具有工作距离远的优点，其标签和读写器之间的作用距离可以达到几十米，甚至上百米。但有源标签的成本较高，使用时间受到电池寿命的限制，虽然在理想情况下可以使用7至10年，但因使用次数和环境的不同，使用寿命会大大降低。无源/被动式标签没有内装电池，能在读写器的工作范围内接收电磁波能量并转化为电能，激活RIFD标签中的芯片，再将芯片中的数据发送出来。无源标签具有体积小、总量轻、成本低和形态多样的特点，同时由于不受电池的限制，标签使用寿命可达10年以上。但是无源标签的工作距离较短，通常在几十厘米内，而且对读写器的功率要求较高。半被动式标签有内置电池，但电池的能量源只提供给RFID标签中的电路使用，并不会主动向外发送数据信号，只有接收到读写器发出的电磁波而被激活之后才会发送数据信号。

表3-14　3种不同供电方式和发送信号时机的RFID标签比较

参数	主动式标签	被动式标签	半主动式标签
供电方式	内置电池	读写器	信号激发
工作距离	<100 m	<1 m	60~80 m
数据存储容量	可扩展	512 B~4 KB	可扩展
数据传输速率	≤ 128 KB/s	≤ 1 KB/s	≤ 16 KB/s
使用寿命	≤ 10 年	>10 年	>6 年
价格	高	低	较高
图示			

表格来源：作者自制

b. 根据数据读写类型，RFID 标签可以分为只读式标签和读写式标签。只读式标签的内容在使用之前已经被写入，读写器识别过程中只能读取数据。有些只读式标签的内容经过擦除后，可以重新编写，但在使用过程中仍然只能读取。读写式标签的内容在识别过程中可以被读取、添加和更改。在价格上，读写式标签最贵，可多次编写的只读式标签次之，只读式标签最便宜。

c. 根据信号频率波段，RFID 标签可以分为低频标签、中高频标签、超高频标签和微波标签（表 3-15）。工作频率是 RFID 系统的重要参数，它决定了系统的工作原理、识别距离，以及 RFID 标签和读写器的成本。低频标签的工作频率在 100~500 kHz 之间，一般为无源标签，价格便宜，受环境影响小，信号可以穿透水、木材等材料。但低频标签存储数据量较少，读写距离较短，适用于近距离、低速度、数据量较少的识别应用。中高频标签的工作频率一般为 3~30 MHz，其工作原理与低频标签相同，多为无源标签，最大读写距离为 1.5 m。超高频标签使用的频率范围为 400 MHz~1 GHz，既有有源标签也有无源标签。超高频标签的工作距离较长，而且信息传输速率较快，可以同时读取与识别海量标签，因此适用于物流和供应链管理等领域。但此频段的标签受到金属和液体的干扰较大，价格也比前两种频率的标签高。微波标签的使用频率在 1 GHz 以上，既有有源标签也有无源标签，读取距离一般为 4~6 m，最大可达 10 m 以上，对环境的敏感性较高。此种标签一般应用于物品管理、行李追踪和供应链管理。

d. 根据封装类型，RFID标签有贴纸式标签、塑料标签、玻璃标签、抗金属标签等。

表3-15　不同频率波段的RFID标签参数对比

参数	低频	中高频	超高频	微波
工作频率	100～500 kHz	3～30 MHz	400 MHz～1 GHz	1 GHz 以上
供电方式	无源	无源	无源 / 有源	无源 / 有源
工作距离	<1 m	<1.5 m	<2 m（865～928 MHz） <100 m（433～854 MHz）	3～10 m
环境影响	小	小	大	大
数据传输速率	慢	较慢	高	高
信息数据储存容量	小	中	大	大
价格	低	中	高	高
主要应用	动物 ID	门禁安保	物流	高速车辆收费

表格来源：作者自制

②读写器。读写器是连接数据管理系统和RFID标签的重要部件，其主要功能是为标签提供能量，从标签中读取或写入数据，完成对读取数据的信息处理并实现应用操作，以及与数据库处理交互信息。读写器的频率需要和RFID标签的频段相匹配，其功率决定了射频识别的有效距离。读写器通常会结合互联网、GPS等技术使用，形成集成式读写器，易于数据上传。常见的读写器如表 3-16 所示。

表3-16　常见读写器类型

类型	特点
小型读写器	通信范围小，可作为零件嵌入到其他设备中
手持式读写器	读写距离适中，可持在手中操作，并且可以通信
平板式读写器	读写距离较大，常用于工程管理
隧道式读写器	可以读取各个方位的标签
门型读写器	贴有标签的物体通过门型阅读器时会自动读取

表格来源：陈翔.基于RFID技术的外脚手架安全实时监测与预警方法[D].哈尔滨:哈尔滨工业大学,2012.

③中间件。在 RFID 网络应用中，中间件是介于 RFID 阅读器和后端应用程序之间的独立软件，可将用户现有系统与新加入的 RFID 硬件连接起来。应用程序使用中间件提供的通用 API 就能连接到 RFID 读写器，读取标签数据。中间件可以和多个 RFID 阅读器以及多个后端应用程序连接，减少了系统设计与维护的复杂性。中间件具有数据采集、过滤、整合和传送等特性，保证了射

频识别系统对数据处理的正确性。同时中间件还能确保数据读取与传递的安全性，以及实现错误数据的恢复和网络资源的定位。

④上层管理系统。对于独立的应用，读写器可以完成应用的要求。但是对于由多台读写器构成网络构架的信息系统，上层管理系统是必不可少的，它可以将多台读写器获取的数据有效地整合起来，提供查询、归档等相关管理和服务。还可以通过对数据的加工、分析和挖掘，为正确决策提供依据。

2. 条形码技术

条形码是将宽度不等的多个黑条和空白按照一定的编码规则排列，用于表达一组信息的图形标识[①]。条形码技术是在计算机应用中产生发展起来的一种广泛用于商业、邮政、图书管理、物流运输、交通等领域的自动识别技术，由条形码标签、条形码生成设备、条形码识读器和计算机组成。现在，条形码技术与移动通信设备相结合，已经广泛应用于日常生活的各个方面。

按照维度分，条形码可以分为一维条形码和二维条形码两种。一维条形码是在水平方向表达信息，二维条形码在一维条形码基础上扩展出来，是用某种特定的集合图形按一定规律在二维方向上分布的黑白矩形图形，并用二进制记录数据和信息符号等[②]。相比于一维条形码，二维条形码的数据容量更大，可包含的信息种类也更加广泛。二维条形码的种类很多，不同的机构开发出的二维条形码具有不同的结构以及编写、读取方法。堆叠式（又称行排式）和矩阵式（又称棋盘式）是二维条形码的两种主要类型。

3. RFID 和二维条形码技术比较

与 RFID 技术一样，二维条形码在物联网领域也有广泛应用，并且是物流链中最常用的自动识别技术。表 3–17 给出了这两种技术的综合比较。可以看出，与条形码相比，RFID 技术具有显著的优点：

（1）适应恶劣的环境

建筑施工现场环境复杂，建造过程中所使用的大量水、砂浆、水泥等可能会对条形码造成污损和覆盖；由于构件与设备会长期存放在室外堆场中，阳光、雨水、沙尘等会对损坏条形码。

（2）无障碍读取数据

条形码属于光学识别，一般是通过激光扫描的方式读取数据，所以读取器和条形码之间不能有遮挡。RFID 标签的信号可以轻易地穿透纸张、木材和塑料等非金属材质，适合预埋在混凝土构件中。

（3）快速、长距离、多方位读取

使用 RFID 技术可以实现构件在运输过程中的不接触快速识别，在生产和施工现场能够快速准确地定位构件。通过选择适合的天线，读取距离可以

① 张学友, 时春峰. 识别系统在柔性测量系统中的应用[J]. 智能制造, 2018(6): 53–54.
② 王爽. 二维码在物联网中的应用[J]. 硅谷, 2013(17): 117–118.

增加至 200 m，识别速度达到 200 km/h，并可同时识别 200 多张标签[①]。

另外，RFID 技术还具有储存在标签中的信息可更新、信息存储量更大、数据存取速度更快、数据访问的安全性更高、标签布置更灵活、使用寿命更长等优点。然而，RFID 技术也有一些缺点，主要表现在成本偏高、受物理环境干扰、易受电磁波影响、标签之间产生干扰、没有统一的国际标准等。

表3-17　二维码技术与RFID技术的综合对照

参数	二维码	RFID
信息载体	纸或物质表面	存储器
信息存储容量	2000~3000 字节	可达数兆字节
读写性	只读	读/写
一次读取数量	一个	可多个
读取方式	光电转换	无线通信
被复制难易程度	易	难
读取速度	要定位读取位置，不可移动，速度较快	可移动读取，速度快
定位传感难易度	难	易
信息获取难易度	易	难（如果有加密）
抗环境污染能力	一般	较强
抗干扰能力	较强	一般，受磁场干扰大
识读距离	0~0.5 m	1~100 m（由频率决定）
使用寿命	一般	长
标签价格	低	较高
扫描器价格	中等	高

表格来源：作者自制

3.3.2　追踪定位系统

3.3.2.1　室外定位技术

追踪定位技术可以分为室外追踪定位技术和室内追踪定位技术。在室外环境下，GNSS 定位技术是指采用导航卫星对空间用户进行导航定位的技术，常见的 GNSS 定位有 GPS 定位、北斗卫星定位等。在建设供应链中，实时定位建设资源的核心和基础是项目各参与方之间的通信和交流方式，以此来达到资源共享的目的。卫星定位的优势在于通过卫星信号可以直接实现接收机之间的联系，不需要提前安装好感应设备就可以获取目标的实时三维坐标，能够全天候作业，不受阴天、雨雪等天气的影响。但因为建设供应链中的物品数量大种类多，采取传统的定位方法难以准确定位物品的位置，特别是移动中的物品。卫星导航定位系统与 RFID 技术结合应用是目前最好的解决方法之

① Chinowsky P, DieKmann J, Galotti V. Social network model of construction[J].Journal of Construction Engineering and Management, 2008, 134(10): 804-812.

一。将 RFID 标签赋予目标物品，并嵌入导航芯片，当需要知道物品空间信息时，利用导航系统发射定位信号给导航芯片，然后将信息传递给 RFID 站，通过 RFID 站连接物流运输管理系统，以便获取实时的物流信息。在整个过程中，卫星导航定位服务主要体现在感知层和传输层两个方面：在感知层，导航系统作为可以测量目标位置和速度的传感器用于收集物品的位置信息并上传给传输层；在传输层，导航系统具有双向通信功能，将物品位置传送至相应的处理中心来分类处理。

3.3.2.2　室内定位技术

虽然全球导航卫星系统定位精度高、应用广泛，但是需要卫星信号来保持接收机之间的联系，所以会存在定位盲区及无法全天候使用的情况，尤其在室内或建筑物遮挡的情况下，卫星定位系统的精度会受到极大限制，因此需要专门的技术来支持室内环境下对目标物体的定位和追踪。相比于卫星定位技术，室内定位技术起步较晚。最初是在 20 世纪 90 年代末，美国联邦通信委员会（Federal Communication Commission，FCC）制定了用于应急救援的E-911 定位标准，之后在各行业应用需求的推动下，室内定位技术得到了快速发展，并已成为工业界和学术界的研究热点。室内定位技术作为定位技术在室内环境中的延续，弥补了传统定位技术的不足，目前已经在特定行业投入实际使用，有着良好的应用前景。

目前的定位算法原理大体上可以分为 3 种，即近邻法（Proximity）、场景分析法（Scene Analysis）和几何特征法（Geometry）（表 3-18）。其中，在运用几何特征法测量定位时，需要借助传播模型来实现高精度的稳定定位，即依靠分析信号传播过程中的特性来推算传播距离[1]，常用特性为接收信号强度（Received Signal Strength Indication，RSSI）、到达角度测距（Angel of Arrival，AOA）、到达时间测距（Time of Arrival，TOA）、到达时间差法（Time Difference of Arrival，TDOA）等[2]（表 3-19）。根据这些定位算法，形成多种无线室内定位技术，其中包括 WiFi、RFID、超宽带（Ultra Wide Band, UWB）、ZigBee、红外线、超声波、蓝牙等定位技术。这些定位技术多要借助辅助节点来定位，通过不同的测距方式，计算出待测节点相对于辅助节点的位置，然后与数据库中事先收集的数据进行比较，从而确定当前的位置（图 3-19）。在固定位置设置辅助节点，有的存在计算机终端的数据库中，如红外线、超声波等，有的位置信息直接存在节点中，如 RFID 标签；然后测量待测节点到辅助节点的距离，从而确定相对位置。测距通常需要一对发射和接收设备，发射设备和接收设备的位置大体可以分为两种：一种是发射设备位于被测节点，接收设备位于辅助节点，如 RFID、红外线和超声波；另一种是发射设备

① 张明华. 基于WLAN的室内定位技术研究[D]. 上海:上海交通大学, 2009.
② 赵锐, 钟榜, 朱祖礼, 等. 室内定位技术及应用综述[J]. 电子科技, 2014, 27(3): 154–157.

位于辅助节点，接收设备位于被测节点，如 WiFi、ZigBee、超宽带和蓝牙。最后利用计算机终端的数据库匹配两种节点，分析计算出具体位置。具体流程如图 3-20 所示。

表3-18　室内定位算法原理和特点

算法名称		工作原理	特点
近邻法		通过定位装置发射信号，在信号覆盖范围内确定待测目标是否在某个参考点的附近	只能测出目标物体大概的位置信息，定位精度依赖于参考点的分布密度
场景分析法	静态场景分析	定位空间中采集不同位置发出的信息特征参数，建立指纹数据库，运用模式匹配技术，根据所在位置的测量值和已经观测到的所有位置的测量值作比较，然后根据匹配情况确定位置	在一个预定的数据库中查询观察到的信息特征参数，并将其映射成物体的位置
	差动场景分析		通过追踪连续场景间的差异来估计位置
几何特征法	三边测量	测量待测点到 3 个不在同一直线上的参考点的距离	几何特征法测量定位需要借助传播模型来实现高精度的稳定定位，即依靠分析信号传播过程中的特性来推算传播距离
	三角测量	利用三角形中已知边的长度和已知边两侧角的度数来确定第三个点的位置	
	双曲线测量	利用不在一条直线上的 3 个参考点 A、B、C 的位置来确定以点 A 和点 C 为焦点的双曲线交点 D 的位置	

表格来源：作者自制

表3-19　室内定位技术的信号传播特性

特性名称	工作原理
RSSI	通过接收到的信号强弱测定信号点与接收点的距离，进而根据相应的数据定位计算
AOA	定位技术基于三角测量原理，通过硬件设备感知发射节点信号的到达方向，计算接收节点和锚节点之间的相对方位或角度，然后利用三角测量法或其他方式计算出未知节点的位置
TOA	基于三边测量原理，通过测量信号传输时间得到发送方和接收方之间的距离，因此收发信号的双方需要做到精确同步
TDOA	对 TOA 测距技术的改进，通过测量信号到达两个接入点的时间差来估计用户的位置，降低了同步的需求

表格来源：作者自制

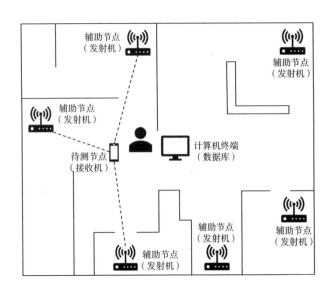

图3-19　室内定位结构原理图
图片来源：作者自绘

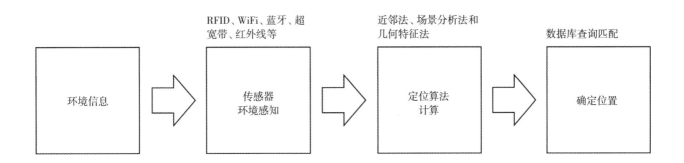

图3-20　室内定位流程
图片来源：赵锐, 钟榜, 朱祖礼, 等. 室内定位技术及应用综述[J]. 电子科技, 2014, 27(3): 154–157.

追踪定位技术是建筑自动化和信息化的重要组成部分，可以有效地减少人员在生产建设方面的工作量，在建筑领域起着越来越重要的作用。虽然识别定位技术种类繁多，但由于使用对象和环境具有复杂性和多样性，不同的定位技术也具有不同的特点和局限性（表 3–20），尚未形成能够在建筑全生命周期中使用的普适解决方案。通过表 3–20 可以看出，目前的室内定位技术主要存在以下几个共性问题：

（1）精度问题

目前大部分定位技术的精度还不高，约在几米之内，主要原因是室内定位技术的抗干扰能力弱、信号衰减快，且具有多径效应、视距传播和信号震荡校准等问题[1]。例如，GPS 无法在室内环境中使用，并且在高密度区域定位精度会降低。超声波和视觉定位系统容易受到光线、空间尺度、障碍物（闭塞度）等环境因素的影响[2]。RFID 和 UWB 系统都是基于射频技术，两者的接收机需要局域网连接才能提供准确的定位数据，而在施工现场，特别是在大面积的开阔区域部署局域网是非常困难的[3]。除此之外，RFID 和 UWB 的信号很容易受到金属、墙壁，甚至是工人的影响。

（2）能耗和成本问题

目前大部分的定位技术都需要在环境中安装辅助节点用于测距和返回位置信息。室内定位的精度与节点的密度成正比，这就意味着如果要提高定位精度，就要安装大量的辅助节点，从而大幅增加了定位的成本和能耗。

（3）通用标准化问题

各种定位技术都有优缺点，通常情况下室内定位是多种技术的融合，因而会产生体系结构的标准化问题和各技术的整合问题。此外，室外定位与室内定位的结合也是定位技术的重要发展方向，同样也涉及标准化的问题。

① 赵锐, 钟榜, 朱祖礼, 等. 室内定位技术及应用综述[J]. 电子科技, 2014, 27(3): 154–157.
② Skibniewski M J, Jang W S. Simulation of accuracy performance for wireless sensor-based construction asset tracking[J]. Computer-Aided Civil and Infrastructure Engineering, 2009, 24(5): 335–345.
③ Zhang C, Hammad A, Rodriguez S. Crane pose estimation using UWB real-time location system[J]. Journal of Computing in Civil Engineering, 2012, 26(5): 625–637.

表3-20　主要室内定位技术对比

技术	算法	精度	优点	缺点	使用范围
WiFi	近邻法 场景分析 几何特征	2~50 m	易于安装，成本低，精度较高	受环境干扰，指纹采集工作量大，功耗高	无干扰且定位对象较少的低精度定位
RFID	邻近探测 指纹定位	5 cm~5 m	精度高，体积小，成本低	距离短，无源标签无通信能力	精度要求不高的辅助定位和属性信息读取
UWB	三边定位	6~10 cm	穿透力强，精度高	成本高	精度要求较高的无遮挡定位
ZigBee	邻近信息 三边定位	1~2 m	成本低，功耗低	稳定性差，受环境干扰	精度要求不高的辅助定位
蓝牙	邻近信息 三边定位	2~10 m	功耗低，易集成	距离短，信号稳定性差	精度要求不高的辅助定位
红外	邻近信息	5~10 m	精度较高	不能穿越障碍，造价高、功耗大，受光线干扰	精度要求较高的无遮挡定位
超声波	三边定位	1~10 cm	精度高，结构简单	受环境温度影响，信号衰减明显	常温环境下的高精度定位
室内 iGPS 定位	TDOA 测量	2~50 m	精度高	成本高	工业级精密定位，仪器精密安装，放样或工业测量
视觉定位	图像处理 场景分析	1~10 m	环境依赖性低	成本较高，稳定性较低	精度要求较高的无遮挡定位

表格来源：作者自制

综上所述，目前，GPS 最适合在室外开放的大面积区域对物体进行精度不高的追踪定位；超声波通过视距无线传输（Line of Sight，LOS）形式，即通信双方在视线不受阻的条件下提供较高精度的定位；RFID 和 UWB 可以在使用场所完全部署局域网的前提下，对物体进行较高精度的定位；基于 WiFi 的定位系统可以利用现有的局域网，从而降低设施成本；当不存在遮挡问题时，视觉定位既可以用于室内，也可以在室外环境中使用。

3.3.3　自动识别和追踪定位技术在建筑领域的应用

自动识别和追踪定位技术在建筑行业的应用范围广，包括物品追踪、机械设备定位、工人安全监测、施工过程管理和设备运维数据处理等。在施工阶段，通过对施工人员和大型施工设备实时位置数据的获取和行动轨迹的分析，可以预测施工现场可能出现的危险事故。自动识别和追踪定位技术还可以加强施工过程、施工资源和材料的管理，通过收集实时数据来监测和模拟施工，从而提高生产效率。在建筑的运营和维护阶段，利用自动识别和追踪定位技术能够监控建筑设备，同时追踪建筑物内资产的实时位置。

（1）建筑构件质量管理

预制构件在被生产过程中如果缺乏有效的管理和控制，会导致构件的质量不合格，进而影响到建筑的整体质量。例如，混凝土构件内部钢筋和预埋件的性能和数量不符合要求，钢构件尺寸偏差过大等构件质量问题都会使建筑的整体结构质量存在隐患。利用 RFID 自动化数据收集功能，可以数字化管理建筑构件的来料检查、生产过程检验、试件强度反馈等一系列生产过程，确保了过程质量数据的完整性。

（2）建设链物流管理

依托于自动识别和追踪定位技术的物联网具有便携性强、操作性强和高度自动化的特点，而装配式建筑中建筑构件的精细化管理从运输、堆放、装配都需要物联网相关技术支持。在这样的背景和管理要求下，为建筑物资设备赋予二维码或 RFID 标签，结合 GPS 和 GIS 技术，通过有效识别完成对构件及设备的实时追踪定位。通过运行基于 BIM 和二维码或 RFID 技术的装配式构件供应链管理系统，能够实现高效的信息交互，及时并准确地掌握建设项目信息中出现的缺失和错误，对于集成优化业务流程，降低构件生产仓储、施工现场库存，减少堆放成本有着明显的效果。

（3）建筑施工管理

现阶段，自动识别和追踪定位技术在施工管理过程中的应用主要体现在安全监督和进度控制方面。在施工安全监督方面，在施工人员、机械、构件上布置传感器和 RFID 或二维码智能标签，利用无线传感器网络获取监控对象的活动轨迹，与安全范围值进行对比，能够及时发布预警信息[①]。在施工进度管理方面，将 RFID 技术与其他的数据采集技术结合，建立施工进度控制模型，精细化管理构件的安装过程，结合 AutoCAD 或 BIM 生成进度报告，可以帮助项目管理团队快速做出正确的决策。

（4）设备运维管理

建筑设施管理包含了多学科的活动，具有广泛的信息需求。自动识别技术具备良好的信息收集和传递功能，将此技术与 BIM 整合，建立 BIM/自动识别技术环境下的建筑运维管理系统，可以有效地管理建筑设施，及时维修保养设备和构件。

运用物联网技术实现有效地识别、追踪和定位建筑构件是一项具有挑战性的任务，这与传统的工作方式有着极大的区别。目前，已有不少研究表明自动数据采集技术，包括智能识别技术、GPS 技术、激光扫描技术、无线传感器、高分辨率相机等，可用于建筑业的识别和定位活动。每种自动数据采集技术都有自己的特点，因此在实际使用中，很难一概而论地认为哪种技术可以

① Carbonari A, Giretti A, Naticchia B. A proactive system for real-time safety management in construction sites[J]. Automation in Construction, 2011, 20(6): 686-698.

适用于所有的项目，应该根据具体的项目需求选择最适合的技术或将几种技术结合使用。

3.4 本章小结

在装配式建筑全生命周期的各类信息中，构件的空间信息不仅种类多、涉及的环节和人员结构复杂，而且还要在不同的项目阶段根据使用目的及时更新和修改构件的位置数据。因此，构件空间信息具有种类和数量多、变化性大、传递路线多且分散、易出错等特点，需要采用自动化和信息化的方式来提高数据采集的准确性和效率，并且通过统一的数据平台集中管理。根据本章对现有建筑领域主要数据库和数据采集技术的分析和整理可以看出，构件空间信息可以被添加到以 BIM、GIS 或两种技术结合的管理系统中，通过相应的应用程序进行企业资源计划、项目管理、库存管理、供应链管理和建筑全生命周期管理等工作。BIM 技术主要用于创建包含构件真实信息的三维建筑模型，其设计和可视化功能可以和 GIS 丰富的参数对象和属性结合，将建筑元素的几何和语义信息转移到 GIS 中，视觉监督施工进度，分析重型施工设备的最佳运行位置，以及在整个生产供应链中对流程和建筑构件进行可视化监督。GNSS、智能型全站仪、三维激光扫描技术等数字测量、测绘技术与 BIM、GIS 相结合，能够将构件的空间信息准确地反映至生产和施工现场，并将构件定位安装后的空间信息反馈回项目数据库。以 RFID、二维码技术为代表的自动识别技术已成为物流行业中的关键技术之一，可实现信息存储获取、物品识别和实时定位监控等智能化管理的目的。虽然从目前的研究表明，基于信号强度和三角测量的方法运用 RFID 技术实现精确定位的效率不高，但其强大的信息读写和信号识别功能可以用来记录和传递建筑构件的各项空间信息，并实现对构件的智能识别。在建筑项目的不同阶段，通过扫描建筑构件，获取 RFID、二维码等智能标签中的身份信息和空间信息数据，从而安排构件的堆放或安装工作。另外，利用 GPS（室外环境）或 UWB（室内环境）等定位技术确定构件的"当前位置"，进而更新至构件智能标签，并最终上传至项目数据库。

第4章 装配式建筑结构构件追踪定位技术流程

本书第二章梳理了装配式建筑全生命周期的工作流程，确定了项目各阶段构件空间信息的类型和内容，并根据其精确性将构件追踪定位划分为物流和建造两个层级。这两个层级既有各自的定位特点，又相互交叉，贯穿整个建筑的全生命周期。第三章从数据库和数据采集技术，以及二者在信息管理平台中的结合应用方面分析了构件追踪定位相关技术的功能与适用性。结合两章内容，本章提出了以装配式建筑数据库为核心，以数字测量技术、识别追踪技术为主要数据采集手段，通过信息管理平台共享和协同管理构件信息的装配式建筑构件追踪定位技术链，并在建造和物流两个精度层面分析此追踪定位技术链的应用流程（图4-1）。

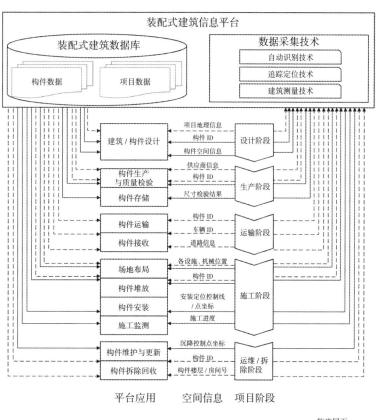

图4-1 装配式建筑全生命周期中结构构件追踪定位技术流程概念图

图片来源：作者自绘

4.1 装配式建筑构件追踪定位技术链

4.1.1 装配式建筑构件追踪定位技术链的基本组成

构件追踪定位技术链的核心功能是处理装配式建筑全生命周期各阶段构件的空间信息，包括信息的创建、存储、采集、传递、共享和管理等。针对这一要求，本研究中的装配式建筑构件追踪定位技术链包括三项主要技术，即装配式建筑数据库系统、数据采集技术、装配式建筑信息化管理平台（图4-2）。其中装配式建筑数据库系统用于创建和存储构件空间信息，数据采集技术用于采集和传递构件空间信息，装配式建筑信息化管理平台用于共享和协同管理构件空间信息。

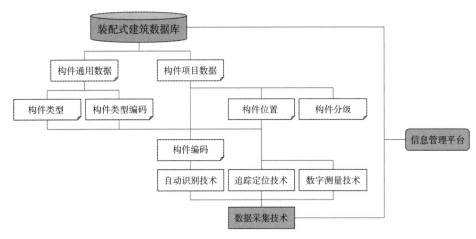

图4-2 装配式建筑构件追踪定位技术链的关键技术组成
图片来源：作者自绘

（1）装配式建筑数据库

装配式建筑数据库是构件追踪定位技术链的"大脑"，创建并存储了构件的所有信息。从构件个体与建筑总体的关系来看，装配式建筑数据库主要包括两类构件数据：一类是构件的通用数据，如构件类型、构件类别编码、构件尺寸、材料、性能等信息，此数据与具体项目无关，是构件的固有数据；另一类是构件的项目数据，如构件在项目中的编码、位置、状态、装配级别等信息，此类数据依托具体项目而存在。在这些数据中，构件类型、构件类型编码、构件尺寸、构件项目编码、构件位置、构件状态、构件装配级别等信息与构件的追踪定位有直接关系。

（2）数据采集技术

数据采集技术是联系装配式建筑数据库与生产、施工现场的"桥梁"。通过自动识别技术和追踪定位技术，项目人员能够实时追踪和传递构件在项目各阶段的状态和位置信息；通过数字测量技术可以精确定位构件的生产尺寸和装配位置，并将实际建造信息反馈回装配式建筑数据库。

（3）装配式建筑信息管理平台

装配式建筑信息管理平台是一种集成管理系统，用于存储、维护与管理建筑数据资源库，提高信息模型处理能力，为专业应用程序提供数据接口和多方协同设计、统一管理项目全生命周期信息等用途（图4-3）。此信息管理平台也是在整个装配式建筑的全过程中对预制构件追踪定位的关键，能够让项目各参与方无障碍地共享和协同管理构件的空间信息，提高了在全生命周期中对构件实时追踪定位的可操作性。装配式建筑信息管理平台主要依靠装配式建筑数据库和数据采集技术的支持。装配式建筑数据库是信息平台的核心，数据采集技术能够及时获取构件的空间信息，并上传至信息平台，实现对项目的统一管理。

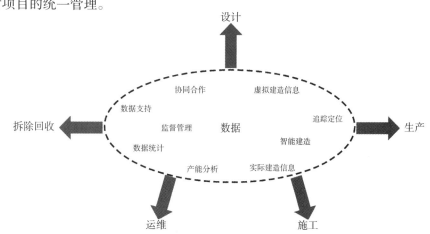

图4-3　装配式建筑信息管理平台的主要功能
图片来源：东南大学张宏教授工作室

4.1.2　装配式建筑构件追踪定位技术链中的关键技术

从装配式建筑全流程来看，预制构件在不同阶段需要的空间信息主要包括身份信息和各类位置信息。身份信息用于识别构件、追踪构件状态、验证构件质量，位置信息用于说明构件的来源和去向、追踪定位构件的实时状态和位置。预制构件的空间信息与其他信息一起存储在装配式建筑数据库中，供相关人员及时查阅、调取、更新。合理的预制构件分类系统、分级系统、编码

图4-4　装配式建筑BIM信息模型
图片来源：东南大学张宏教授工作室

体系是建立装配式建筑数据库框架的基础和追踪定位预制构件的前提（图4-4），也是本书对预制构件追踪定位技术链研究中的关键技术点。

4.1.2.1 装配式建筑构件分类系统

装配式建筑由各种预制构件组成，预制构件库是装配式建筑数据库的核心。预制构件库的主要功能之一是通过特定的规则对现有的构件分类存储。构件分类规则应具有标准性和通用性，从而方便用户添加、更新、查询、调用构件。构件种类数量应适中，以达到装配式结构多样性和功能性的要求为宜。本研究结合了装配式建筑的生产建造特点、体系构成和构件材料，将构件体系分为结构系统、外围护系统、设备管线系统和内装修系统四大类（附录1），其中结构系统分成了三个层级（图4-5）。

图4-5 装配式建筑结构系统构件分类规则
图片来源：作者自绘

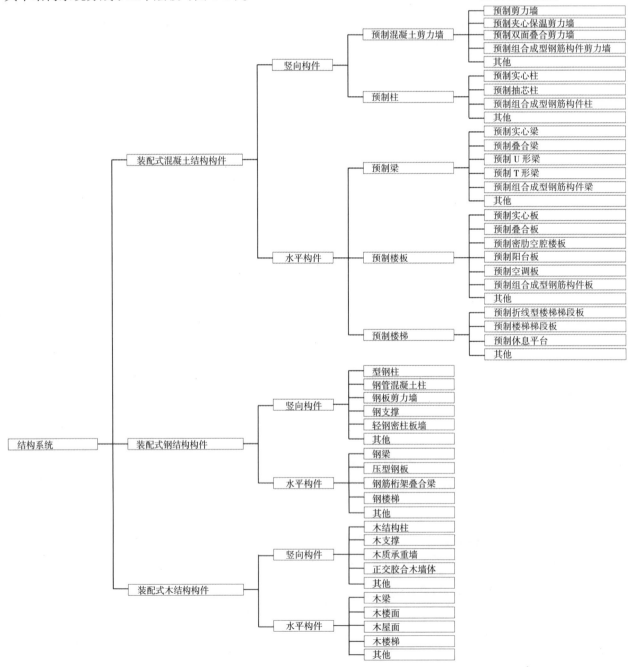

（1）第一层级按照构件的材料划分，包括装配式混凝土结构构件、装配式钢结构构件、装配式木结构构件。

（2）第二层级为构件类别，包括墙、板、梁、柱、楼梯等基本构件类别。

（3）第三层级为具体构件名称，如预制混凝土剪力墙中的预制夹心保温剪力墙、预制双层叠合剪力墙、预制组合成型钢筋构件剪力墙等。

为了在装配式建筑数据库和 BIM 模型中快速而准确地查找构件，还需要为每种构件类别编号，编号采用构件类别名称拼音的首个大写字母（表 4-1、附录 2）。例如混凝土剪力墙的构件类别编号是 JG-HNT-JLQ，JG 代表结构系统，HNT 代表混凝土，JLQ 代表剪力墙。因此，从构件类别编号中也可以很直观地看出某一构件所属的构件类型。

表4-1　装配式建筑结构构件类别编号表

构件名称			构件类别编号
结构系统	混凝土结构构件	混凝土剪力墙	JG-HNT-JLQ
		混凝土柱	JG-HNT-Z
		混凝土梁	JG-HNT-L
		叠合板	JG-HNT-DHB
		混凝土楼梯板	JG-HNT-LTB
		密肋空腔楼板	JG-HNT-KQLB
		预制双面叠合剪力墙板	JG-HNT-DHJLQB
	钢结构构件	型钢柱	JG-G-Z
		钢管混凝土柱	JG-G-HNTZ
		钢板剪力墙	JG-G-JLQ
		钢支撑	JG-G-ZC
		轻钢密柱板墙	JG-G-MZQB
		钢梁	JG-G-L
		压型钢板	JG-G-YXGB
		钢筋桁架叠合梁	JG-G-HJDHB
		钢楼梯	JG-G-LT
	木结构构件	木结构柱	JG-M-Z
		木支撑	JG-M-ZC
		木质承重墙	JG-M-CZQ
		正交胶合木墙体	JG-M-JHQT
		木梁	JG-M-L
		木楼面	JG-M-LM
		木楼梯	JG-M-LT

表格来源：东南大学张宏教授工作室

在创建构件库的过程中，除了要对构件进行分类，还应该划分出所有构件信息的种类。这是因为装配式建筑包含了大量的构件信息，如果将所有采集的信息全部添加到构件模型当中，无疑会造成信息冗余、信息传输速率缓慢的结果。为了精简信息内容，提高信息的使用效率，应该在创建构件模型之前就制定构件信息标准、划分构件信息种类，并在模型形成的过程中，逐步完善构件模型的信息。表 4-2 为构件信息模型主要包含的信息类型，这些信息的创建过程可分为两个阶段：①构件库的信息创建，创建构件的固有信息；②工程 BIM 模型中构件生产、运输、施工和运营维护阶段的信息添加，添加构件的项目信息。构件库一般有通用构件库和企业构件库两种。通用构件库包括了装配式建筑构件通用 BIM 模型库，企业构件库是各企业内部的 BIM 构件模型库。在实际使用中，根据需要从构件库中选取构件开展设计工作，并根据项目需要逐渐添加深化设计的信息。

表4-2　装配式建筑构件详细信息分类

信息名称	信息内容	信息类型
尺寸信息	长、宽、高、柱径等	固有信息
身份信息	构件类型、构件编码等	固有信息／项目信息
材质信息	材质类别、用材量、耐火性、耐腐性等	固有信息
性能信息	荷载值、弹性模量、剪切变形等	固有信息
装配信息	装配位置、装配流程等	项目信息
成本信息	决策成本、设计成本、生产成本、运输成本、安装成本、维护成本等	项目信息
物流信息	生产厂家、运输路线、堆场位置等	项目信息
状态信息	准备生产、生产中、生产完成、准备转运、转运中、转运完成、构件进场验收、安装完成、质量验收完成	项目信息
文本信息	构件说明等	—

表格来源：作者自制

4.1.2.2 装配式建筑构件分级系统

相比于现浇结构，装配式建筑最重要的环节之一是在充分理解项目建造全过程的基础上，将主体结构分解成为一系列既满足标准化又可以多样化的预制构件。由于构件的生产和组装过程环环相扣，具有清晰的建造逻辑，为了便于构件深化设计和施工管理，需要对整个建造过程分级。

建筑的生产和建造是十分复杂的过程，需要各单位的配合，在不同的工厂中进行，并最终在施工现场完成。传统手工模式是将大部分的生产和建造活动集中在施工现场，现场难以控制的环境条件和粗放式手工施工方式无法保证生产效率和施工精度。装配式建筑以工厂精益化生产为主要生产模式，通过工厂与施工现场的合理衔接最终将建筑产品运送至工地总装作业，建造效率和精度有了极大的提高。由于建筑构件或组件的尺寸和重量往往会超出公路运输的限制，所以超限的建筑产品在工厂时会被拆分成若干中间产品，运送至施工现场后，再通过预先设定的接口快速连接在一起，而原本完整的建筑构件被拆分成了数个中间产品，因此，大大提高了对生产和组装精度的要求。由于装配式建筑的构件数量多、体型大，生产流程比普通工业产品更加复杂，因此也更容易出现错误。要保证构件顺利制作，需要将复杂的生产过程划分成若干相对独立的分层级的简单过程。这样一来，每个阶段的工作更加明确且易于管理，也易于追溯错误的原因和责任方，以便及时纠正。另外，分级生产使得多个生产活动能够同时进行，改变了传统生产方式中后步工序依附于前步工序、各工序之间相互等待和牵制的状态，从而大幅度节省了生产时间。

根据工业生产的模式和建筑自身的特点，装配式建筑的生产和施工过程分成以下四个阶段：一级工厂化（一级构件）、二级工厂化（二级构件）、三级工厂化（三级构件）和总装阶段（四级构件）（图4-6、表4-3）。一级工厂化阶段的主要任务为生产和采购标准构件。标准件是整个工业化产品系统中最小的零部件，无法被进一步细分，如螺栓、角码、节点板等。二级工厂化阶段的主要任务是组装一级工厂生产或采购的标准件，形成尺度更大、功能更完善且层级更高的产品——组件，如主结构体模块、外围护体模块、设备体模块和装修体模块。三级工厂化阶段的主要任务是将各组件和标准件装配成可以直接吊装作业的大型建筑构件或模块单元。总装阶段的主要任务是在施工现场吊装和安装各建筑构件或模块单元，完成最终的建造工作。一级工厂化和二级工厂化生产和组装的工作地点在各自所对应的工厂。考虑到运输的需要，三级工厂化的地点为工厂或施工现场的临时工棚。从构件定位的角度来说，一级工厂化阶段需要严格把控标准构件的尺寸；二级工厂化阶段要严格把控各标准构件在组件中的定位尺寸和组装完成后组件的总尺寸；三级工厂化阶段要严格把控各组件在吊装单元中的定位尺寸和组装完成后吊装单元的总尺寸；最后，在总装阶段，吊装单元在建筑中的定位是考虑的重点。

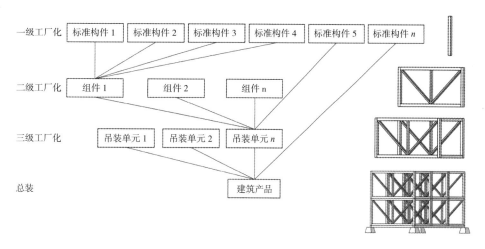

图4-6　建筑工业化生产和施工的四个阶段

图片来源：作者自绘

113

表4-3 装配式建筑预制构件分级系统

层级名称	内容	加工方式	装配地点
一级构件	基本标准构件	采购或工厂制作	工厂
二级构件	基本组件	工厂组装	工厂
三级构件	吊装单元	工厂／现场组装	工厂／现场
四级构件	最终建筑实体	现场吊装	现场

表格来源：作者自制

4.1.2.3 装配式建筑构件编码规则与技术实现

由于在同一项目中，很难区分相同类型且外形相似的构件个体，所以需要为每个构件取名并定义其相关属性信息。同时，信息的检索、存储、传递都离不开代码，为了让项目各方均能够正确理解构件信息的含义，需要在设计阶段就创建统一的构件编码系统来提高信息的传递效率和准确度。总的来说，信息编码是将表示事物或概念的某种符号体系转换成便于计算机或人识别和处理的另一种符号体系，或在同一体系中，由一种信息表示形式改变为另一种表示形式的过程。构件编码是将构件信息转换成易于计算机和项目各方识别和处理的一种符号体系。

1. 现有构件编码体系

为了更加清楚有效地区分和检索建筑产品与信息，并对其进行规范化管理，世界各国建立了建筑信息分类编码体系，如美国的 Uniformat 分类编码体系、Master Format 分类编码体系、OCCS（OmniClass Construction Classification System）分类编码体系和我国的《建筑产品分类和编码》（JG/T 151—2015）。

（1）Uniformat 分类编码体系

Uniformat 分类编码体系主要用于工程造价分析的建筑构件及相关场地工程分类体系，其特点是依据建筑的基本组成元素来进行成本预算[①]。Uniformat 分类编码体系采用层级分类法，建筑元素分为三个层级（表4-4）。第一层级（Level 1）为主要元素组（Major Group Elements），以大写英文字母 A 至 F 为代码，共有 A 下部结构（Substructure）、B 外封闭工程（shell）、C 内部工程（Interiors）、D 配套设施（Services）、E 设备和家具（Equipment and Furnishings）以及 F 特殊结构和建筑拆除（Special Construction and Demolition）六大类。第一层级向下发展为第二层级（Level 2）的 22 个元素组（Group Elements），编码方式为"第一层级代码 + 两位阿拉伯数字"，如 B10 代表第一层级外封闭工程所属的地上结构。第三层级（Level 3）是 79 类单体元素（Individual Elements），编码方式为"第一层级代码 + 第二层级代码 + 两位阿拉伯数字"，如 B1010 代表第一层级外封闭工程所属的地上结构中的楼板元素。

① Charette R P, Marshall H E. UNIFORMAT II elemental classification for building specifications, cost estimating, and cost analysis[M]. US Department of Commerce, Technology Administration, National Institute of Standards and Technology, 1999.

表4-4 Uniformat分类编码体系中B外封闭工程的4个层级分类

Level 1 主要元素组	Level 2 元素组	Level 3 单体元素
B 外封闭工程	B10 地上结构	B1010 楼板
		B1020 屋面
	B20 外部围护	B2010 外墙体
		B2020 外墙窗
		B2030 外墙门
	B30 屋盖	B3010 屋面保温防水
		B3020 屋顶出入口保温防水

表格来源：Charette R P, Marshall H E. UNIFORMAT II elemental classification for building specifications, cost estimating, and cost analysis[M]. US Department of Commerce, Technology Administration, National Institute of Standards and Technology, 1999.

（2）Master Format 分类编码体系

Master Format 分类编码体系的分类对象是工种和材料，用于工程项目实施阶段信息的分类、数据的组织和管理，同时提供工作成果的详细成本数据，是美国通用的招标设计说明编码体系。Master Format 分类体系采用层级分类法，共有五个层级。第一层级定义了 50 项类别（类别 00～类别 49），涵盖了招投标和合同要求（Procurement and Contracting Requirements Group）1 项，一般要求（General Requirements Subgroup）1 项，设施建设（Facility Construction Subgroup）18 项，设施服务（Facility Services Subgroup）10 项，场地和基础工程（Site and Infrastructure Subgroup）10 项，以及加工设备（Process Equipment Subgroup）10 项。第二层级至第五层级逐层细化。表 4-5 为 Master Format 分类编码体系中混凝土工程中成型和配件部分的分类和编码示例。

表4-5 Master Format分类编码体系中混凝土工程中成型和配件部分的分类和编码示例

第一层级	第二层级	第三层级	第四层级	第五层级
030000 混凝土	031000 混凝土成型和配件	031100 混凝土成型	031113 现浇结构混凝土成型	031113.13 混凝土滑移成型
				031113.16 混凝土支护
				031113.19 脚手架
			031116 现浇建筑混凝土成型	031116.13 混凝土模板
			031119 绝缘混凝土成型	—
			031123 永久楼梯成型	—
		031500 混凝土配件	031513 止水器	—

表格来源：http://www.masterformat.com

（3）OCCS 分类编码体系

OCCS 分类编码体系是由美国 BIM 标准在 IFD 框架下，结合 Uniformat、

Master Format 等已有的建筑分类编码体系建立起来的[①]。OCCS 分类编码体系采用面分法和层级分类法相结合的分类方法，由 15 个分类表组成（表 4-6），两位数字标识。每个分类表采用层级分类法，共分为四个层级（表 4-7）。其中 Table 23 的"Products"定义了建筑工程中产品的分类表。OCCS 的分类对象包含了建筑全生命周期内的建筑活动、建设人员、信息和工具，目标是覆盖整个工程建设行业，实现了不同类型建筑设计、施工、拆除、再利用等各阶段的信息组织、分类和传递。

[①] Omniclass T M. A strategy for classifying the built environment [EB/OL]. http://www.omniclass.org/tables/OmniClass_Main_Intro_2006-03-28.pdf

表4-6　OCCS分类编码体系中的15个分类项

Table 11	Construction Entities by Function	Table 32	Services
Table 12	Construction Entities by Form	Table 33	Disciplines
Table 13	Space by Function	Table 34	Organizational Roles
Table 14	Space by Form	Table 35	Tools
Table 21	Elements	Table 36	Information
Table 22	Work Results	Table 41	Materials
Table 23	Products	Table 49	Properties
Table 31	Project Phases		

表格来源：Omniclass T M. A strategy for classifying the built environment [EB/OL]. http://www.omniclass.org/tables/OmniClass_Main_Intro_2006-03-28.pdf

表4-7　OCCS分类编码体系中结构与外围护产品（部分）

编码	第一层次	第二层次	第三层次	第四层次
23-13 00 00	结构和外立面产品			
23-13 17 00		型材		
23-13 17 11			刚性型材	
23-13 17 11 11				黑色金属刚性型材
23-13 17 11 13				有色金属刚性型材
23-13 17 11 15				木材刚性型材
23-13 17 11 17				塑料刚性型材
23-13 17 11 19				复合刚性型材
23-13 17 13			柔性型材	
23-13 17 15			预制型材	
23-13 17 15 11				预制空心芯板
23-13 17 15 13				预制三通
23-13 17 17			板条	
23-13 17 17 11				石膏板
23-13 17 17 13				铅衬板条
23-13 17 17 15				金属板条
23-13 17 17 17				木材板条
21-13 31 00		混凝土结构产品		
23-13 31 11			结构混凝土	
23-13 31 13			预拌混凝土	
23-13 31 15			预制混凝土	
23-13 31 17			混凝土模板	
23-13 31 17 11				钢模板
23-13 31 17 13				预制楼梯模板
23-13 31 17 15				混凝土模板内面
23-13 31 17 17				绝缘混凝土模板

表格来源：Omniclass T M. A strategy for classifying the built environment [EB/OL]. http://www.omniclass.org/tables/OmniClass_Main_Intro_2006-03-28.pdf

（4）建筑工程设计信息模型分类和编码标准

根据住房和城乡建设部《关于印发 2012 年工程建设标准制订修订计划的通知》（建标〔2012〕5 号）的要求，由中国建筑标准设计研究院主编的《建筑信息模型分类和编码标准》（GB/T 51269—2017）将建筑工程中的建设资源、建设进程和建设成果按表进行分类。建筑信息模型分类包括 15 张表，每张表代表建设工程信息的一个方面，其中表 10 至表 15 用于整理建设结果，表 30 至表 33 以及表 40 和表 41 用于组织建设资源，表 20 至表 22 用于建设过程分类（表 4-8）。单个分类表内的对象分为大类、中类、小类和细类四个层级类目（表 4-9）。

表4-8 建筑信息模型分类表

表编号	分类名称	表编号	分类名称
10	按工程分建筑物	22	专业领域
11	按形态分建筑物	30	建筑产品
12	按功能分建筑空间	31	组织角色
13	按形态分建筑空间	32	工具
14	元素	33	信息
15	工作成果	40	材料
20	工程建设项目阶段	41	属性
21	行为	—	—

表格来源：中华人民共和国住房和城乡建设部.建筑信息模型分类和编码标准：GB/T 51269—2017[S]. 北京：中国建筑工业出版社,2017.

表4-9 建筑产品表中混凝土建筑产品编码

编码	分类名（中文）	层级	类目
30–01.00 00	混凝土	一级类目	大类
30–01.10.00	预制混凝土制品及构件	二级类目	中类
30–01.10.10	预制混凝土柱	三级类目	小类
30–01.10.40	预制混凝土墙板	三级类目	小类
30–01.10.40.10	钢筋混凝土板	四级类目	细类
30–01.10.40.20	蒸压加气混凝土板	四级类目	细类

表格来源：中华人民共和国住房和城乡建设部.建筑信息模型分类和编码标准：GB/T 51269—2017[S]. 北京：中国建筑工业出版社,2017.

2. 装配式建筑构件编码规则

（1）编码原则

按照信息的不同类型，遵循国家代码原则发布标准并借鉴现有的分类编码体系，本书提出了基于统一组织的编码体系来实现对预制构件的总体设计。此编码体系遵循以下原则：

①唯一性，每一个编码对象有且只有一个与其匹配的代码；

②适用性，代码应与编码对象采用的分类方法及其所在的分类层级等对应，反映编码对象的特征，从而方便记忆填写；

③稳定性，代码与信息主体之间的对应关系在系统的整个生命周期内不应改变；

④可扩充性，应为新的编码对象预留足够日后使用的备用码，并兼顾新的编码对象与已编码对象之间的顺序关系；

⑤简明性，编码结构应尽量简单，以便节省存储空间、减少差错率；

⑥可操作性，编码应便于理解、识别、浏览和查询。

（2）编码格式

本书将构件编码与模型所处的环境相结合，统一结构形式灵活的码段组合。具体来说，装配式建筑构件编码分为项目代码、构件类别、位置代码三个层级，共有六段（图4-7）。其中构件类别是构件的固有属性，与项目无关，所以不能更改；而项目代码、位置代码与项目有关，因此可以根据项目的具体情况更改。

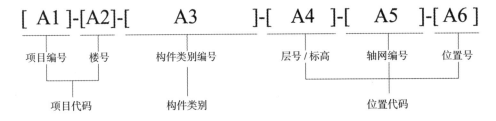

图4-7　预制构件编码体系格式
图片来源：作者自制

①项目代码包括项目编号（A1）和楼号（A2）。项目编号为施工许可证号；项目中不同的楼号以构件所属楼栋的编号为准，可以用数字编号，也可以用数字加字母编号。

②构件类别编号（A3）为构件分类中的分类编码。

③位置代码包括层号/标高（A4）、轴网编号（A5）、位置号（A6）。层号/标高表示构件所处的楼层，例如3层的标高是5.4 m，那么此段编号为3/5.400。由于不同构件所在的轴网位置不同，所以其轴网编号表示方法也有所区别。例如，某一项目中的柱构件位于轴线的交点，其轴网编号可以表示为C3；而梁构件可能是在轴线上或两条轴线之间，其轴网编号可以表示为C3-C4。位置编号通过平面图上纵横排布方式表示，横向排布的构件用字母H作为前缀，纵向排布的构件用字母V作为前缀，二者数量均从1开始编号，而位于轴网交点处的构件编码为0。

例如，在图4-8中，线框中的预制柱构件编码为[SDD-20170816]-[A3]-[JG-HUN-Z]-[3/5.400]-[A1]-[0]，具有以下含义：项目编号为SDD-20170816；楼号为A3；构件类别是结构体-混凝土-柱；层号/标高为3/5.400，表示在第三层的5.4 m高处；横向轴网编号为A，纵向轴网编号为1；此构件在轴

网交点处，所以位置号为 0。以此类推，同层红色线框中的预制梁构件编码为
[SDD–20170816]–[A3]–[JG–HUN–L]–[3/5.400]–[B1–C1]–[H2–V1]。

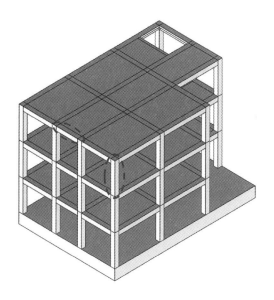

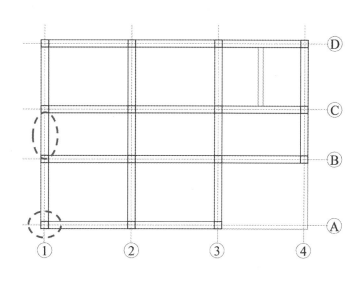

图4-8　装配式建筑构件编码示例
图片来源：作者自绘

需要注意的是，为了区分不同种类的构件，许多构件生产企业也会为构件编码，形成工厂编码（图4-9）。工厂编码与装配式建筑构件编码之间不存在一一对应的关系。前者是类型编码，不具有唯一性，即某一类型的构件可以有相同的工厂编码；而后者是构件唯一的识别码，一个编码只代表一个构件。

A	B	C	D	E	F
	监管编码				
工厂编码	构件分类	标高编号	轴网编号	位置编号	材质：体积
3–DBS2–67–8–3					
3–DBS2–67–8–3	JG–HNTGJ–DHB	R/4.500	E6–D7	V1	0.01
⋮					
3–DBS2–67–7–1					
3–DBS2–67–7–1	JG–HNTGJ–DHB	R/4.500	E2–D3	V2	0.01
3–DBS2–67–7–1	JG–HNTGJ–DHB	R/4.500	E2–D3	V3	0.01
3–DBS2–67–7–1	JG–HNTGJ–DHB	R/4.500	E6–A7	V3	0.01
3–DBS2–67–7–1	JG–HNTGJ–DHB	R/4.500	E6–A7	V2	0.01

图4-9　工厂编码与装配式建筑构件编码对照表
图片来源：东南大学张宏教授工作室

在装配式建筑的设计阶段，BIM 模型中的每个预制构件都被赋予了唯一的编码，并上传至信息管理平台。在生产运输、施工、运营维护和拆除回收阶段中，构件编码以 RFID 标签或二维码等形式应用，一个构件编码对应一个 RFID 标签码或二维码。利用 RFID 阅读器、手机等移动设备扫描可以识别构件的身份并同时将其状态和位置数据传输到项目管理数据库和信息管理平台加以处理，从而实现对构件的实时追踪定位。

4.1.3 数据库交互设计

　　装配式建筑构件分类系统、分级系统、编码体系形成了通用性预制构件库的基本框架，各类预制构件以此为依据存储在构件库相应的位置。在实际项目中，后台的构件库与前台的装配式建筑信息管理平台相连，项目各方成员可以将各阶段的构件信息上传至信息管理平台，管理人员还可以通过此平台追踪监管构件的位置、状态和统计各阶段的项目数据。一般来说，每个阶段、每个层级的信息都独立管理，部分信息会在多个阶段和层级之间传递、交换和共享，从而实现项目全生命周期的信息流交互和综合管理。此外，信息应以统一的格式存储在合理的位置，以便信息相关者可以在整个建筑生命周期有效地访问。常用的访问数据的方法是采用具有网络结构的中心数据库。但是，因为中心数据库的连接状态不稳定，所以这种方法很难满足实时访问的要求。数据采集系统与 BIM 技术的结合使得对构件进行全生命周期的识别和定位变得可行且高效。BIM 与数据采集系统交互设计的主要目标是将项目各阶段采集的构件信息同步至 BIM 数据库中。这样一来，可以很方便地通过对构件实时数据的采集获取阶段性的信息，并将这些信息与 BIM 数据库相连，从而对整个项目的进程做出完整的判断。此过程中 BIM 与相关技术的交互设计可以通过 API 来实现。图 4-10 显示了数据采集系统和 BIM 模型通过 API 相连接的概念示意。通过 API 设计，工作人员利用数据采集设备获取构件在不同阶段的真实信息，上传至 BIM 模型实现构件状态的可视化，并随着项目的进行，实时更新 BIM 数据库。

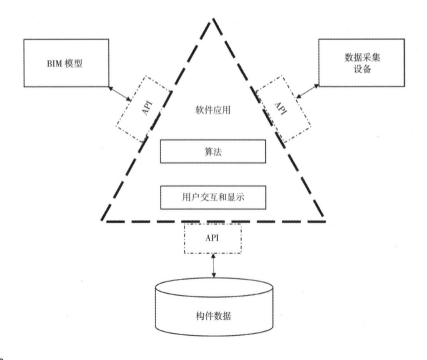

图4-10　BIM技术与数据采集系统交互设计概念示意图

图片来源：Costin A M, Teizer J, Schoner B. RFID and BIM-enabled worker location tracking to support real-time building protocol and data visualization[J]. Journal of Information Technology in Construction (ITcon), 2015, 20(29): 495-517.

4.2　建造层面的结构构件追踪定位流程

在建造层面的构件追踪定位流程中，构件的空间信息主要包括构件的身份信息和几何位置信息。前者依靠构件编码实现在项目的全流程中被准确而快速地识别构件身份；后者主要用于确定构件的生产尺寸和施工定位信息，因此除了构件自身的尺寸，还应包含与其他构件的定位连接信息，具体包括：

（1）定位模数网格系统，即项目的轴线和标高；

（2）定位坐标系统，包括项目坐标和全球坐标；

（3）结构构件的尺寸；

（4）结构构件与定位模数网格系统的位置关系，确定构件的定位坐标；

（5）构件之间的位置关系和连接方式。

建筑模数协调系统和模数网格是装配式建筑尺寸和定位设计的原则。但在传统的装配式建筑设计方法中，模数化往往与平面标准化相提并论，模数和模数协调往往只限于建筑平面图的轴线上，这种二维的表达方式难以满足数字化、信息化和智能化技术的三维坐标空间。BIM 具有强大的三维可视化功能，能够将空间模数网格系统与三维坐标系统有效结合起来，实现建筑和构件在三维空间中的尺寸设计和定位设计。因此，建造层面的构件追踪定位需要解决的是空间模数网格与预制构件之间、不同的预制构件之间的位置关系。

4.2.1　基于 BIM 的构件定位

4.2.1.1　BIM 模型深度

BIM 模型是构件生产、装配和运营维护最基础的技术资料，所有的操作和应用都是在模型基础上进行。在理想情况下，应在项目的设计阶段由设计单位创建设计模型；在生产施工阶段，生产和施工单位在设计模型的基础上完成深化设计，并在施工过程中，添加和更新施工和竣工信息，最终完成竣工模型提交给运维单位；在运维阶段，运维单位在竣工模型的基础上，制订项目运营维护计划和空间管理方案。

由于每个阶段的项目成熟度和任务不同，项目 BIM 模型的范围和深度呈现了由浅至深的发展趋势。根据功能分，BIM 模型共有 7 种类型：概念模型（Conceptual Model）、设计模型（Design Model）、施工模型（Construction Model）、构件预制模型（Shop Drawing Model）、局部细节模型（Detailing Model）、实时施工模型（As-built Model）和竣工模型（Operations and Maintenance Model）[1]。在《建筑工程设计信息模型交付标准》（以下简称《交付标准》）中，根据信息粒度和建模精度，BIM 的深度被分为 5 个等级：LoD 100、LoD 200、

① Kymmell W. Building information modeling: planning and managing construction projects with 4D CAD and simulations[M]. New York: McGraw-Hill, 2008.

LoD 300、LoD 400 和 LoD 500（表 4-10、图 4-11）。LoD 100 的模型中只有建筑的基本尺寸和形状，适用于方案设计阶段。LoD 200 主要表达建筑和构件的大致尺寸、形状、数量、位置和方向，适用于初步设计阶段。LoD 300 的 BIM 模型适用于施工图设计阶段，通过准确的尺寸、形状、数量、位置、方向等信息在模型中定义具体的构件或系统，并且可以携带非几何信息，用于专项评审报批、节能评估、建筑造价估算、建筑工程施工许可、施工准备、施工招标计划、施工图纸招标控制价等用途。LoD 400 的 BIM 模型适用于虚拟建造、产品预制、采购、施工阶段，具有构件的制造和安装信息，用于施工模拟、产品选用、集中采购、施工阶段造价控制等用途。LoD 500 除了模型最终的建成尺寸外，还应该包括竣工时建筑和构件的全部信息，用于后期运营维护。此外，国际常用美国 AIA 以及 BIM Fourm 制定的标准来划分 BIM 模型深度。AIA 将 BIM 模型深度划成 LoD 100 至 LoD 500 共 5 个等级。BIM Fourm 在 AIA 基础上增加了 LoD 350，主要定义了构件和其他构件或系统之间的交互关系，比如框架柱和基础之间的连接方式。

表4-10 模型深度等级划分及描述

深度级数		描述
LoD 100	方案设计阶段	具备基本形状，粗略的尺寸，包括非几何数据，仅线、面积、位置
LoD 200	初步设计阶段	基本的几何尺寸，形状和方向，能够反映物体本身大致的几何特性；主要外观尺寸不得变更，细部尺寸可调整，构件宜包含几何尺寸、材质、产品信息（如电压、功率）等
LoD 300	施工图设计阶段	物体主要组成部分必须在几何上表述准确，能够反映物体的实际外形，保证不会在施工模拟和碰撞检查中产生错误判断，构件应包含几何尺寸、材质、产品信息（如电压、功率）等；模型包含信息量要与施工图设计完成时 CAD 图纸上的信息量保持一致
LoD 400	施工阶段	详细的模型实体，最终确定模型尺寸，能够根据该模型生产构件；构件除了包括几何尺寸、材质、产品信息之外，还应该附加模型的施工信息，包括生产、运输、安装方面
LoD 500	竣工提交阶段	除了最终确定的模型尺寸外，还应该包括竣工时所需的所有信息，资料应包括工艺设备的技术参数、产品说明书 / 运行操作手册、保养及维修手册、售后信息等

表格来源：丁烈云. BIM应用·施工[M]. 上海：同济大学出版社，2015：26.

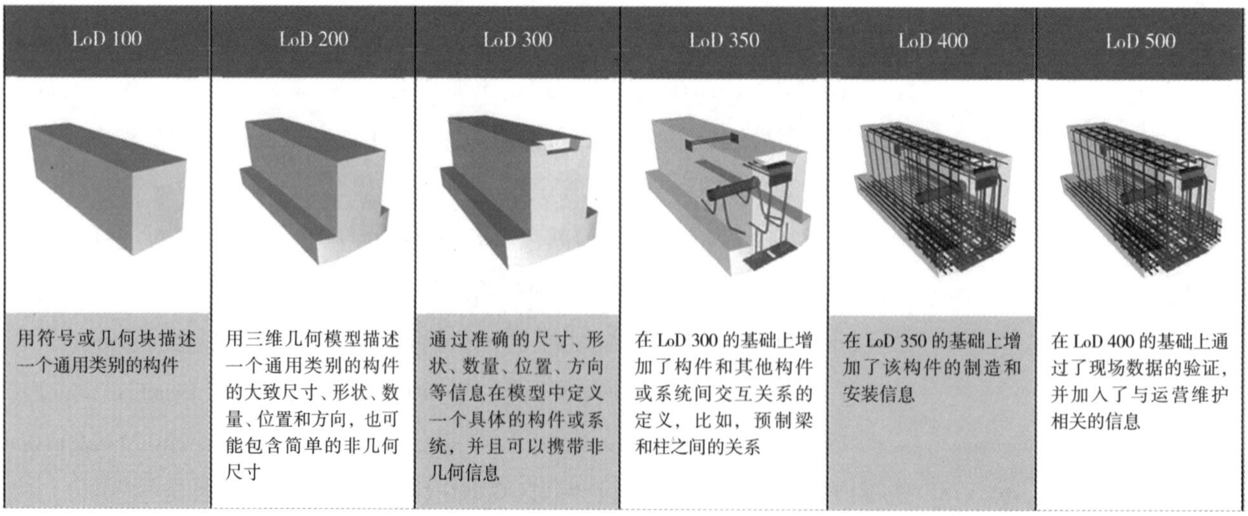

LoD 100	LoD 200	LoD 300	LoD 350	LoD 400	LoD 500
用符号或几何块描述一个通用类别的构件	用三维几何模型描述一个通用类别的构件的大致尺寸、形状、数量、位置和方向，也可能包含简单的非几何尺寸	通过准确的尺寸、形状、数量、位置、方向等信息在模型中定义一个具体的构件或系统，并且可以携带非几何信息	在 LoD 300 的基础上增加了构件和其他构件或系统间交互关系的定义，比如，预制梁和柱之间的关系	在 LoD 350 的基础上增加了该构件的制造和安装信息	在 LoD 400 的基础上通过了现场数据的验证，并加入了与运营维护相关的信息

图4-11 LoD的六个等级（以预制T形梁为例）

图片来源：https://bimforum.org/lod/

　　随着 BIM 模型深度等级的提高，模型中表达的构件信息也越来越丰富。以混凝土结构构件为例（表 4-11），在 LoD 100 时，BIM 模型包含结构构件的形状、尺寸、表面颜色等基本物理信息，不需要表现细节特征和内部信息。LoD 200 的模型除了包含构件基本的物理属性之外，还需要细化材质信息和类型属性，如预制梁、叠合梁。在 LoD 300 深度时，BIM 模型包含结构构件所有的几何信息，即详细几何特征和精确尺寸、精确的安装定位信息，以及身份信息、具体的材质信息和相应的性能指标，满足指导构件生产加工、估算生产施工时间与成本的要求。LoD 400 的构件模型增加了构件生产施工所需的所有信息，利用此模型能够安排生产施工，包括选择制造供应商，编制生产、运输、施工计划（运输路线、存储位置等）和计算成本，并初步计划构件的回收和再利用。LoD 500 模型包含了构件在运维、拆除、再利用阶段所需要的信息，除了所有的设计信息外，还应包括施工、使用、监测和维修数据，拆除和回收计划等。随着项目的深入，构件尺寸和空间信息也会随着 BIM 模型深度的提升而更加精细。在方案设计阶段，BIM 模型中只需表达构件的形状和位置信息；在初步设计阶段，BIM 模型中构件需要有准确的尺寸信息和定位信息；在施工图设计阶段，BIM 模型需要表达构件深化后的几何尺寸和定位信息，完成建筑的施工模型。

表4-11　混凝土结构构件BIM模型信息种类

混凝土结构构件		LoD 100	LoD 200	LoD 300	LoD 400	LoD 500
墙	建筑	物理属性（长度、厚度、高度及表面颜色）	增加材质信息，含粗略面层划分	详细面层信息、材质要求、防火等级、节点详图	材料生产信息、运输进场信息、安装操作单位等	运营信息（技术参数、供应商、维护信息等）
	结构	物理属性（长度、厚度、高度及表面颜色）	类型属性、材质、二维填充表示	材料信息、分层做法、墙身大样详图等节点详图	材料生产信息、运输进场信息、安装操作单位等	运营信息（技术参数、供应商、维护信息等）
柱	建筑	物理属性（尺寸、高度、表面材质）	增加装饰面、材质	规格尺寸、砂浆等级、填充图案等	材料生产信息、运输进场信息、安装操作单位	运营信息（技术参数、供应商、维护信息等）
	结构	物理属性（尺寸、高度、表面材质）	类型属性，具有异形柱表示详细轮廓，材质，二维填充表示	材料信息、柱标识、节点详图（钢筋布置图）	材料生产信息、运输进场信息、安装操作单位	运营信息（技术参数、供应商、维护信息等）
梁	结构	物理属性（长、宽、高、表面材质）	类型属性，具有异形梁表示详细轮廓，材质，二维填充表示	材料信息、梁标识、节点详图（钢筋布置图）	材料生产信息、运输进场信息、安装操作单位	运营信息（技术参数、供应商、维护信息等）
板	建筑	物理属性（坡度、厚度、材质）	楼板分层、降板、洞口、楼板边缘	楼板分层细部做法	材料生产信息、运输进场信息、安装操作单位	运营信息（技术参数、供应商、维护信息等）
	结构	物理属性（坡度、厚度、材质）	类型属性、材质、二维填充表示	材料信息、分层做法、楼板详图及节点详图（钢筋布置图）	材料生产信息、运输进场信息、安装操作单位	运营信息（技术参数、供应商、维护信息等）
梁柱节点	结构	不表示	锚固长度、材质	钢筋型号、连接方式、节点详图	材料生产信息、运输进场信息、安装操作单位	运营信息（技术参数、供应商、维护信息等）
预埋吊环	结构	不表示	物理属性（长宽高、材质）、类型属性、二维填充表示	材料信息、大样详图、节点详图（钢筋布置图）	材料生产信息、运输进场信息、安装操作单位	运营信息（技术参数、供应商、维护信息等）

表格来源：丁烈云.BIM 应用·施工 [M].上海：同济大学出版社,2015: 27-28.

4.2.1.2 构件定位原则

BIM 构件库需要不断地完善和更新，库中的构件模型可能来自不同的企业，并用于不同的项目。IFC 为构件 BIM 模型的创建、使用、管理、维护提供了统一的标准。新建构件不仅在编号上需要遵循 IFC 的标准，而且在几何形状（表4-12）、材料性能、空间信息等基本信息上也需要遵循 IFC 标准，而生产厂家、项目编号等构件的其他属性信息可以在已有构件模型上扩展。

表4-12　IFC标准中构件几何形状的主要类型

几何形状	用途
盒状几何（Box Geometry）	描述对象最小盒状边界的尺寸
测量点几何（Survey Point Geometry）	以测量点描述实体对象
轴线几何（Axis Geometry）	通过"轴线"表明一条线段或任意开放的有界曲线
足迹几何（Footprint Geometry）	用以表明一个矩形或任意边界曲线
轮廓几何（Profile Geometry）	用于描述剖面形状
面几何（Surface Geometry）	描述对象的外表面，可用于描述碰撞检查的构件
体几何（Body Geometry）	描述对象的立体形状，可用于构件量算
间隙几何（Clearance Geometry）	描述对象的空间间隙，可用于干涉检查

表格来源：作者自制

在理想状态下，建筑施工、构件定位与安装所需要的所有信息可以在三维模型中创建、使用、更新和传递。现阶段，虽然由于成本、规范和技术等因素的限制，建筑施工、构件定位和安装仍是基于二维图纸，但 BIM 模型已逐渐成为提高施工定位效率的重要手段。为了确保构件施工定位的准确性及精度，设计人员需要在 BIM 施工模型中明确各构件的位置信息。构件定位需要有参照基准，又称为基准特征，主要包括基准坐标系、基准平面、基准轴和基准点等。基准平面是在基准零位的一个平面，是一种非常重要的基准特征。基准轴是一个无限长的直线，常用作尺寸标注的参照、基准平面的穿过参照、构件的定位和装配参照，如建筑主要承重物件的轴线是施工放线的基础线。基准点是已确定其位置信息的已知点，可以用来定义模型特征或构件的安装定位。在施工过程中，结构构件安装定位需要遵循从整体到局部的原则，即首先确定项目的坐标系，然后确定构件的定位轴线、标高信息，最后确定重点部位的控制点坐标。

（1）定义项目坐标系

一般来说，在 BIM 模型中有两种坐标系统，即测量坐标系和项目坐标系（图4-12）。测量坐标系为建筑模型提供了真实的位置信息，如图 4-12 中测量点△表示真实的地理信息，对应的是从项目基础测量数据中获得的大地坐标。许多测量坐标系都是标准化的，有些系统使用经纬度，有些系统使用笛卡尔坐标系（x，y，z）。测量坐标比项目坐标的尺度更大，可以处理诸如地形曲率等项目坐标系无法处理的问题。由于反映真实的地理位置，利用测量坐标不但能够对项目进行阴影和日光分析，还可以为冷热负荷和能量分析提供气候、温度等信息支持。测量坐标与全局坐标、共享坐标、国家坐标等概念相同，可以在各种项目中通用。此外，通过测量坐标系中的已知测量点可以建立共享坐标系，从而将多个 BIM 模型链接在一起。项目坐标系描述的是相对于建筑模型的位置信息，是建筑施工使用的独立坐标系。例如在 Revit 中，项目坐标系的原点是项目基点（图 4-12 中⊗），为模型中所有构件和元素的定位依据。测量坐标与局部坐标、用户坐标、设计坐标、内部坐标等概念相同，只能用于当前项目。设计人员通过以下几个步骤来定位 BIM 模型的坐标系，从而建立模型的关联环境：

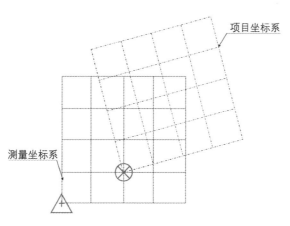

图4-12　BIM模型中的测量坐标系和项目坐标系

图片来源：http://help.autodesk.com/view/RVT/2018/CHS/

①使用全局坐标指定地理位置来确定项目的真实位置。以 Revit 为例，项目的地理位置可以从"城市列表"或地图中选择，也可以通过输入经纬度或地址来确定项目的具体地理位置。

②定义测量点来匹配已知点的坐标位置，例如大地测量标记或 2 条建筑红线的交点坐标。通过链接 DWG 文件中已知点的 GIS 坐标，可以定义 BIM 模型的测量点和地理位置，从而将模型放置在真实的地理位置上（图 4-13）。

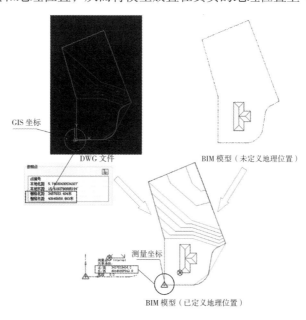

图4-13　链接DWG文件的地理数据至BIM模型

图片来源：http://help.autodesk.com/view/RVT/2018/CHS/

③通过项目的正北方向来定义测量点的y轴坐标，即项目测量坐标的*y*轴方向与项目的正北方向一致。设计人员在创建模型时，为了方便模型的布局，常常将建筑几何图形的主轴与绘图区域的顶部平行或垂直，也就是将建筑的主轴与项目坐标和测量坐标的 x 或 y 轴对齐，这可能会造成项目的 y 轴和真实环境的正北方向不一致（图 4-14a），从而产生错误的坐标信息。因此，在创建项目模型时，要注意项目的正北方向和测量坐标 y 轴的一致性（图 4-14b）。

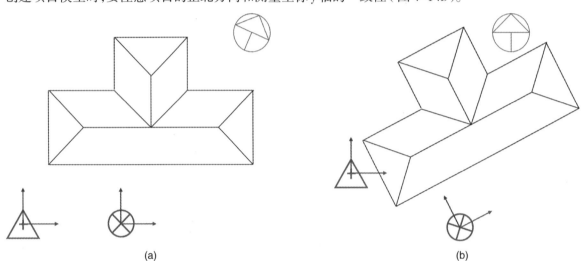

(a)　　　　　　　　　　　　　　　　　　　　(b)

④定义项目基点来建立项目的参照点，用于在项目关联环境中测量距离和定位对象。项目的基点定义了项目坐标系的原点（0，0，0）。对于大型项目来说，项目基点一般放置在建筑轴网线的交点处。对于不使用轴网的住宅项目或小型项目，可以将项目基点放置在建筑的一角或其他合适的位置。项目测量点代表项目真实的已知点，可用于在其他坐标系中确定建筑几何图形的方向。

图4-14　项目正北方向和测量点y轴的关系
（a.项目的正北方向与测量点*y*轴不一致；b. 项目的正北方向与测量点*y*轴一致）
图片来源：http://help.autodesk.com/view/RVT/2018/CHS/

（2）确定建筑轴线和标高信息

创建 BIM 模型的过程与现实房屋的建造流程一致，在放置构件前需要确定定位基准，主要为布置轴网和标高。对于装配式建筑来说，设计人员需要建立遵循模数协调原则的模数网格系统。在此基础上选择和插入符合网格尺寸的构件元素，为每个构件设置参数，然后通过更改参数来调整模型，模型的更改由软件系统自动处理。参数化设计是 BIM 的重要特点之一，参数大大扩展了实体建模的易用性，可以作为约束条件来生成构件参数化模型。在建模过程中，为了更好地描述构件形状，设计人员利用网格线来定义构件与其他元素的空间关系（在网格的交叉点上或偏移网格线），并将构件与网格线之间的空间关系参数化，从而在修改轴网网格时，构件的尺寸和位置能够相应地自动更改。专门用于设计领域的 BIM 软件程序定义了设计逻辑的关系和约束条件，能够快速定义、修改、更新各构件的空间关系。

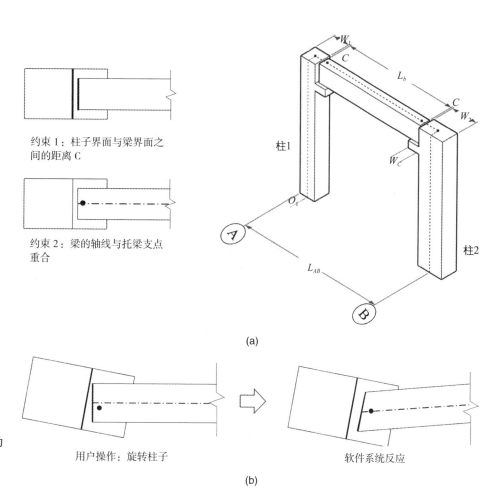

约束 1：柱子界面与梁界面之间的距离 C

约束 2：梁的轴线与托梁支点重合

(a)

用户操作：旋转柱子　　　　　软件系统反应

图4-15　轴线、梁和柱子之间的约束关系示意
图片来源：作者自绘

(b)

　　例如图 4-15，在某个装配式建筑的框架结构单元设计中，设计人员首先通过平面轴线（轴 A、轴 B 和轴 1、轴 2）和楼层标高线建立起装配单元的布局基准。接下来，在网格系统中布置柱子，建立起柱子与轴线和标高线的定位关系，即柱子可以在 x 和 y 方向上移动，从而与轴线重合或偏移，而顶部和底部相对于水平方向固定。然后再布置梁构件，建立与柱子的定位关系。设计人员根据项目需要定义了柱子与网格、梁与网格以及梁与柱子之间的约束关系（图 4-15a）：柱子的中心与网格线存在重合和偏移的关系；梁跨度 L_b 被约束在柱子之间，梁跨度 L_b 约束托梁长度 W_C；而梁与柱之间也存在固定间隙以及和中心线（点）重合的关系。那么，轴线 A 和轴线 B 之间的距离 L_{AB} 就是梁跨度 L_b 和托梁长度 W_C 的重要约束参数。这种约束关系不仅存在于构件的生成过程，也存在于构件模型的编辑过程。如图 4-15b 所示，如果柱子沿着 y 轴旋转（用户操作），而轴线的位置不变，那么系统将自动重新定位，调整梁的大小（系统反应），以遵循图 4-15a 中的约束 1 和约束 2。

　　轴线定义了建筑和构件在 xOy 平面上的几何和位置关系。同理，z 轴方向的定位需要通过标高来约束。如图 4-16 所示，设计人员可以通过以下公式来限制栏板边梁的高度 h_1：

$$h_1 = h_{min} + h_2 + h_3 \qquad （1）$$

其中 h_1 为边梁的高度，h_2 为边梁用来支撑横梁部分的高度，h_3 为横梁和楼板的总高度，h_{min} 为边梁作为栏板部分的最小高度。h_2 和 h_3 的任何变化都会导致边梁高度的变化，使得栏杆高度符合最小高度值。同样，标高线也作为约束的条件规定了构件在竖向上的位置。每层的地板结构完成面与层高线重合，所以层高 $H = L_2 - L_1$，由此可以算出边梁底面至地面的距离 h_c 的值，而 h_c 的最小值也作为参数约束了层高 H：

$$h_c = L_2 - L_1 - h_2 - h_3 \qquad （2）$$

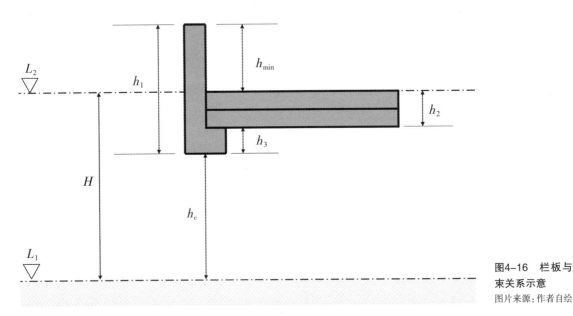

图4-16　栏板与边梁之间的约束关系示意
图片来源：作者自绘

4.2.2　设计阶段

4.2.2.1　方案设计

　　构件是装配式建筑最基本的物质构成，将建筑构件按照一定的逻辑组合成结构系统、外围护系统、设备管线系统和内装修系统，即用构件限定空间、形成性能、实现功能，进而对构件进行艺术和人文化的装饰，使建筑具备人文属性的设计方法称为"构件法"建筑设计方法。对于装配式建筑来说，此方法有利于从方案设计阶段开始整合各协同单位的构件产品，并清楚地划分各专业的工作界面，避免后期构件与构件之间或衔接产生问题。构件法装配式建筑设计主要包括以下步骤（图4-17）：

　　（1）创建装配式建筑构件库。查找并收集各协同单位的构件技术资料，包括构件类型图纸、技术图纸、产品说明书、制备工艺、施工工艺等，将技术

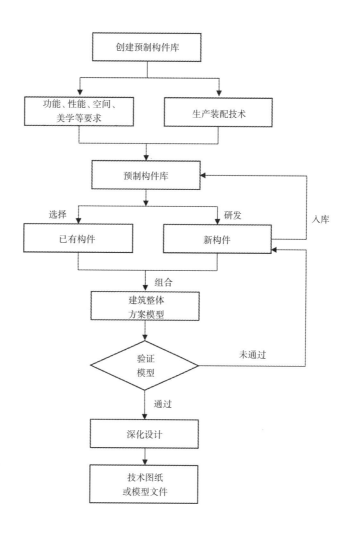

**图4-17　构件法装配式建筑设
计步骤**
图片来源：作者自绘

资料组成构件信息，并对构件进行编码，然后分类存入装配式建筑构件库。

（2）根据性能、功能、审美以及相关规范的要求和现有的生产装配技术分别从装配式建筑构件库的结构系统、外围护系统、设备管线系统和内装修系统中选择构件进行空间单元布局和组合，从而得到建筑整体方案模型。

（3）如果装配式建筑构件库中没有符合上述要求的构件，则研发新构件，并分类、编码后存入构件库。

（4）根据项目要求验证建筑整体方案模型，如果通过验证，则协同各单位和企业进行深化设计。

（5）如果未通过验证，则要找出并调整不满足要求的构件，或研发新构件，然后再次验证修改后的建筑整体方案模型，直至满足所有项目要求后进行深化设计。

（6）将步骤（5）中新研发的构件分类、编码，存入装配式建筑构件库。

方案设计阶段的 BIM 模型主要用于空间规划、可持续分析、法规检测和性能分析等几个方面。设计人员除了要在 3D 环境中进行方案设计，还要通过

BIM 技术来收集、整合、分析现实环境和地理信息，增加方案的可行性。例如，根据遥感数据建立项目环境现状模型，用于地形地貌、气候条件、视距、动态场地的可视化分析（图4-18），以便各参与方对项目环境有直观的了解，从而为后续工作中确定建筑的空间方位、建筑与周边地形景观的联系等提供有力支持。另外，将 BIM 与 GIS 相结合可以快速将高差和坡度等场地分析的成果数据化和可视化。

图4-18　运用BIM技术创建、分析和可视化展示项目环境
图片来源：https://www.autodesk.com.cn/products/infraworks/overview

项目的空间定位体系要满足装配式建筑模数协调的要求。利用 BIM 模数网格作为建筑和构件的定位基准，有助于实现构件模数化、标准化，减少构件尺寸类型。模数网格在 BIM 模型中的表现形式为轴网和标高。基于 CAD 设计工具的轴网和标高添加在图纸上只是一个二维图形，但在 BIM 软件平台下，模数网格真正实现了在三维空间中优化构件尺寸和表达构件装配空间信息的目的。轴网是空间信息里的经纬度，标高是高度的定位基准，构件以轴线和标高为定位参考放置在模数空间网格中，被赋予特定的属性信息。在方案设计阶段，BIM 模型的深度等级为 LoD 100 和 LoD 200，模型中需要确定项目位置（项目坐标）、轴网和标高，建筑的基本尺寸和形状信息，以及主要构件的形状、尺寸、表面颜色等基本物理信息，不需要表现细节特征和内部信息。

4.2.2.2　深化设计

深化设计是装配式建筑生产过程中的重要环节，起到承上启下的作用。在此阶段，建筑各要素被进一步细化成单个构件。由于构件设计和生产的精确度决定了其现场安装的准确度，深化设计是为了详细地表达构件的真实状态和装配空间信息，在生产质量合格的前提下，保证每个构件到现场都能准确地安装，不发生错漏碰缺。但是，装配式建筑中的预制构件数量众多，仅依靠人工校核和筛查难以保证每个构件在现场都能顺利准确地拼装。通过 BIM 程序中的碰撞检查功能可以检测不同构件之间、构件内部各要素之间是否存在相互干涉和碰撞的问题，进而调整构件的空间关系。装配式建筑的深化设计主要包括构件拆分、构件施工定位设计、碰撞检测等方面。

1. 构件拆分

许多项目是在完成施工图之后，再由构件加工厂进行预制构件拆分设计，这种方式可能会因前期设计没有充分考虑构件生产、运输和施工工艺使得构件拆分工作较为被动，存在因拆分不合理而造成资源浪费的隐患。理想的工作流程是在前期策划和方案设计阶段就确定好装配式建筑的技术路线和产业化目标。BIM 基于构件（族）的设计思想，使得设计人员在方案设计时就可以考虑如何拆分模型，并在模型中定义出预制构件，同时，将施工图设计与构件拆分深化设计过程合并，精简了设计流程。构件拆分应充分考虑建筑功能性和艺术性、结构合理性、制作运输安装环节的可行性和便利性等因素。基于 BIM 的构件拆分设计包括构件尺寸设计、模具设计、标准单元设计和节点设计四项内容。

（1）构件尺寸设计

合理的构件尺寸是构件拆分的重要目标。构件尺寸应从减少构件种类，方便生产、运输（表 4-13）和安装，符合模具尺寸（表 4-14）和加工精度要求等多方面考虑。从节约成本的角度来看，在构件拆分时应尽可能采用"合并同类项"的理念减少构件种类。模数化的设计理念使得构件和模块之间的兼容性很高，便于减少不必要的构件种类。由于每个预制构件的尺寸、构造都包含了不同的参数信息，构件之间和模块单元之间的空间关系可以用量化的参数来描述，使这些参数规则成为一项构件设计的原则。BIM 通过参数化驱动实现构件的模数化，与后期的生产制造、运输和装配挂钩。例如，设置构件尺寸的基本模数为 100 mm，规定 1500 mm 以上的构件要用扩大模数，扩大模数可以选用 3M、6M、15M 等数列。这样一来，不仅建筑各部分的尺寸可以互相配合，而且能把相似的尺寸协调为统一规格，从而减少构件的尺寸种类，便于标准化生产。另外，构件的尺寸还应充分考虑运输车辆的尺寸，以及施工现场吊装机械的承载力、起重高度等作业要求，避免太大而难以运输、吊装，以及太小而需要多次吊装。

表4-13　装配式建筑构件运输尺寸限制

情况	限制项目	限制值（m）	构件最大尺寸		
			普通车（m）	低底盘车（m）	加长车（m）
正常情况	高度	4	2.8	3	3
	宽度	2.5	2.5	2.5	2.5
	长度	13	9.6	13	17.5
特殊审批情况	高度	4.5	3.2	3.5	3.5
	宽度	3.75	3.75	3.75	3.75
	长度	28	9.6	13	28

表格来源：郭学明. 装配式混凝土建筑——结构设计与拆分设计200问[M]. 北京: 机械工业出版社, 2018: 12.

表4-14　模台尺寸对PC构件尺寸的限制

工艺	限制项目	常用规模台尺寸（m）	构件最大尺寸（m）
固定模台	长度	12	11.5
	宽度	4	3.7
	高度	—	没有限制
流水线	长度	9	8.5
	宽度	3.5	3.2
	高度	0.4	0.4

表格来源：郭学明. 装配式混凝土建筑——结构设计与拆分设计200问[M]. 北京：机械工业出版社，2018：32.

（2）模具设计

在做拆分设计时应该尽量减少模具的数量，提升其周转率，确保预制构件生产的高效性。利用 BIM 软件工具可以方便准确地统计构件数量，从而确定模具的种类和数量。预制构件模具的精度是决定预制构件制造精度的重要因素，BIM 模型可以提供模具设计所需要的三维几何数据以及相关辅助数据，实现模具设计的自动化，最大限度地保证了模具的精度。此外，根据预制构件模具的 BIM 模型，可以分析模具各个零部件的结构并校核其强度，设计出模具最合理的结构（图4-20），并且在虚拟的环境中模拟模具的拆装顺序，使模具的拆装最大限度地满足实际施工的需要。

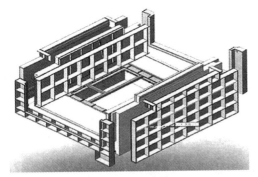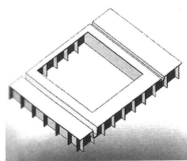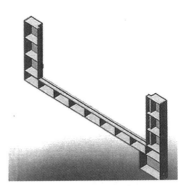

图4-19　预制构件模具拆分
图片来源：丁烈云. BIM应用·施工[M]. 上海：同济大学出版社，2015：81–82.

（3）标准结构单元设计

标准结构单元的设计是在进行构件拆分的过程中确保预制构件标准化的重要手段。例如，在预制混凝土结构中，标准的预制剪力墙按照功能属性可分为三段：约束段、洞口段和可变段。通过对约束段的标准化设计，形成几种通用的标准化钢筋笼，从而实现预制混凝土构件中承重部分的标准化配筋。在此基础上，通过约束段、洞口段和可变段的多样化组合来实现预制剪力墙的通用性和多样性。

（4）节点设计

在装配式建筑中，预制构件之间、模块单元之间的连接接口（节点）对于结构整体性、荷载传导、抗震耗能起着重要作用。通过 BIM 可以创建、积累标准节点构件，并通过对节点的调整，快速地做出新的连接形式。同时，参数化的设计方式使得连接节点随着连接面规格的变化而自动调整。由于 BIM 技术可以预估、模拟和提前解决生产、施工中会遇到的问题，设计复杂节点时，利用 BIM 技术可实现钢筋避让和节点模拟，确定施工工法的可行性，降低施工难度，提高生产和施工效率。另外，3D 节点大样可将三维模型及二维标注结合起来，更加直观地展现复杂节点的做法。

2. 构件施工定位信息

在装配式建筑的 BIM 模型中，主要通过轴号、标高、位置信息来定义结构构件的装配位置信息（图 4-20）。施工时，一般会在施工现场用墨线标注出轴线，通过轴线交点来定位结构构件的平面位置。除了轴网、标高等的定位基准之外，还可以根据测量放样需求添加施工放样点和必要的构件定位特征点，从而形成全面精确的三维数据模型，指导后续的施工定位工作。虽然许多项目都会创建高精度的 BIM 模型，但多数情况下 BIM 模型的使用只局限在内业工作，并没有将模型数据直接用于施工现场，而是从 BIM 模型中导出二维图纸指导施工装配。这种做法不仅丧失了三维模型的可视化优势，而且容易误读、错读或遗漏模型信息，可能造成不可挽回的损失。在理想的 BIM 工作流程中，直接用高精度三维模型进行施工布局的方法可以最大限度地减少模型信息的损失。在建筑模型中添加布局控制点，然后将模型和控制点的坐标数据导入诸如全站仪、多站仪等智能型放样设备中，高精度、自动化地放样建筑构件。对于已施工完成的部分，通过捕捉定位控制点的实际坐标，并与设计模型进行比较，可以评估施工偏差是否满足验收标准。

在 BIM 模型中添加放样控制点，并获取控制点的坐标数据是基于 BIM 的数字化施工布局的基础性工作。以欧特克公司的软件平台为例，利用 APL

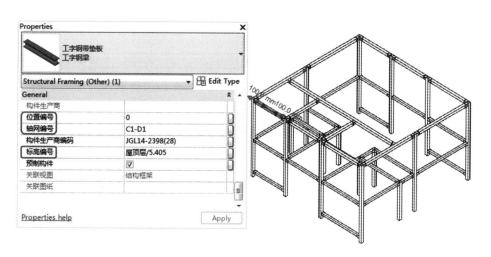

图4-20 BIM模型中结构构件的位置信息

图片来源：东南大学张宏教授工作室

(Autodesk Point Layout) 插件可以在 Revit、Autodesk CAD 和 Navisworks 建立的模型中直接添加布局控制点，并根据这些控制点在施工时对智能型全站仪进行定向，实施自动化和数字化地施工放样。随着 BIM 云平台的发展，项目设计单位和施工单位的协同交流变得越来越顺畅。Autodesk BIM 360 Glue 可以将轻量级版本的施工模型发布至云端服务器中，以便在施工现场能方便准确地获得模型中的放样点坐标信息。施工管理人员可以通过手机或 iPad 等设备同步项目信息，实时下载和查看具有放样控制点的施工模型，并且将这些点的坐标信息导入智能全站仪中，指导构件的定位和安装。构件安装完成后，通过全站仪再获取放样控制点的实际坐标，并同步至 BIM 360 Glue 服务器中，管理人员利用 APL 插件将放样点的实际坐标导入 BIM 模型中分析施工偏差。

3. 构件碰撞检查及优化

虽然 BIM 的参数化特性极大地降低了构件之间冲突的可能性，但在创建建筑模型时并不能完全避免构件碰撞问题。对于装配式建筑来说，由于大部分构件都是在工厂预制完成，如果在施工安装时出现构件冲突，就要将构件返厂修改或重新生产，从而延长了建设周期，提高了建设成本。因此，需要在生产施工之前检查各系统和构件之间的空间关系，使得冲突碰撞问题在设计阶段得以发现并解决，从而避免在施工装配时构件无法安装的问题。

（1）碰撞检查分类

在一些规模较大、结构和系统较复杂的项目中，如果用整个 BIM 模型进行一次性的碰撞检查，将会因碰撞点过多、无规律可循或存在大量无效碰撞点而严重影响分析结果。因此要节约分析效率，提高最终设计模型的精确度，就要对碰撞检查进行分类，分阶段、分类型地检查模型的冲突点。根据设计、生产和施工流程，碰撞检查工作可以按照专业和区域分别开展。专业分类是按照建筑、结构、暖通等不同专业分别检查模型冲突点，区域分类是按照建筑楼层、构件种类（如预制梁、预制柱、预制墙、叠合板等）、构件内零件（如钢筋、预埋件等）等原则逐步检查模型[①]。在实际的应用中，专业碰撞检查与区域碰撞检查不是独立存在的，而是相互交叉的，因此，需要根据项目需求和复杂程度来确定碰撞检查的顺序和范围，力求找出和解决所有的碰撞冲突点。

此外，构件之间的冲突有 3 种形式，分别是硬碰撞、间隙碰撞和重复项：硬碰撞是构件之间发生交叉干涉；间隙碰撞是构件之间的空间不满足安装预留、安全等要求；重复项是指模型中有重复多余的构件。此外，从时间维度分，碰撞检查还有静态和动态之分。硬碰撞、间隙碰撞和重复项检测都属于静态检查。动态碰撞是构件的运动轨迹与其他构件、施工设备、人员等发生交叉。

① 马天磊, 邓思华, 李晨光,等. 装配式结构BIM碰撞检查分析研究[J]. 建材技术与应用, 2017(1): 40-42.

（2）碰撞检查模型细节程度要求

碰撞检查的工作一般在深化设计完成之后、生产施工之前进行，此时 BIM 模型的深度为 LoD 300、LoD 350、LoD 400。这三种深度模型中构件的细节程度不同，构件中的零件、预埋件的完成度也不同，会影响到碰撞检查结果的准确度。例如，在 LoD 300 时，有些构件中的螺丝、螺帽等零件未被表达出来，而这些零件很可能会与其他构件产生冲突，这种情况下采用 LoD 300 的模型进行碰撞检查的结果准确度较低。而在一些项目中，LoD 400 深度的构件模型可能被分成了几个部分，导致一个冲突变成了好几个冲突，所以碰撞检查的精度也不高，同时检测过程也很复杂、耗时较多。因此，需要根据项目的具体情况，选择最合理的深度来检查模型，才能保证碰撞检查的效率。

（3）结构构件碰撞检查实施步骤

对于装配式建筑来说，碰撞检查的实施步骤主要包括模型转化与组装、重叠碰撞检查、专业间的碰撞检查、同专业间的碰撞检查、动态碰撞检查、碰撞点优化分组。碰撞检查不会一蹴而就，需要经过数次的检查、调整、模型修改，直至没有有效碰撞点后，才能够确定模型可以用于生产和施工。

①模型转化与组装。现阶段，施工冲突检测技术大致有两种，一种是使用 BIM 设计软件中的冲突检测功能，另一种是使用专门的冲突检测软件。主流的 BIM 设计工具都具有冲突检测功能，但要在设计软件中将整个项目的各个专业整合在一起进行全面的检查并不是很合理的做法。因为各专业模型间的格式可能有很大的差别，而且模型对象数量太多，碰撞计算量太大。更为理想的做法是在专门的 BIM 冲突检测软件中导入并整合各专业的三维模型，然后逐步检验构件之间的空间关系。目前国内外有多种用于碰撞检查的 BIM 软件，如广联达 BIM 审核软件、鲁班软件、Bentley Projectwise、Solibri Model Checker 和 Autodesk Navisworks 等。以 Autodesk Navisworks 为例，此软件不但可以读取 Revit 导出的 nwc（Navisworks Cache file）格式文件，还可以读取 AutoCAD 生成的 dwg 格式文件、3d Max 生成的 3ds 和 fbx 格式文件，乃至非欧特克公司的产品，如 Bentley Microstation、Dassault Catia、SketchUp 生成的数据文件都可以被 Navisworks 读取并整合为完整的三维模型。这就意味着，即使各专业原始模型的格式不同，只要将其转化为通用标准下的模型格式，都可以被碰撞检查软件识别，并在统一的坐标系中整合为完整的项目模型后开展碰撞检查工作（图 4-21）。

②不同专业间的碰撞检查。按照专业对模型中的图元分类，创建"结构系统""给排水系统""暖通系统""机电系统"等图元集合，两个图元集合为一组，对不同专业模型进行初步的静态碰撞检查，既硬碰撞和间隙碰撞。这

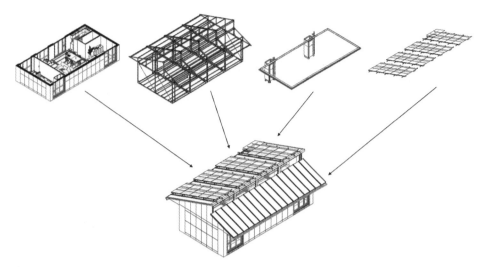

图4-21　各专业BIM模型及组合
图片来源:作者自绘

两种碰撞都需要通过设置"公差"值来实现，公差控制冲突中可忽略的差值。例如，结构系统与暖通系统硬碰撞的公差值为 0.05 m，即仅检测碰撞距离大于 0.05 m 的碰撞。通过间隙碰撞检查还可以检测出构件之间的距离是否符合安装要求，比如管道的净空为 0.25 m，则碰撞公差设置为 0.25 m，即所有管道和相邻的梁、楼板等结构构件之间的距离小于 0.25 m 时均视为碰撞。

③同专业间的碰撞检查。在装配式建筑中，主体结构碰撞检查的是不同类型结构构件之间的空间关系，例如预制柱与预制梁之间、预制外墙墙板与叠合楼板之间的空间关系。因此要对结构构件进行分类，然后将所有同类构件归为一个集合，两个图元集合为一组，对不同类型的构件集合进行初步的静态碰撞检查。此步骤中的静态碰撞检查包括硬碰撞和间隙碰撞，检查原理同上一步骤一样，通过设置"公差"值来实现。若碰撞点较少，则可直接优化分组碰撞点;若碰撞点较多,则按楼层细化分类,并再次检查构件之间的位置，表 4-15 为预制混凝土框架结构构件按照楼层的图元集合分类。检查完结构构件之间的空间关系后，再对每个构件的零件进行分类和碰撞检查（表4-16、图4-22）。

表4-15　装配式框架结构构件碰撞检查集合分类示意

楼层	预制柱	预制梁		预制外墙板		叠合楼板
		边梁	内梁	标准板	盖缝板	
-1	○	○	○	○	○	○
1	●	●	●	●	●	●
标准层	●	●	●	●	●	●
顶层	●	●	●	○	○	○

表格来源:李广辉, 邓思华, 李晨光,等. 装配式建筑结构BIM碰撞检查与优化[J]. 建筑技术, 2016, 47(7):645-647.
注:"●"代表所在楼层有该集合;"○"代表所在楼层无该集合。

表4-17　预制结构构件内零件碰撞检查集合分类示意

零件	预制柱	预制梁		预制外墙板		叠合楼板
		边梁	内梁	标准板	盖缝板	
钢筋	●	●	●	●	●	●
预埋钢板	○	●	○	●	●	○
锚固板	○	●	●	○	○	○
灌浆套筒	●	●	●	○	○	○
直螺纹套筒	○	●	●	○	○	○

表格来源：李广辉, 邓思华, 李晨光,等. 装配式建筑结构BIM碰撞检查与优化[J]. 建筑技术, 2016, 47(7):645-647.

注："●"代表所在楼层有该集合；"○"代表所在楼层无该集合。

 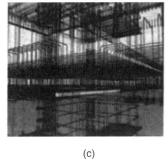 

(a) (b) (c)

图4-22　预制构件零件碰撞检查结果示例
（a.预制梁中钢筋与灌浆套筒之间硬碰撞；b.上下两层外挂墙板之间硬碰撞；c.梁柱节点钢筋间隙碰撞；d.预制梁中钢筋与预埋件之间硬碰撞）
图片来源：李广辉, 邓思华, 李晨光,等.装配式建筑结构BIM碰撞检查与优化[J]. 建筑技术, 2016, 47(7):645-647.

④动态碰撞检查。动态碰撞检查不仅要检测三维模型中所有构件之间的空间关系，还要模拟构件在施工装配时的移动轨迹，从而判断是否会与其他构件或设备发生碰撞。在装配式建筑中，会用塔吊、汽车吊等吊装设备辅助安装大型结构构件。因此，动态碰撞检查的主要任务是模拟结构构件的吊装轨迹，分析可能出现的碰撞点，实现吊装过程的优化。

⑤碰撞点优化分组。在碰撞检查分析结束之后需要按照一定的原则将在施工安装过程中真正影响到施工效率和质量的有效碰撞点从输出结果中分离出来，并做好分组标记，而对实际工程造成的影响在允许范围内的无效碰撞点则不予考虑。对有效碰撞点分组后，将不同类别、不同专业的有效碰撞点反馈给相关负责人，最后修正 BIM 施工模型，并校正构件的定位点。分配修改意见之后，相关专业可以通过交互式修改或是查找构件编码来修改碰撞点并优化模型。图 4-23a 为修改前钢结构连接螺栓与管线桥架布置对比示意，图4-23b 为修改后钢结构连接螺栓与管线桥架布置对比示意。修改前钢结构连接

图4-23　模型修改前后钢结构的连接件与管线桥架布置对比示意（a.修改前；b.修改后）
图片来源：作者自绘

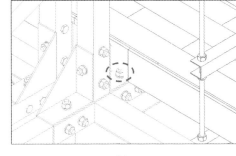 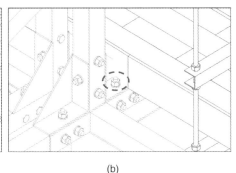

(a) (b)

螺栓与管线桥架之间有碰撞，修改后偏移了管线桥架的位置，避免了与连接螺栓碰撞。

4.2.3　生产阶段

装配式建筑的预制构件生产阶段是连接装配式建筑设计与施工的关键环节。设计人员依据构件碰撞检测结果调整冲突点各要素的位置，进一步完善构件之间的空间关系。深化设计方、构件加工方、施工方根据各自的实际情况互提要求和条件，确定构件加工的范围和深度，有无需要注意的特殊部位和复杂部位，选择加工方式、加工工艺和加工设备，施工方提出现场施工和安装可行性要求。最后利用 BIM 模型直接或辅助输出构件加工信息和施工安装信息。完整和精准地输出信息是 BIM 的一项重要功能，通过 BIM 模型能够生成二维图纸和表格，如构件尺寸图、预埋定位图、材料清单及构件的三维视图等构件生产加工资料。用于生产阶段的数据应满足以下要求：

（1）BIM 模型应包含构件加工所需信息；

（2）加工图应体现预制构件材料、尺寸、内部零件（如钢筋与埋件）类型、数量和定位等信息，达到工厂生产要求；

（3）如果预制构件生产工厂采用数字化生产技术，生产数据格式应存储为能被设备直接识别的格式。

数字化生产技术保证了预制构件尺寸的准确性，是施工装配阶段能够精准定位构件的重要基础。装配式建筑工程从设计出图到工厂制造，需要一套完善的数据传递方式来避免"信息流失"。将计算机数字控制（Computer Numerically Controlled，CNC）设备用于预制构件的生产制造已有相当一段时间，例如，生产钢结构构件时所使用的激光切割和钻孔机；生产钢筋混凝土的加强钢筋时所用的弯曲和切割机。基于传统二维 CAD 技术的生产过程难以保证构件模型和加工信息修改的一致性，但基于 BIM 的预制构件数字化生产可以将包含在 BIM 模型中的构件信息准确地、不遗漏地传递给构件加工单位。加工信息的传递方式可以是直接以 BIM 模型传递，也可以 BIM 模型加上二维加工详图的方式传递。利用 BIM 模型不仅能够完整准确地传递数据，而且信息模型、三维图纸、装配模拟、加工制造、运输、存放、测绘、安装等的全程跟踪手段为数字化建造奠定了坚实的基础。所以，基于 BIM 的数字化生产加工技术是一项能够帮助施工单位实现高质量、高精度、高效率安装完美结合的技术。构件生产阶段的主要工作内容包括构件生产加工前准备、构件生产加工、构件加工的数字化复核。

4.2.3.1　数字化加工准备

预制构件的数字化加工首先要解决以下几个问题：①预制构件几何形状

的数字化表达；②加工过程信息的数字化表达；③加工信息的获取、存储、传递和交换；④加工过程的数字化控制。BIM技术能够很好地解决上述问题，为数字化加工提供详尽的数据信息，基于BIM的深化设计模型是数字化加工开展的基本保证。设计方、加工方和施工方根据各自的实际情况，将要加工的构件分类（表4-17）。另外，在种类众多的BIM软件中，正确选择能够和加工设备接口的软件十分重要。选择BIM软件平台时，首先应考虑加工方是否支持构件的自动化加工或自动化程度如何；其次，还要考虑不同类型加工商所需的BIM软件适用的建筑体系、构件类型（表4-18）。

表4-17　各专业加工构件分类表

专业分类	一般构件	复杂构件
混凝土结构	一般模板和钢筋	复杂形状模板和钢筋
钢结构	加劲板、焊接H形钢板	钢管相贯线，复杂曲线、边界

表格来源：丁烈云. BIM应用·施工[M]. 上海：同济大学出版社，2015：60.

表4-18　构件数字化加工的BIM软件

BIM软件	建筑体系适用性	功能
Tekla Structures	钢结构、预制混凝土、现浇混凝土等	建模、预分析、制造深化
SDS/2 Design Data	钢结构	制造深化
StruCAD	钢结构	制造深化
Revit Structures	钢结构、预制混凝土、现浇混凝土等	建模、预分析
Structureworks	预制混凝土	建模、制造深化
Allplan Precast	钢结构、预制混凝土、现浇混凝土等	建模、钢筋深化
FrameWright Pro	木框架	建模、制造深化
Metal Wood Framer	轻钢结构和木框架	建模、制造深化

表格来源：作者自绘

　　由于BIM深化设计模型中不仅包含了深化设计的信息，还包含了后续施工的许多信息，而这些信息是构件加工时不需要的。此外，构件加工需要更加详细的构件材料、尺寸、内部零件类型和数量等信息。因此，待数字化加工方案确定后，需要将BIM深化设计模型转化为数字化加工模型。首先，在原深化设计模型中增加必要的构件加工信息，同时根据加工设备和工艺、现场施工等各方具体要求修改原模型。其次，通过相应的软件把模型里数字化加工需要的、加工设备能接受的信息分离出来，传送给加工设备，并进行必要的数据转换、机械设计以及归类标准等工作，把BIM深化设计模型转化为预制加工图纸，并与模型配合指导工厂生产加工。

　　构件在被加工时，原材料的厚度和刚度有时会有小的变动，组装也会有累积误差，另外还有切割、挠度等一些比较复杂的因素。因此。在构件生产时应充分考虑到加工的精度和允许的误差值，这会影响到构件最后的尺寸。同时，还应该选择适宜的模型深度，过于简单或过于复杂的加工模型都会对构件加工的质量和效率造成不利影响。此外，由于构件加工往往是跨专业的数据传递，涉及的专业软件和设备比较多，可能会产生不同软件间数据格式不同的问题，从而在数据传递和共享时造成数据丢失，因此，在深化设计模型转化为加工模型时，还应考虑并解决多个应用软件之间的数据兼容性问题。

4.2.3.2 构件加工数字化复核

许多预制构件是由多种材料和零件共同组成，如预制混凝土柱是由混凝土、钢筋、预埋件等构成，因此构件生产可能具有离散性而导致产品细节难以把控。在生产加工过程中由于人为、机械、物料、工艺方法等方面的原因，造成构件存在尺寸偏差、平整度及观感差和预埋螺栓处局部空鼓等问题（图4-24），从而对现场安装定位产生不利影响，因此在加工完成后需要检查复核构件的生产质量。表2-12中列举了预制构件的尺寸偏差及检验方法。从表中可以看出传统方法主要依靠检验人员使用钢尺、卷尺、卡尺等接触式测量装置测量构件的尺寸、矩形度、直线度和平直度（图4-25）。这种检验方式不仅对时间和成本的要求较高，而且对于大型构件往往存在检验数据采集存有误差的问题。数字化复核技术不仅能在加工过程中利用全站仪、3D扫描仪、激光、数字相机等数字化设备实时、全面地检测构件尺寸，形成坐标数据，并将此坐标数据输入到计算机转变为数据模型，在计算机中虚拟预拼装以检验构件是否合格，还能将构件的实际模型与BIM施工模型进行对比，判断其尺寸误差余量能否被接受，是否需要设置相关调整预留段以消除其误差，或重新加工超出误差接受范围之外的构件。构件加工的数字化复核不仅可以采用多种数字化测量设备，还结合了BIM模型，实现模型与加工过程管控的协同，以及实测数据与理论数据之间的交互和反馈。构件加工数字化复核需要注意测量工具的选择和测量结果数据存储以及交付格式的选择。

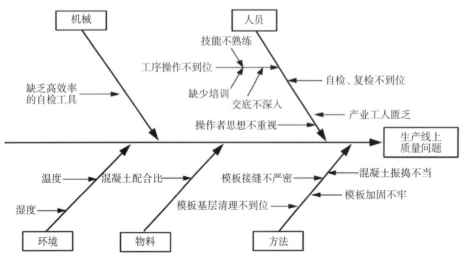

图4-24 混凝土预制构件生产质量问题的成因

图片来源：苏杨月，赵锦锴，徐友全，等. 装配式建筑生产施工质量问题与改进研究[J]. 建筑经济, 2016, 37(11):43-48.

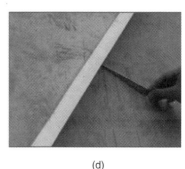

|(a)|(b)|(c)|(d)|

图4-25　预制混凝土构件尺寸检验项目

（a.尺寸；b.矩形度；c.直线度；d.平直度）

图片来源：Kim M K, Sohn H, Chang C C. Automated dimensional quality assessment of precast concrete panels using terrestrial laser scanning[J]. Automation in Construction, 2014, 45: 163–177.

（1）测量工具的选择

构件加工数字化复核要根据成本、工期、复杂性等工程的实际情况选择测量工具。此外，不仅要考虑测量精度，还应该考虑测量速度、数据处理难易程度等多种因素。例如，全站仪是施工中构件精确安装定位和校正的常用方法，通过对比控制点三维坐标的理论值和实际值来检验施工精度。对于单个特别是形状较为复杂的预制构件来说，利用全站仪获取构件点的坐标，可以作为构件尺寸检验或构件拼合的重要依据。相机图像处理技术是用一台或多台相机提取、处理和分析构件的图像特征，为常见的自动检验预制构件表面裂纹和气孔等缺陷的方法。这种检测方法具有非接触、快速和成本较低等优点，但检测结果的准确性受到光照环境的影响很大，而且相机获取的是构件的二维图像信息，还需要专业软件将图像处理成三维点云模型，信息处理过程较为复杂。与数字成像技术相反，激光扫描技术可以直接获取高精度（通常为 50 m 时 2～6 mm 的精度）和高密度点的三维数据，因此，越来越多的学者研究激光扫描技术检测建筑结构尺寸的可行性[1]。一般来说，基于 BIM 和激光扫描技术的预制混凝土构件质量评估流程主要包括 3 个阶段：

①检验准备。在检验预制混凝土构件的尺寸之前，应该确认构件的尺寸信息、设置检验数据、清理构件和设置激光扫描仪的扫描参数。

②扫描和检查。完成准备工作后，就可以使用激光扫描仪采集构件的尺寸数据。获取原始扫描数据后，需要清理数据和提取对象特征来自动测量构件的尺寸。虽然密集的扫描可以获得非常准确的检验模型，但是数据容量较大，加上每个项目的构件数量众多，会产生庞大的检验数据。所以，对于大多数常规的预制构件来说，可以采取提取特征点的方法来减少数据数量和计算成本。

③决策和结果交付。将构件的点云模型导入 BIM 软件中，并与构件的设计模型相比较，从而判断预制构件的实际检验模型和参考设计模型之间的尺

① Akinci B, Boukamp F, Gordon C, et al. A formalism for utilization of sensor systems and integrated project models for active construction quality control[J]. Automation in Construction, 2006, 15(2): 124–138.

寸差是否在检验清单的允许偏差范围内。如果超过了允许值，则需要修理或返工构件。如果偏差值在允许范围内，构件将被批准使用并运送至施工现场准备安装。

（2）数据存储和交付格式的选择

在存储和交付构件检测数据时，应充分考虑数据在整个项目中的流通性，保证数据格式具有互操作性。不同的 BIM 软件会有各自的存储格式，如RVT、CGR、DGN 等，还有很多用于数据交换的常见格式，包括 IFC、FBX、DAE、OBJ、3DS、OSG/OSGB 等。在各种数据格式中，IFC 是一种开放且中立的数据格式，与各种 BIM 程序都兼容。此外，IFC 是交换几何、材料、性能和模型数据的唯一公共标准。因此，IFC 往往会被认为是存储和传递数据最有效的格式。

4.2.4 装配阶段

BIM 理论和技术的应用，有助于提升工程施工进度计划和控制的效率。在装配式建筑的施工现场，BIM 与测绘的结合使得 BIM 技术能够真正进入施工现场，体现了模型到现场和现场到模型的过程，极大地提高了施工的效率和构件定位安装的精度（图 4-30）。

4.2.4.1 施工组织计划及过程模拟

1. 施工进度组织计划基础信息

（1）施工组织计划

施工组织计划是指在空间和时间上对施工中的各项作业排序，计划内容包括施工顺序、采购计划、资源调配、场地限制以及施工过程中的各个方面。以往编制施工组织计划会用到条形图，但在条形图中无法确定施工中的关键

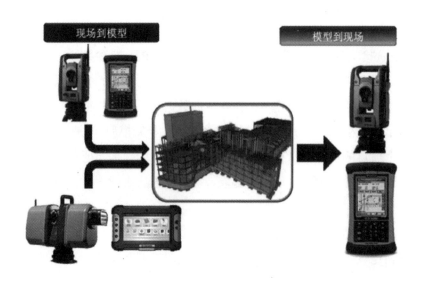

图4-26　BIM与数字测绘技术在施工现场的应用

图片来源：https://www.trimble.com/construction-tools/

工作，更不能计算出施工过程中的关键路线。为了解决此问题，施工管理人员通常会采用关键路线法（Critical Path Method，CPM）软件来创建或更新施工计划，譬如微软 Project 系列。此类软件可以显示各个工作之间的关联逻辑顺序，还可以计算关键路线和时差，以便更好地完善和改进施工计划。但是上述计划方法不会涉及工作活动间的空间几何关系，也不和设计或施工模型直接关联。只有管理人员完全了解项目及其施工过程，才能准确地判断计划是否可行。

与传统的施工组织计划编制方式相比，基于 4D 模型的施工组织计划不但更加直观，便于多方参与者进行可视化交流，同时可以追踪进度计划在时间和空间上的实施情况，及时协调施工资源的配置。4D 施工进度模拟在进度计划文件和 3D 模型之间建立连接，并依据时间信息给定合理的装配次序，使其能在可视化环境中演示出来（图 4-27）。以施工模拟仿真软件 Navisworks 为例，软件中的 TimeLiner 功能不仅支持其他进度软件编制的施工计划，还可以将模型中的对象与进度中的任务连接，创建 4D 进度模拟，并比较计划施工进度和实际进度之间的差异。另外，TimeLiner 还具有冲突检测功能，能够对项目进行动态碰撞检查。由于创建了与进度计划相链接的进度模型，因此在施工过程中可以通过创建实时施工模型并与设计施工模型对比，掌握实际的施工进

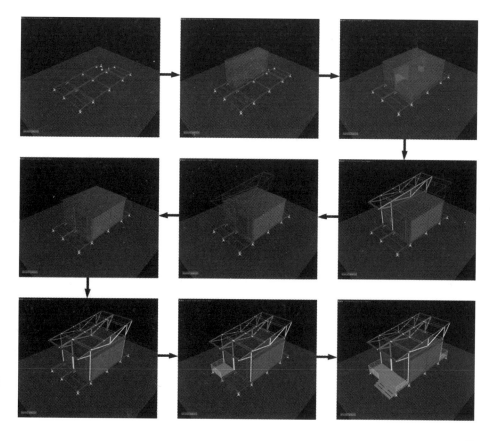

图4-27　基于4D模型的施工进度模拟

图片来源：作者自绘

度。目前已经有研究通过三维激光扫描、摄影测量等技术创建了施工现场的点云模型作为实际的施工模型。

（2）BIM模型要求

基于BIM的工程项目施工组织计划管理涉及的模型图元信息如表4-19所示。为了关联三维模型和进度计划任务项，同时简化工作量，需要将BIM施工模型中的构件分组归集。由于施工模型考虑更多的是与施工工艺、施工工序相关的内容，而在创建设计模型时，设计师对构件的组合一般是基于方便建模的原则。比如，对所有将要批量复制的构件进行组合，然后复制，但这些构件并不是同时施工。为了更加清晰地表达施工过程，施工管理人员需要对所有的构件按照施工进度阶段分组，以便将构件批量和施工进度关联起来。例如，用4D模拟装配式建筑某一楼层的结构体安装过程，可以将此楼层的结构构件根据相应的安装次序区段划分，然后按次序装配集成构件模型。有些构件虽然看似是一个整体，但如果施工工艺要求按照阶段分步骤施工，则应该在模型中把不是一起施工的部分分隔出来。比如，一块钢筋混凝土楼板需要分成4次浇筑，则应该在模型中将整块板按照施工缝的位置分为4个构件，否则无法和施工进度产生正确的关联。

表4-19　基于BIM的施工组织管理4D模型

建筑信息	场地信息	地理、景观、道路真实信息
	建筑构件信息	构件尺寸、物理性能、连接方式等
	定位信息	各构件项目号、楼栋号、位置信息、轴网位置、标高信息等
结构信息	梁、板、柱、墙	模板尺寸、材料信息、分层做法、钢筋布置等
	节点	钢筋型号、连接方式
水暖电管网信息	管道、机房、附件等	管线标高、管径尺寸、坡度等
	设备、仪表等	设备型号、标高、尺寸、定位信息等
进度信息	施工进度计划	任务名称、计划开始时间、计划结束时间、资源需求
	实际施工进度	任务名称、实际开始时间、实际结束时间、实际资源需求
	材料供应进度	构件生产信息、厂商信息、运输进场信息、施工安装日期、安装操作单位等
	进度控制	施工实时模型、照片、视频、图表等多媒体资料
附属信息	技术信息	地理及市政资料，影响施工进度管理的相关政策、法规，各类咨询报告，各类前期规划图纸、专业图纸、工程技术照片等

表格来源：丁烈云. BIM应用·施工[M]. 上海：同济大学出版社，2015：215-216.

2. 施工过程模拟

（1）数字化施工模拟基本流程

根据施工计划建立项目的4D模型，BIM提供的施工模拟和碰撞检测功能可以优化施工场地布置，以检测现场各种设施的空间位置冲突。4D模型是指在3D模型基础上增加了时间因素，将施工过程的每一项工作以可视化的方式模拟出来。通过项目的 4D 施工模型和可视化展示，项目管理人员能够直观地掌握施工过程、分析施工方案的可行性、发现潜在的问题，进而及时调整施工组织计划、优化施工资源的配置，例如现场空间、施工设备和人员配备等，从而在编制和调试方案时更加合理。经过多次施工模拟，不断地调整和修改施工模型和施工计划，最后形成最优的施工模型和计划用来指导实际的项目施工，从而保证项目施工的顺利实施。

目前，4D 模拟模型大多为施工模型，构件模型深度较高（LoD 400），表现了建筑物不同系统构件的细节信息，可直接服务于建筑施工。4D 模型由两个部分组成：基本信息和 4D 信息。基本信息是为了满足 BIM 应用的基本需求，主要包含了构件的几何和物理信息，以及为满足各专业性能和计算分析的模型信息，比如对于结构来说，应包括结构构件的荷载条件、重心、惯性矩、局部轴等几何信息，以及满足结构分析需要的信息。4D 信息主要包括了项目的进度计划、场地布局、施工活动、施工流程等与时间有关的信息。

施工模拟的流程如图 4-28 所示。从流程架构可以看出，施工模拟是一个复杂的过程，包括了创建三维模型、搭建虚拟施工环境、定义建筑构件安装工序、模拟施工进程、施工过程动态碰撞检查以及最优施工方案判定等不同阶段。同时，施工模拟也涉及了建筑、结构、水暖电、安装等不同专业、不同人员之间的信息共享和协同工作。施工过程模拟是否有效，很大程度上取决于能否真实全面地构建施工环境和设施资源，定义施工顺序和对象运动轨迹。

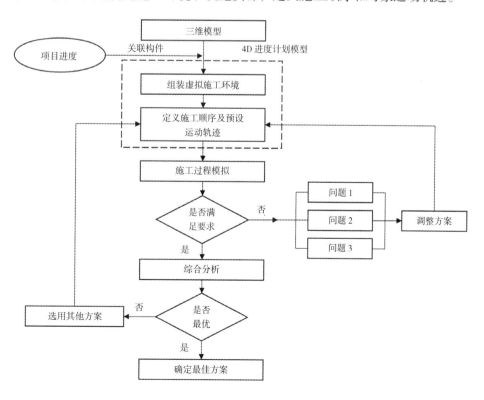

图4-28　施工模拟基本流程
图片来源：作者自绘

（2）4D 施工计划模拟方法

BIM 模型中的参数信息满足了 4D 施工模拟的前置条件，对一些技术措施实现了可视化技术交底，比如预埋件的施工、构件安装顺序、施工定位等问题。为施工现场的三维模型增加了时间元素后，就能够真实地模拟出各设施、构件和施工人员的运动轨迹，确保彼此之间没有位置冲突，消除潜在的安全隐患。4D 施工模拟的方法有两种，一种是基于任务层面，另一种是基于操作层面。基于任务层面的 4D 施工模拟是将三维实体模型和施工进度计划关联起来，按照施工时间表模拟出构件的安装位置。这种方式基于静态碰撞检查，能够快速地模拟构件安装过程,但是由于没有定义构件、施工机械的运动轨迹，基于任务层面的施工模拟很难发现因动态碰撞冲突引发的安全问题。基于操作层面的 4D 施工模拟是对施工工序的详细模拟和重点施工设备以及建筑构件运动轨迹的动态模拟，项目管理人员能够清晰地看到各种资源的交互使用情况，从而提高施工管理的精确度和各施工任务的协调性，适用于动态施工场地布置的评估。

①基于任务层面的 4D 施工模拟。在基于任务层面的 4D 施工模拟过程中能够清晰地看出建筑构件随着时间的推进从无到有的动态显示。例如,图 4-29 为任务层面对预制墙板定位安装过程的模拟，具体工艺流程为：预埋件安装→定位件安装→墙板吊装→固定墙板。当任务未开始时，建筑构件不显示；

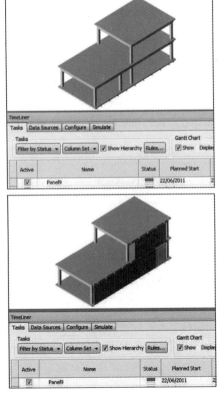
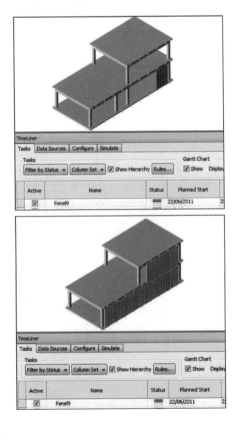

图4-29　基于任务层面的4D施工模拟

图片来源：作者自绘

任务开始但未完成时，显示为具有透明颜色的构件；任务完成后会呈现构件本身的材质。在此过程中，可以清楚地展现预制墙板的安装顺序以及预计每块墙板安装所用的时间，但是无法具体展现墙板吊装过程的操作以及吊装设备的运动轨迹。

②基于操作层面的 4D 施工模拟。操作层面的 4D 施工模拟展现了动态的施工过程，因此模拟结果更加准确真实，模拟过程也更加复杂，常用于重要节点施工方案的检查、选择和优化。在上述对预制墙板定位安装过程的模拟中，起重机的合理使用对于保证施工安全和效率来说非常重要，因此在基于操作层面的 4D 施工计划模拟中要重点模拟起重机的工作状态，包括起吊位置的选择以及吊车的最优行驶路线。

a. 起吊位置定位。起重机的起吊位置是通过计算工作区域决定的，这个区域在起重机的最大工作半径 R_{max} 和最小工作半径 R_{min} 之间（图 4-30），R_{max} 和 R_{min} 值可以通过查询机械起重性能说明表格获得。

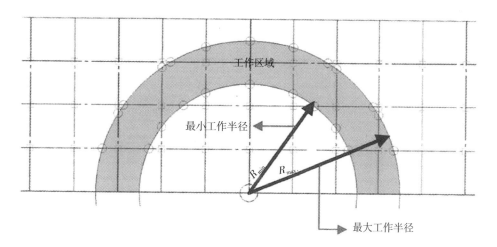

图 4-30　起重机工作半径示意
图片来源：表格来源：丁烈云. BIM 应用·施工 [M]. 上海：同济大学出版社，2015：227

b. 测算起重机的工作路径。因为三维空间内的点都具有（x，y，z）三维坐标点，所以可以计算出两个点之间的最短距离，通过最短路径流程算法就可以得到一台起重机的最优工作路线[①]。由于起重机的吊杆都有特定的工作角度，一般在 40° 和 60° 之间，所以在实际的施工现场还应该考虑吊杆所在三维空间的限制。

根据以上两点分析，基于操作层面的 4D 施工计划模拟一般包括以下步骤：

a. 定义施工工艺和流程；

b. 定义施工所用的工具；

c. 定义出约束条件，包括 3D 空间要求；

d. 通过最短路径流程算法计算出吊装设备的最优工作路线；

e. 在 4D 环境下确定吊装设备每个吊次的开始节点和结束节点；

① 王苏男，宋伟，姜文生. 最短路径算法的比较 [J]. 系统工程与电子技术，1994，16(5)：43-49.

　　f. 在 4D 环境下设定吊装设备每个吊次所用的时间；

　　g. 通过 4D 模拟，比较不同施工方案，并选择最优方案。

4.2.4.2　数字化布局放样

　　施工控制线是建筑施工、构件装配的定位基准，在安装构件前必须认真地布置和复检所有的施工控制线，并在完成关键性施工节点后，校核控制点的实际坐标值。随着 BIM 技术的推广和普及，越来越多的项目将 BIM 技术带入施工现场。虽然在 BIM 模型中包含了精确的构件定位坐标信息，但是在实际的施工中会因为人工操作不当出现测量偏差。智能型测量设备能够尽可能地减少人工干预，因此根据项目要求选择最合理的测量工具可以极大地提高施工布局放样的效率。基于 BIM 的数字化定位放样技术将传统二维的施工图纸扩展至三维空间，通过三维坐标定位构件，提高了建筑施工测量的精度与效率，简化了构件定位放样过程；另外，BIM 技术与网络通信技术的结合使得施工人员可以在施工现场利用通信设备实时查看 BIM 模型，核对定位数据，同时还实现了无纸化操作。

　　数字化施工定位技术是通过整合软件和硬件来实现 BIM 与智能型测量设备的集成应用。以智能型全站仪为例（图 4-31），利用 BIM 云平台技术，施

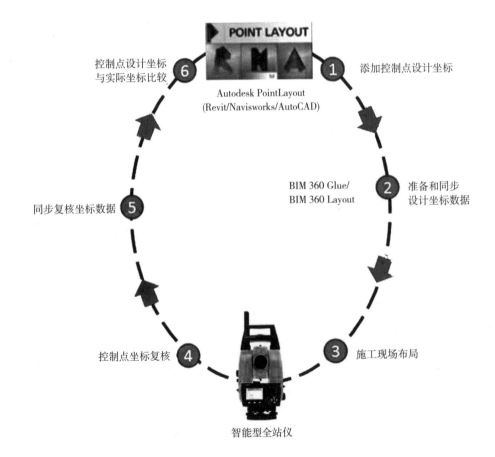

控制点设计坐标
与实际坐标比较　⑥

Autodesk PointLayout
(Revit/Navisworks/AutoCAD)

①　添加控制点设计坐标

BIM 360 Glue/
BIM 360 Layout

②　准备和同步
设计坐标数据

同步复核坐标数据　⑤

③　施工现场布局

控制点坐标复核　④

智能型全站仪

图4-31　数字化施工布局放样流程
图片来源：https://www.autodesk.com/
products/point-layout

工人员通过平板电脑、全站仪手簿等移动终端设备搭载 BIM 模型并将其带入施工现场，与全站仪建立联系信号，将模型中的三维坐标数据同步至全站仪中，从而可以结合施工现场轴线网、控制点和标高控制线等位置信息，快速地将构件安装位置在施工现场标定，实现高精确的施工放样，为施工人员提供更加准确直观的定位依据。与传统放样方法相比，智能型全站仪集成 BIM 模型的放样方法具有明显优势。一般建筑施工要求的精度为 1~2 cm，智能型全站仪的放样精度可以控制在 3 mm 以内，远远高于施工精度的要求。传统放样最少需要两个工作人员操作，利用智能型全站仪一人一天就可以完成几百个点的精确定位。此外，由于智能型全站仪具有自动采集三维坐标值的功能，施工人员可以在构件安装完成后校核定位控制点的坐标值，通过对比实测坐标值与设计坐标值检查施工质量是否符合要求，评估施工偏差对项目的影响，以及判断是否需要采取补救措施。

1. 数字化施工放样

基于 BIM 的智能施工放样流程主要为以下几个步骤：在 BIM 模型中创建放样点位→导入 BIM 模型及创建放样任务→仪器就位与调试→设定测站→自动放样→导出成果。

（1）在 BIM 模型中创建放样点位

以欧特克公司的 BIM 软件和平台为例，设计人员完成项目的 BIM 施工模型和各系统的碰撞检测之后，利用 Autodesk CAD、Revit 或 Navisworks 中的 Point Layout（APL）插件为施工模型或图纸添加布局控制点。在装配式建筑的结构体施工中这些控制点有以下作用：

①将模型和施工现场联系起来，确定全站仪在现场中的方位，匹配现场的坐标与施工模型的坐标。

②通过轴线上的控制点（一般为轴线交点）将轴网放样至施工现场。

③将结构构件轴线上的控制点标注至施工现场，为结构体施工和结构构件的安装提供定位依据。

④在施工完成后，通过匹配结构体和结构构件控制点的实际坐标和设计坐标来及时预警和纠偏，控制构件安装精确度。

⑤在建筑运营维护过程中，通过结构体上的控制点坐标监测结构体沉降或偏移量，保证建筑的使用安全。

（2）导入 BIM 模型及创建任务

创建施工放样任务的主要流程如图 4-32 所示，包括创建施工模型→定义放样控制点→处理放样点坐标数据→在放样管理器中输入施工模型和坐标数据。用于放样的 BIM 施工模型可以以 IFC 格式为中介，转换为放样管理软件支持

的文件格式（如 csv、txt 等）①。施工人员在软件中可以浏览含有坐标信息的
BIM 模型并创建放样任务。如果在 iPad 上使用 BIM 360Layout 作为放样管理器，
则无须转换 BIM 模型的格式，只需在施工现场通过无线网络下载放样模型和
放样点的三维坐标数据即可。

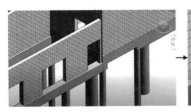 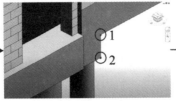 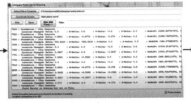 

创建施工模型　　　　　定义放样控制点　　　　处理放样点坐标数据　　导入放样仪器

图4-32　创建施工放样任务的主要流程

图片来源：颜斌，黄道军，文江涛，等.基于BIM的智能施工放样施工技术[J].施工技术, 2016(S2):606-608.

（3）仪器就位与调试

放样模型和控制点坐标数据输入至放样管理器后，前期内业准备工作完
成，施工人员就可以架设智能型全站仪，开始外业准备工作了。仪器就位后，
通过无线网络实现现场控制器（全站仪手簿或 iPad）与智能型全站仪的连接
与通信。将控制点信息、放样点信息及参考模型文件导入全站仪控制器，可以
开启放样操作、浏览需要放样的 BIM 模型并设置如下参数：目标（棱镜）、放
样限差、坐标系、温度、气压等。施工人员从全站仪手簿或 iPad 中的 BIM 360
Layout 应用软件中实时浏览三维模型并检查仪器和目标点的位置。

（4）设定测站与自动放样

全站仪设站主要根据现场控制点来设定测站，一般有后方交会法、根据
已知点设站、沿用上一测站 3 种设站方法。后方交会测量可以在数个已知控
制点上设站，分别测定待定点的方向或距离；也可以在待定点上设站，向数
个已知控制点测定方向或距离，然后计算待定点的坐标。在智能型全站仪中
添加已知点坐标的方式有 3 种：第一种是在坐标列表中选择坐标点；第二种
是在坐标值输入处直接输入已知点的三维坐标；最后一种是从全站仪手簿或
iPad 显示的模型上直接选择和添加已知点。第 1 个已知点坐标添加完毕后，
将棱镜移动到现场的已知点位置，采集该点坐标。用同样的方法添加和采集
第 2 个已知点的坐标，若满足设置的误差，则设站完成。已知点设站的原理
与后方交会设站原理相似，将全站仪放置在已知点位上，输入仪器的高度和
已知点的坐标，然后添加后视点坐标和棱镜高度，并将棱镜放置在后视点位
置采集其坐标，若满足设置的误差，则设站完成。如果测量过程中没有移动
全站仪，可以延续之前的测量。相比于其他两种设站方法，后方交会法可以
确保实测精度在 ±3 mm，同时实现在建筑物内任意控制点通视位置的设站。
在设站时和后续的放样测量过程中，棱镜的实际位置将会显示在移动端 BIM
360 Layout 应用程序的项目模型中，并与其在模型中的虚拟位置保持协同。

① 颜斌，黄道军，文江涛，等.基于BIM的智能施工放样施工技术[J]. 施工技术, 2016(S2): 606-608.

建站完成后可以开始放样，放样模式有棱镜模式和免棱镜模式。棱镜模式是用全站仪测量棱镜，再根据棱镜到实际放样点的空间关系定位放样点；免棱镜模式不需要棱镜辅助，直接对实际点位进行放样。二者相比，前者在精度与测距上更优，而后者更加便捷。在测量中，当放样点坐标与设计坐标有偏差时，要及时记录这一偏差，并分析其对后续工作的影响。

2. 放样质量检测

除了放样工作外，施工人员还可以利用智能型全站仪采集定位控制点的实际三维坐标，将现场实测实量的检查结果导入 BIM 模型，核对设计模型中的相应控制点坐标，计算出实际坐标与设计坐标之间的偏差。计算结果作为施工质量评估的重要组成部分来指导和调整后续的施工。在装配式建筑中，对于预制柱、梁、墙板等结构构件可以用测量构件角点三维坐标的方法检验其安装精度。对于现浇的结构构件，可以通过测量构件边线和重点部位表面一系列点的坐标来评估浇筑的平整度。测量点的数量需要根据构件的长度和场地条件来决定。通过实际施工数据与设计模型资料分析能够保证结构构件的安装水平度、垂直度和施工精度等符合相应的规范标准。与传统检测方法相比，采用 BIM 与智能型全站仪相结合的施工定位检测方法更加方便可靠。另外，通过无线网络实时传输现场检测数据至云端分析施工偏差，同时，施工人员使用移动通信设备通过拍照或视频的方式记录和备注问题部位，并将结果上传至信息管理平台，不仅可以确保检测过程真实可靠，还能够更加及时地纠偏和调整问题部位。以欧特克公司的 BIM 平台和应用程序为例，装配式结构构件施工定位质量检测过程如下：

（1）通过智能型全站仪采集施工现场放样控制点的实际三维坐标；

（2）将测量数据通过网络上传至 BIM 360 Glue 云端；

（3）通过 BIM 360 Glue for Revit 插件与云端接口将实测信息下载到 Revit 中，对比分析设计模型中相应点的坐标值；

（4）在 APL 插件中记录符合验收规范要求的控制点，并将结果上传至 BIM 360 Field 云端；

（5）施工人员通过 BIM 移动端同步分析模型和问题控制点，并现场整改施工问题部位。

4.2.4.3　施工过程监督

优秀的施工管理能够实现项目绩效指标的最优值，如最低的施工成本、最短的施工时间、合格的施工质量和有保障的施工安全。项目管理层必须制订详细的施工计划（包括时间表／进度、施工预算、施工资源等）以保证实现相应的施工目标，并通过监督实际的施工过程，比较实际的施工情况与施工计划之间的差别，检测施工计划的变化，以及评估施工的几何偏差。产生施工进度偏差问题的原因主要有两点：不合理的施工计划和不可预测的施工情况[①]。如果施工偏差来源于施工过程本身，施工经理应及时采取措施补救。如果施工偏差是由不合理的施工计划造成，应及时调整和更新施工计划和历史数据库。有效的施工控制管理需要两种信息：详细的施工计划和按计划开展的实际施工过程信息。前一种信息可以从设计模型中提取最新的设计数据和施工组织安排，后一种信息需要通过自动测量与监测技术及时采集真实的施工现场数据。

依靠人工记录的数据采集方法需要消耗大量的人力和时间来收集和处理数据信息，而且人工数据收集的效率和准确性主要依赖于工作人员的经验。同时，过程复杂烦琐的人工数据采集还会导致信息不及时或者数据误差较大等问题，最终可能造成决策失误、效率低下。近年来，快速发展的自动化技术和信息技术与 BIM 技术相结合，可以跟踪定位项目对象，及时获取、传输、处理和分析施工现场的实时数据，进而实现对施工现场的高效管理。此过程主要包括两个核心工作：首先是对施工现场进行监控，实时记录和动态更新施工数据信息；其次将现场的施工数据转化成 BIM 实际施工模型，与设计施工模型比较，从而控制和分析施工进度和施工精度。

动态监控工程项目的实际进度，掌握更多真实的施工信息并及时更新施工安排，使得进度管理的时效性更强。根据 BIM 设计模型和施工计划开展生产和施工，形成了"设计—施工"正向流程。通过自动化、数字化施工测量与监测技术，获取施工过程数据，并将这些数据与设计数据相比较，形成了"施工—设计"逆向流程（图 4-33）。在建筑施工信息流程的管理过程中，管理人员将正向流程的设计信息（设计信息）与逆向流程的施工过程反馈信息（实际信息）相结合，从而及时评估和修正施工计划，提高施工精度并保证建设项目顺利完成。

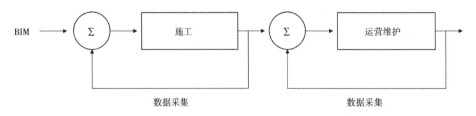

图4-33　施工控制信息流
图片来源：作者自绘

1. 实际施工模型概述

实际施工模型是真实反映实际施工状态的三维信息模型。实际施工模型的详细程度一般与设计施工模型相当，两者之间的区别在于设计施工模型在项目施工前就已经创建完成，用于指导构件的生产和安装，而实际施工模型

① Navon R, Sacks R. Assessing research issues in automated project performance control (APPC)[J]. Automation in Construction, 2007, 16(4): 474–484.

与施工进展保持同步，模型信息随着施工的深入而逐渐更新和完善，最终形成竣工模型。理论上说，实际施工模型包含了所有的施工过程信息，可以用于项目实施情况的动态监控。通过及时创建和更新实际施工模型，项目管理人员能够准确而全面地掌握实际施工状态（图 4-34）。

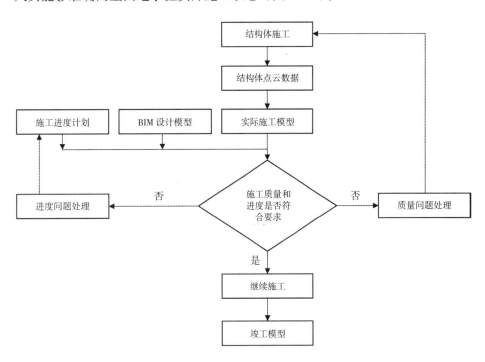

图4-34　施工过程监控工作流程
图片来源：作者自绘

创建实际施工模型的前提是要及时、准确、完整地采集施工现场信息，再通过合理的方式进行处理，进而转化为反映施工状态和施工进度的三维信息模型。其中，数据采集和数据处理是关键环节。近年来，得益于自动化和信息技术的发展，越来越多的数据采集技术应用于工程建设领域，如条形码和 RFID 技术、GPS、三维激光扫描、全站仪和现代数字摄影等信息采集技术。每种技术都有各自的优点和局限性，因此在许多情况下会将多项技术结合使用。例如，结合三维激光扫描和摄影测量技术，可以有效提高数据收集的速度和准确性；将智能识别技术运用在点云模型中，能够增强模型中构件身份的可识别性；现在市场上已经有带有卫星定位功能的智能识别设备，可以及时获取智能标签的位置信息。实时施工 BIM 模型的构建和更新需要通过施工现场已建成构筑物的点云模型来转化。目前，通过激光扫描技术和摄影测量技术都可以创建施工现场的点云模型，此模型除了具有几何位置信息之外，还包括构件的 RGB 颜色信息（红、绿、蓝）。相比于 BIM 模型，点云模型不包括构件的属性信息，如构件之间的物理关系和功能属性，因此无法自动定义构件类型和识别构件身份，需要借助专业的软件工具将点云模型中的构件识别出来，并用对应的实体图元替换，最终形成实体模型。

2. 获取与处理点云数据

（1）采集点云数据

基于人工的施工过程监测方法通常是施工人员采用测量、记录、统计、对比等技术手段采集、记录和统计分析施工现场信息。这其中包含大量实测实量要求，通常采用全站仪、水准仪、经纬仪、钢尺等专业仪器来测量构件安装的空间信息，生成的记录则作为判定工程质量或是否进入到下一步工序的依据。采集点云数据来监测施工过程的方式优化了现场人员的工作方式，因为精简了现场的数据采集工作，大幅减少了费力和高危险部位的测量工作，而且计算空间信息和对比偏差等后期处理工作可在内业进行。三维激光扫描技术和摄影测量技术是获取施工现场点云数据的主要方法，这两种方法因为技术原理不同，适用于施工现场不同位置的数据采集。

①三维激光扫描技术。根据扫描空间位置和系统运行平台的不同，三维激光扫描系统可以分为机载激光扫描系统、地面激光扫描系统和便携式激光扫描系统。其中，地面激光扫描在建筑单体的测量中最为常用。除了本身的硬件和软件设备外，三维激光扫描系统还可以结合 RTK、全站仪等测量技术，为后续获取控制点坐标和拼接数据提供支持。由于不受光线和目标物体材质的影响，三维激光扫描系统适用于建筑室内外的数据采集工作，特别是对室内重点部位的扫描。例如在结构工程中，通过扫描实测柱、梁、楼板等关键的验收部位，检查其安装精度。

地面激光扫描的工作流程包括设站与布置靶点、设置参数、扫描 3 部分[①]。扫描时，应注意以下几点：

a. 为了将各测站获取的点云数据统一到同一坐标系，在选定测站后，需要根据测区控制网测定测站点的坐标。

b. 由于扫描距离越远扫描时间就越长，因此应从扫描仪视野范围中圈选出被扫描的建筑构件或区域以减少噪点和工作时间。

c. 设置点云的密度时，应充分考虑目标对象的复杂程度和实际需求，对于细节较多的建筑一般采用 1 cm 激光点位间隔扫描，对于混凝土柱、梁、墙体等平滑构件可设置 2 cm 及以上的间隔。

d. 外业扫描包括粗扫和精扫：粗扫是在控制网中对各个站点依次扫描，扫描精度可设为 10 mm；精扫是对重点部位的特征点进行精确扫描，扫描精度可调整为 1 mm。

②摄影测量技术。近年来，施工现场上摄像机网络的应用受到越来越多的关注，应用方式包括跟踪施工进度、监控施工安全、获取施工信息等。相比于三维激光扫描仪，摄影测量不仅成本较低，采集数据的过程更加方便快捷，

① 杨林, 盛业华, 王波. 利用三维激光扫描技术进行建筑物室内外一体建模方法研究[J]. 测绘通报, 2014(7): 27-30.

而且通过专业软件得到的点云模型精度也可以与三维激光扫描仪得到的点云模型精度相媲美[①]。消费级无人机的快速发展也使得收集施工现场图像、视频和点云数据的过程更加高效，还弥补了三维激光扫描难以获取屋顶数据的不足。通过专业软件，可以提前规划无人机的飞行线路，实现无人机的自动飞行和自动拍照。但是，由于摄影测量技术基于光学成像，因此光线过强或过弱都会对数据采集造成不利影响。另外，如果构件为透明（玻璃）材质或反射强度高（大理石、白色光滑的材质等）的材质，也不适合采用摄影测量技术。

（2）预处理点云数据

无论是采用三维激光扫描技术还是摄影测量技术，在施工现场采集到的原始点云数据都不能直接用来创建实时施工模型。这是由于原始点云数据中存在着各种噪点（Noise Points），会影响实际施工模型的真实形状。同时每一个测站数据都只有局部坐标，无法拼合成完整的点云模型。因此，需要对原始的点云数据进行去除噪点、压缩数据、数据配准等一系列处理。

①去除噪点。造成点云数据噪点的原因主要有两种：一是外界环境对目标物体的遮挡，如施工设备、车辆、施工人员的遮挡，或是一些明显远离点云中心的散乱数据点；二是扫描设备内部带来的随机噪点，或是目标实体本身的反射特性不均匀产生的噪点。明显异常点或是散乱点通常较为容易辨认，可以通过人工方式手动删除，而混杂在正确点云中的噪点则需要选择合理的过滤算法来自动完成。

②压缩数据。每一次空间数据采集过程都会获取海量的点云数据，数据过大将造成运算效率低下。因此，可以运用特定的算法和专业的点云处理软件，在保证失真较小的基础上既最大限度地压缩点云数据，又尽可能地保留原始点云的特征。

③数据配准。采用三维激光扫描系统获取建筑物表面特征的密集点云时，复杂的施工现场环境容易产生遮挡，导致点云数据不完整。因此，往往需要通过多设测站、后期拼合的方式，获得完整的三维模型。

拼合不同站点测得的点云模型时，可以根据特征点或最近点迭代：前者可以人为预先布置靶点，或者直接采用建筑物的自然特征点（如窗洞角点等），拼合时需从两个点云模型中拾取至少三对特征点，特征点应在三维空间中均匀分布；后者搜索并计算两个点云模型相邻最近点的间距，转换至统一坐标系中，经过迭代计算得到一组能使两组局部点云匹配的最佳转换参数[②]。由于迭代法计算量大，当遇到大场景或点云数量大时，配准的精度和速度会大大降低。总体上，两种方法通常综合使用，即首先采用特征点匹配的方法粗略拼合，然后再用最近点迭代的方法自动优化。

① 张莹莹, 孙政. 西藏建筑遗产测绘中的技术适用性[J]. 华中建筑, 2018, 36(1): 52-56.
② 丁延辉. 地面三维激光扫描数据配准研究[J].测绘通报, 2009 (2): 57–59.

根据项目的实际情况，基于特征点的配准方法可采用两种坐标转换方式。第一种方式是用 RTK 获取控制点的大地坐标，然后将每次测站的点云数据转换到大地坐标系中。这种方法的优点是避免了误差累计，但依赖 RTK 的测量精度，有可能导致局部拼合不准确，总体上适用于设站较多的情况。第二种方式是以某一站的局部坐标为基准，将邻近站点的数据与其拼合（根据靶点或自然特征点），以此类推。这种方法的优点是局部精度很高，缺点是误差累计可能较大，适用于设站较少的情况。

（3）点云数据与 BIM 模型的配准

利用数据采集技术从施工现场获取的点云数据不仅包括建筑物中已安装的构件的三维信息，还包括施工机械、未安装的构件等其他物体的三维信息。为了准确地评估结构构件重点部位的施工偏差和分析施工进度，施工管理人员首先需要从施工现场获取的点云模型中提取出结构构件，再将其坐标系与 BIM 设计模型的坐标系配准（图 4-35）。

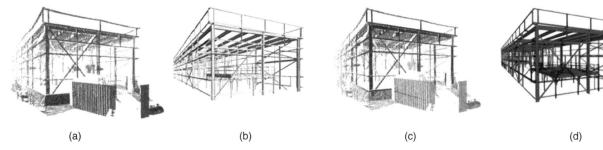

(a)　　　　　　　(b)　　　　　　　(c)　　　　　　　(d)

①提取结构构件。目前，在点云模型中识别构件类型的方法是通过分析／提取目标构件特征点的几何属性、形状属性、结构属性或者多种属性的组合等特征与已知构件进行对比、学习，从而完成构件的识别与分类。根据特征属性的不同，识别点云模型的方法可以分为四类：基于局部特征的物体识别方法、基于全局特征的物体识别方法、基于图匹配的物体识别方法和基于机器学习（Machine Learning, ML）的物体识别方法[①]。基于局部或着全局特征的识别方法是通过提取物体的关键点、边缘或者面等局部特征并与已知物体比对来完成识别。基于图匹配的识别方法通常将点云数据分解成基本形状，用抽象的点来代表这些形状，并用拓扑图表示形状之间的关系，再利用图表示点云物体，从而完成识别任务。基于机器学习的识别方法是通过提取并学习样本的特征，利用支持向量机（Support Vector Machine, SVM）、马尔科夫随机场（Markov Random Field）、随机森林（Random Forest）等分类器模型（Classifier Interaction Model, CIM）完成对物体的分类和识别。

对于结构构件来说，通过材质特征来区分和提取点云数据可以有效地提高工作效率。由于点云数据中不仅包含了位置信息（x、y、z 坐标），还

图4-35 点云数据与BIM模型的配准
（a. 施工现场点云模型；b.BIM设计模型；c.在点云模型中提取结构构件；d.点云模型与BIM设计模型配准）

图片来源：Bosch é F. Automated recognition of 3D CAD model objects in laser scans and calculation of as-built dimensions for dimensional compliance control in construction[J]. Advanced Engineering Informatics, 2010, 24(1): 107-118.

① 郝雯, 王映辉, 宁小娟, 等. 面向点云的三维物体识别方法综述[J]. 计算机科学, 2017, 44(9): 11-16.

① Sun Z. A Semantic-based framework for digital survey of architectural heritage[D]. Bologna:University of Bologna, 2014.

可以通过数码相机捕获结构构件的 RGB 颜色信息。通过机器学习算法，将颜色信息中的 RGB 颜色空间转换成 HSI（色调、饱和度、强度）的非 RGB 颜色空间，并与支持向量机相结合，构造出具体的颜色模型。将此颜色模型与施工现场的整体点云数据对应，进而提取出结构构件。

②配准点云数据和 BIM 设计模型。配准点云数据与 BIM 模型的方法有人工配准和自动配准两种。人工配准的方法是将点云模型导入至 BIM 软件中或是将 BIM 模型导入点云处理软件中，手动识别数据中目标对象的特征点，如墙角、柱与梁的交点，并将两种模型中的特征点一一对应①。这种方法重复性强且工作量大，比较适合规模较小的项目。需要注意的是，BIM 模型导入点云处理软件时会丧失几何属性之外的其他属性，但是对后续的施工几何偏差分析没有影响。自动配准点云模型和 BIM 模型的方法是将点云数据链接到 BIM 软件中，然后通过中心到中心、原点到原点或共享坐标、原点等方式定位点云模型。

3. 施工过程分析

在施工阶段，点云数据可以有效地记录工程现场复杂的情况，与 BIM 设计模型相结合为检测施工质量、控制施工进度和创建竣工模型等工作带来了极大的帮助。

（1）施工质量检测

装配式建筑施工偏差问题主要体现在构件拼接接缝处理超出规范要求，如叠合墙板之间的接缝上下不通顺，叠合楼板现浇部分标高误差等。施工产生偏差有多方面的原因（图 4-36），主要有：

①人员方面。工人的预制构件安装经验不足，操作技能有待提高；

②机械方面。吊装构件时构件晃动，不易控制安装精度，且缺乏精度控制工具；

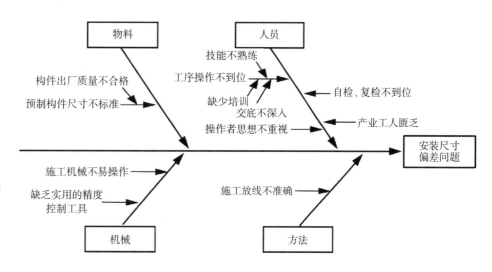

图4-36　施工产生偏差问题的原因

图片来源：苏杨月, 赵锦锴, 徐友全,等. 装配式建筑生产施工质量问题与改进研究[J]. 建筑经济, 2016, 37(11):43-48.

③物料方面。构件本身质量问题导致安装误差累加，包括构件尺寸误差的累加、构件平整度误差的累加、构件预埋件位置误差的累加；

④工艺方法方面。施工放线不准确，导致安装偏差。

常规的施工质量检测主要是采用直尺、量角器、锤球等工具直接量取建筑构件的尺寸并记录相应的文字信息。随着数字技术的发展，智能型全站仪结合 BIM 技术可以实现对构件安装控制点坐标的自动复核。但上述方法都无法满足完整记录构件或建筑物信息的要求，也就无法有效检测项目的整体质量。而通过三维激光扫描技术或是摄影测量技术可以获取施工现场的整体点云数据，极大地弥补了上述缺陷。利用点云模型可以评估结构工程的外观质量（平整度）和施工几何偏差，二者都可以通过点云模型与 BIM 设计模型的比较得到建设工程施工质量监控的数据。例如，在 CloudCompare 等专业处理点云模型的软件中，将配准的结构工程的点云模型与 BIM 设计模型进行偏差比较，比较结果可以通过表格和红蓝图直观表现出来，为之后的纠偏和施工提供了真实可靠的参考。在整体检测的基础上，对于复杂的重点结构部位的安装精度，还可以利用点云数据的坐标值来进一步确定。例如，可以将柱子的实际垂直度与其设计值相比较，并将两者的偏差值与规范中允许的垂直度偏差范围相比较。此外，还可以比较实际柱距与设计柱距之间的差异。

（2）施工进度控制

对于规模较小且施工过程简单的项目，通过人工核对、照片或视频记录的方法即可监测和控制施工的进度。但是对于规模大且施工过程复杂的项目，人工监测的方法不仅耗时耗力，而且难以实现对施工过程的全面把控。三维点云数据记录了现场施工的真实状态，对比 4D 施工进度计划，能够直观地看出施工进度是否符合预期安排，从而及时做出调整。另外，现场施工人员完成构件安装后，通过移动设备扫描构件标签上传构件状态信息。施工管理人员根据构件 ID，可以在 BIM 软件中快速统计出构件的状态数据，并利用不同的颜色在模型中区分出来，最终，这些信息都汇总至装配式建筑信息管理平台来统一管理和查询。

（3）竣工模型创建

竣工时，监理单位可以直接根据项目的点云模型抽样考核验收，施工单位以点云文件为基础来创建竣工模型，从而在建筑运营维护阶段帮助管理单位更好地对建筑构件、设备进行维护、检修和更换。每个模型的修改部分应有明确变更的点云依据，并有相应的存档文件。同时，通过扫描构件标签，将构件的状态更改为"安装完成"，并将其竣工信息上传至 BIM 数据库和装配式建筑信息管理平台中，与竣工模型结合起来，供建筑运营维护时使用。

① Construction Industry Institute (CII), Craft Productivity Phase I, Research Summary[R]. Austin, TX: The University of Texas, 2009.

将点云模型转化为 BIM 实体模型作为项目的竣工模型是一个非常复杂的过程，目前还没有直接转换的方法。常用的方法是将点云模型导入至 BIM 软件中，以点云模型为参照，人工创建竣工模型。在此过程中，点云数据只起到位置参考的作用。虽然该方法如实再现了构件之间的位置关系，但没有精确再现构件的真实形状，与现状相去甚远，后续的分析、模拟等工作的精确性都因此降低。而如果将点云模型转化为 NURBS 或 Mesh 等中间形式的模型再转化为 BIM 模型，虽然可以较大程度地保证目标构件的几何信息，但此过程较为复杂，极大地增加了工作量。

4.3　物流层面的结构构件追踪定位流程

装配式建筑工厂生产、异地安装的特点提高了施工效率，但也加大了构件追踪和管理的难度。一些研究项目表明，采用有效的构件追踪系统的项目收益和成本的比值为 5.7/1.0，其中包括可以提高 8% 的生产力，降低 50% 的现场搜索和识别构件的时间①。图 4-37 显示的是从工厂生产到施工现场交付的过程中构件追踪的一般流程。由于此过程是采用人工的方法进行多次识别、定位、运输、交付以及存储构件的迭代循环，因此可能会出现以下问题：

图4-37　构件从工厂生产到施工现场交付期间识别追踪的一般流程图
图片来源：作者自绘

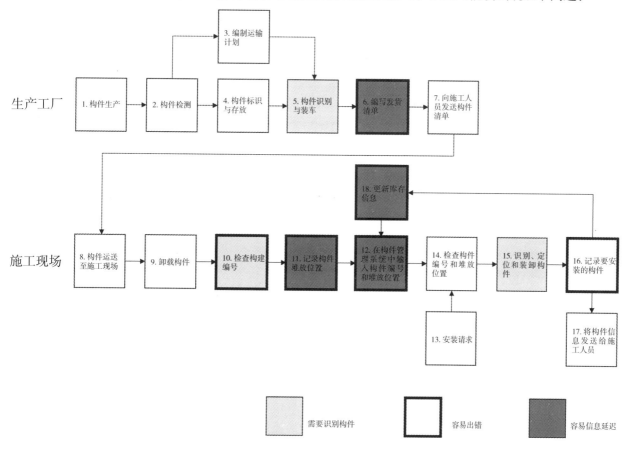

（1）识别和寻找构件耗时过多容易出错

在步骤5、10和15中存在难以辨认相似构件的问题。在面积较大、构件堆放混乱或构件叠放的堆放场地中，这种问题更加突出。

（2）记录和传递数据容易出错

在步骤10中，对构件的验收既耗时，又容易出错。在步骤6、16和18中，通过人工方式编写构件验收清单，并将清单发送给下一个任务方，这种方式很容易出错，且效率很低。

（3）发货、收货和库存延误

记录和传递的信息出错会导致发货、收货和库存延误。在步骤10中，管理者无法及时获取构件接收的准确信息，只有在包含有构件存储位置的收货清单（步骤11）被输入到构件管理系统（步骤12）后才能知道当前构件的存储情况。由于错误或延误的供给信息，可能会出现无法及时找到急需构件和构件被错放的情况，从而对施工进度造成不利影响。

目前，建筑领域逐渐开始尝试通过现代物联网技术提高构件工厂到现场交付的工作效率。物联网指的是将各种信息传感设备，如自动识别、红外感应、GPS、激光扫描等技术，与互联网结合起来的网络系统，即把信息空间与物理空间相融合，实现物与物、物与人、人与环境之间信息的高效交互。在装配式建筑的全生命周期中，物联网技术的应用主要表现在以构件为基本管理单元，通过信息采集技术和信息管理平台，实时地、自动地对构件进行识别、追踪、监控。相比于建造层面的构件定位，物联层面的构件追踪精度要求较低，但追踪的空间范围更广，覆盖了构件生产工厂和施工现场，以及两者之间的运输交通网络。在装配式建筑的信息管理系统中，BIM与物联网技术分属两个系统——施工控制和构件监管。将BIM和物联网技术相结合，能够在装配式建筑的全生命周期中更好地管理构件的空间信息。

4.3.1　构件生产与运输

4.3.1.1　构件生产

在构件生产阶段，BIM模型提供了项目完整的预制构件生产清单，清单中包含了构件制作加工所需的所有参数，包括构件名称、构件编码、构件类别、尺寸信息、材质、生产编号、生产厂商和位置信息。这些信息不但会以清单的形式发送给生产厂家，还需要有技术支持工作人员在装配式建筑信息管理平台以项目为单位实时查询，以便生产供应方、配送单位、吊装单位和安装施工单位之间更好地沟通协调。目前，越来越多的生产厂家将自动识别标签（RFID或二维码）或其他自动识别技术运用于建筑构件的生产，期望在生产制造过

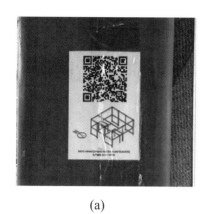

(a)

RFID 标签

(b)

(c)

图4-38　预制构件识别和追踪系统

（a.二维码标签；b.RFID标签；c.装配式建筑信息管理平台移动端用户界面）
图片来源：a、c.东南大学张宏教授工作室；b.https://www.icom.uni-hannover.de

程中实现构件和材料信息的实时追踪和可视化，从而将最新的车间信息及时反馈给企业资源计划和制造执行系统来更好地规划、调度和控制生产。在预制构件生产时，在同一类构件的同一固定位置置入智能识别标签，方便在物流运输、施工安装和运维阶段中识别和获取构件信息。二维码和 RFID 作为一种现代信息技术与 BIM 技术相结合，可以随时跟踪构件的制作、运输和安装情况，也能为建筑的运营维护做好准备。

在生产阶段，每个建筑构件都可以贴上一个二维码或埋入 RFID 标签作为构件的"身份证"（图 4-38a，图 4-38b），标签含有构件的几何信息、材料种类、质量检验、安装位置、所处状态等信息。工作人员用手持设备扫描构件二维码或标签，可以立即与装配式建筑信息管理平台建立通信联系，对构件信息进行上传、更改或查询等操作（图 4-38c）。由于 BIM 数据库中包含了建筑构件所有的详细设计信息，生产厂家能够通过智能识别技术将建筑构件转化为智能建筑构件，并通过定义好的位置属性和进度属性与模型相匹配，以便将构件生产信息和 BIM 数据库对接。

为模型中的构件赋予标签码的方法有很多，例如可以直接在 BIM 软件中通过添加参数的方式将条形码数字与构件 ID 一一对应，或通过专业的标签生成器为每个构件生成唯一的标签码。在生产阶段，为构件添加二维码或 RIFD 标签时应注意以下几点：

（1）使用环境

不同的标签有各自适宜的使用环境，例如许多类型的 RFID 标签抗金属干扰的能力较差，因此在钢结构或多金属的环境中尽量少使用 RFID 标签或选择经过特殊处理的 RFID 标签；而纸质的二维码标签抗污能力较差，并且很容易被撕毁或刮花，因此在使用时应注意保护。

（2）标签种类

RFID 标签有低频、高频和超高频三种形式，在选择标签类型时应根据其读取距离、抗干扰性、成本等多种参数综合考虑。例如，相比于其他两种标签，低频标签的读测距离过短，所以高频和超高频较适合对构件进行远距离的识别。从一系列针对钢筋混凝土构件的实验中可以看出，高频标签的水泥穿透性优于超高频标签，因此可以比超高频标签的埋入深度更深；而高频标签比超高频标签更容易受到金属的干扰，因此在钢筋笼的环境中超高频标签的读取效果更好。综合来看，超高频的RFID标签的性能更适合钢筋混凝土预制构件。在埋入时，应将标签尽量贴近构件的表面，保证能够顺利读取构件信息。

（3）标签位置

标签的放置位置也需要特别注意，不能随意安放。例如，二维码被遮挡后就无法进行扫描，另外标签过高也不利用工作人员扫描。因此，最好制定统一的指导原则来规定标签的放置高度和与构件边缘的距离，以方便用户找到标签时不会因为遮挡或过高而无法扫描读取数据。

构件制作完成并通过质量检验后，会通过扫描标签将构件信息及时传递到以BIM模型为核心的装配式建筑信息管理平台中。然后，根据信息管理平台中构件堆场的位置、项目位置和构件装配流程等信息安排待运送的构件、发货时间和收货地点，保证运输顺序与施工现场的装配顺序吻合。此外，通过自动识别技术反馈的构件状态信息可以判断构件是否能够按时进入施工现场、是否需要更改运输计划，避免因误工或构件堆积而影响下一阶段的工作。

4.3.1.2 构件运输

物流运输对地理空间具有较大的依赖性，其中交通网络分析、资源优化配置等工作都需要地理空间信息的支持。GIS是处理地理空间数据的最佳技术手段，将GIS引入构件运输管理系统将极大地方便最佳运输路线的选择和路网信息的更新与处理。用户可以通过GIS平台添加和更新各种路网信息，如道路长度、道路类型和时速限制等，同时也可以将各个构件生产厂家的位置信息和构件堆场或施工现场位置信息，以及所有在运输中涉及的空间信息在GIS平台中直观地表现出来，方便项目管理人员实时掌握构件运输的状态。一般来说，GIS在构件运输环节主要用于规划供应节点模型和创建车辆运输路线模型两个方面。

（1）供应节点模型

在装配式建筑供应链的物流运输系统中，构件生产厂家、仓库、构件堆场、施工现场和运输路线共同组成了物流网络，构件生产厂家、仓库、构件堆场、施工现场处于网络的节点上。供应节点决定线路，如何根据项目的实际需要并遵循经济效益的原则，在既定区域内设定多少个存储仓库，每个生产厂家、仓库、构件堆场的地理位置、运输关系等都可以运用此模型进行合理规划。

（2）车辆运输路线模型

用于降低运输成本，包括使用多少车辆、选择最短或最佳运输路线的问题。在规划构件最佳运输路线时，存在多种可供选择的运输路线（特别是一对多现场时），应该以构件运输的安全性、及时性和低费用为目标来选择最合理的运输方式和运输路线。

近年来，GIS 与 RFID、GPS 等数据采集技术和网络通信技术有了很好的结合，更加轻量化和智能化的应用软件可以很方便地安装在移动通信设备上。司机利用移动通信设备中的 GIS 软件能够获取最佳行驶路线，并将车辆实际位置、速度、运行方向等信息上传至 GIS 信息平台，帮助相关人员对构件运输工作进行全局把控。图 4-39 为构件运输阶段的工作流程。

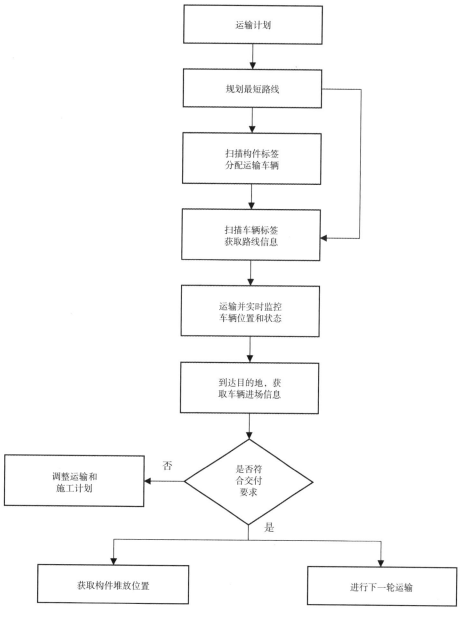

图4-39　运输阶段工作流程图
图片来源：作者自绘

1. 运输路径优化

在运输构件之前，需要根据构件运输计划和道路网络模型优化决策运输路径。构件运输计划主要包括构件编号、数量、车辆编号、计划运送和接收时间、构件供应点和接收点的位置等信息。道路网络模型包括道路的空间数据和属性数据，空间数据是供应链各节点和节点之间道路的空间信息，如节点三维坐标、道路长度，属性数据是各节点的名称、道路等级、道路行驶速度、车流量、单／双向行驶等信息。获取道路数据的方式有两种：当构件供应点和接收点数量少、距离短、道路网络简单时，工作人员可以实地考察和记录道路的实际情况；当构件供应点和接收点数量多、距离远、道路网络复杂时，工作人员可以从地理信息数据库中获取道路的矢量数据。常用的地理信息数据库有"全国地理信息资源目录服务系统""天地图""OpenStreetMap"等。获取道路数据并构建出完整真实的道路网格模型后，对道路矢量数据进行处理、计算和分析，根据目标点间的距离、通行时间、行驶成本等信息，最终生成构件的最佳运输路径。

（1）构建道路网络模型

在 GIS 理论中，常将空间事物抽象成点、线、面等几何要素，点、线建立拓扑关系可以组成网络。网络在几何上由边连成，边的断点、交点是网络的节点。网络可分为几何网络和网络数据集。几何网络适合公用设施与河流网络等只有单向行进要求的网络。网络数据集中的线条数据元素具有双向行进的特性，特别适用于交通网建模。在物流运输系统中，网络数据集是用于实现资源运输和信息交流的一系列相互连接的线性特征组合，创建完整、准确的道路网络模型是计算和规划最优运输路线的基础。

道路网络模型是几何网络矢量数据模型，其基本要素包括五类要素：节点要素、路段要素、转向要素、交通要素和起讫点（Origin Destination，OD）要素[1]。其中点要素（节点）和线要素（弧段）最为重要，道路网络可以被抽象为"弧段集"和"节点集"的并集（图 4-40）。弧段为道路网络模型中的线要素，是构成网络的骨架，每一条弧段代表一段道路。节点为道路网络中的点要素，是弧段的端点，可以表示道路的起点、终点、交叉点。在图 4-40a 中，两个节点是无序的，而在道路网络中，往往需要为每条弧段分配一个方向，其两端的节点变为有序点，从而模拟单行道路（图 4-40b）。节点和弧段都具有拓扑、空间、属性等多重数据（表 4-20）：拓扑数据描述了道路之间的邻接、关联等关系；空间数据确定了道路的地理位置，表达了道路实体的几何定位特征；除了上述两种数据外，其他的均为属性数据，如路段编号、等级、交通量等[2]。一般来说，道路网络的属性特征可以独立于拓扑数据、空间数据而变化，例如

[1] 李坤. 基于GIS的同城运输路线最优化研究[D]. 北京:对外经济贸易大学, 2007.
[2] 蔡先华, 王炜, 戚浩平. 基于GIS的道路几何网络数据模型及其应用[J]. 测绘通报, 2005(12):24-27.

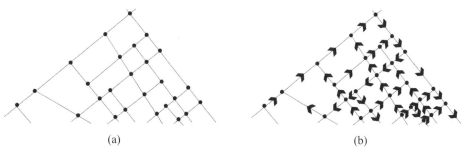

图4-40　道路网络中的"节点–弧段"数据结构

（a.无序数据；b.有序数据）

图片来源：作者自绘

(a)　　　　　　　　　　　　(b)

道路位置不变，道路等级提高或降低了。由于道路网络的各类数据以不同的形式存储，而在最优路径计算过程中需要对其进行综合分析，因此，要将这些属性信息转化为数字格式，即路权。路权的获取和更新会直接影响最优路径的计算结果。

表4-20　节点和弧段的数据内容

数据	节点	弧段
拓扑数据	标识码（ID） 类型（平面交叉口、互通式立交、环岛、快速路出入口、掉头转弯专用口、道路属性控制点等） 相邻弧段数 相邻弧段	标识码（ID） 起始节点 终止节点
空间数据	坐标	空间位置 路段宽度 路段长度
属性数据	交叉口名称 交叉口信号周期 机动车通行能力 货车交通量 机动车交通负荷	路段名称 道路等级 平均车速 特殊限制（车型限制、单向交通、转向限制、限高、限重等） 机动车通行能力（双向） 货车交通量（双向） 机动车交通负荷（双向） 机动车平均车速（双向） 机动车平均行程时间（双向） 是否收费及收费标准

表格来源：作者自制

（2）选择最优路径

车辆路径问题（Vehicle Routing Problem，VRP）是运输管理的核心问题，车辆路线的选择往往是在客户网络中选取最优的行车顺序或是配送顺序，是在一（配送方）对多（收货方）的情况下降低运输成本。而对某一工程项目来说，建筑构件通常是一（建筑构件供应商）对一（构件堆场或是施工现场）的运输关系，是基于道路网络上的路线选择。车辆路径问题中最常遇到的是最优路径的选择，包括行驶路程最短、时间最少、费用最低、路况最好等评判标准。

最短路径问题基本分为外界环境保持不变的静态最短路径问题和外界环境不断变化的动态最短路径问题。在具体建设项目中，构件运输的区域和出发点、目的地都是确定的，因此可以简化为单源最短路径分析问题。分析方法是按照路径长度递增生成各个节点，计算任意一个节点到其他所有节点的最短路径。利用 GIS 的相关软件和插件（如 ArcGIS 的 Network Analyst 拓展模块、QGIS 的 OSM Tools 插件）能够实现最短路径的快速计算。在实际使用中，管理人员需要根据运输任务设置运输车辆的属性信息，包括车辆总数、型号、行进速度等，筛选必经的道路节点（起始点、装载点、卸载点、终点等），然后进行最短路径分析。另外，构件运输单位可以 GIS 数据为核心开展基于 WebGIS 的运输网络系统开发，以便用户能在网络端进行最短运输路径的查询和车辆路线导航。

2. 运输车辆定位

在车辆出发前利用通过上述办法得到的最短运输路径，对车辆的初始路线进行规划，并安排货物的配载。然而在实际运输过程中，运输需求信息是不断变化的，可能会出现路线临时更改的情况。因此，需要对行驶车辆进行监控和实时定位，并根据动态条件选择运输路线。在装配式建筑供应链的物流环节中，可以利用自动识别（如 RFID）和定位（如 GPS）技术实时采集运输过程中建筑构件的状态和位置信息。

（1）自动识别

预制行业的工作人员常采用纸质清单来记录构件的生产数量、库存数量、构件质量检验信息。这种记录数据的方式不具有实时性，需要在工作人员回到办公室时才能将信息输入至计算机中的数据库。因此，工厂和办公室之间存在时间和空间上的差距，这使得数据管理效率低，而且数据输入错误的可能性明显增加。缺乏数据获得和输入的实时性和准确性，可能会对管理层的决策造成不利影响。RFID 技术的双向通信属性为构件物流运输阶段的系统控制和信息传播提供了更大的灵活性。无线传输使得数据交换更方便，消除了工厂与办公室之间的时间和空间差距，提高了数据管理的效率，从而使管理层能够获得准确和即时的管理信息。现阶段，国内外越来越多的企业和研究人员将 RFID 和 iPad 集成在预制行业的生产、库存和运输管理系统中。将 RFID 标签固定在制作完成的构件上之后，管理人员可以在存储或运输阶段记录和读取构件的质检结果、库存、运输和交付状态以及构件的存储位置。

（2）车辆定位

在构件配送阶段，配送管理人员通过 RFID 阅读器，读取 RFID 中构件的基本出厂信息，核对构件与配送单是否一致，编写配送信息。配送人员根据订单分配运输车辆，并将运输车辆编号、装载的构件编号、装载时间和交付位置一并上传至数据库中。每辆运输车都装有 RFID 标签和 GPS 定位系统，这样施工单位可以通过信息系统中的数据库将构件与运输车辆进行对应，通过

GPS 网络定位车辆，获得车辆的出发时间、车辆速度和位置。现在，已经有非常成熟的施工物流、运输管理服务和产品，例如，天宝公司结合实时 GPS 追踪系统、RFID 和地图匹配算法，对施工运输车辆进行配置、调度和追踪管理。当运输车辆到达施工现场时，通过 RIFD 阅读器读取车上的 RFID 标签信息，从而知道构件是否按时交付，并把交付时间传送给构件供应商，供应商可以为下一次运输制订计划。同时，获取构件在施工现场的堆放位置，如有任何异常，可以被及时发现，并调整整个项目计划。

（3）运输控制中心

运输控制中心是物流运输信息综合管理的大脑，主要由 RFID、GPS、WebGIS、数据库服务器（物流信息）、管理中心等部分组成，其中 RFID、GPS、WebGIS 是运输控制中心的核心部分。GIS 技术可以获取车辆的最短（佳）运输路线；RFID 可以起到个体识别、粗略定位的作用，需要跟 GIS 结合进行运输数据的通信、处理、发布和控制；GPS 技术可以弥补 RFID 在定位精度和距离上的不足，在运输过程中测定当前车辆的位置、行驶速度等状态信息，经由无线通信网络发送至 WebGIS 的电子地图上。目前 WebGIS 和 GPS 技术相对成熟，监控系统也有较多成熟的软件系统，因此具备将这些技术相结合的条件。例如，ArcGIS Tracking Analyst 扩展模块可连接到能够流式传输实时时态数据的追踪服务设备或 GPS 设备，从而对运输车辆进行追踪；使用 ArcCatalog 可以建立实时追踪连接并将数据直接添加至 ArcMap 中，从而在移动设备的地图上显示或回放数据。

4.3.2 构件施工装配

4.3.2.1 施工现场布置

预制构件运送到施工现场后，并非所有的构件都会立即进入施工安装阶段。虽然存在对建筑构件造成损坏的危险，如不平坦的地面、恶劣的天气和机械设备的碰撞等，但很多情况下仍需要将构件暂时堆放在施工现场或附近的临时堆场。这是因为：

（1）需要确保在安装施工之前所需的构件已经准备就绪以免耽误工期；

（2）能够在安装之前及时检查构件的尺寸、类型、数量和质量，并留有足够的时间补救错误；

（3）大型构件在安装之前交货，确保顺利连续地完成吊装作业；

（4）更好地控制构件数量和可用性。

施工场地空间是有限的项目资源，与时间、材料、资金、劳动力和设备等其他资源一样重要。无序或不合理的场地布局规划可能会导致场内交通阻

图4-41 构件无序堆放造成施工现场混乱

图片来源：作者拍摄

塞、施工效率低下、构件材料丢失以及查找物品耗时等问题（图4-41），造成将近65%的效率损失[①]。空间规划与管理是施工现场物料管理的重要组成部分，其目标应该为确保构件能够方便查找，并在花费时间最少或设备成本最低的情况下将构件交付到施工安装的地点。而在许多建设项目中，由于项目周期短、预算少，施工现场的布局未得到足够的重视，多数情况下是以管理者个人的经验和知识为基础，采取"先到先得"的布局方式。如果没有一个基于计算机的场地布局规划系统，让管理者使用定性位置来描述各类空间，构件堆放就很容易出错，从而导致施工过程中构件难以及时获取的问题。因此，在整个施工过程中，施工现场的合理布局规划是提高施工效率、降低成本的重要保证。

施工现场构件堆放布局问题需要在空间（如场地尺寸、道路宽度和存储区尺寸）和非空间（如构件存储的周期和材料特性）方面进行深入的计算和分析。不同种类的构件的存储方式不同，其存放场地也有不同的要求，因此现场布局规划需要细化至构件要素级别。根据构件清单可以确定构件堆场的面积、临时设施之间的运输方式以及运输道路的布置。另外，施工现场活动是一个动态变化的过程，施工现场对材料设备机具的需求以及施工现场的构件堆放的位置和类型也随着施工进程的不断推进而变化。传统的二维静态场地布置方式很可能随着项目的进行，变得不适应项目施工的需求而要多次重新布置，最终增加了施工成本，降低了项目效益。

BIM和GIS都具有整合空间和非空间属性的独特优势，也能根据施工计划对施工现场进行动态布置和模拟，成为协助场地布局规划的最有前景的工具。BIM缺乏地理空间分析能力，但能够提供直观的三维可视化施工现场模型。GIS作为地理空间数据库能够为施工场地提供准确的地理信息数据，同时也可以利用其强大的空间分析能力进行高级空间数据计算。BIM和GIS的结合可以建立施工现场的空间布局综合模型。

1. 场地布置原则

施工现场布置对施工安全性起到重要作用，因此必须符合安全、消防、环保等方面的国家法律、法规、地区性规范的硬性要求。还要依据工程所在地区的原始资料，例如勘察单位给出的水电源、地下设施布置图，以及原有建筑的

① Sanders S R, Thomas H R, Smith G R. An analysis of factors affecting labor productivity in masonry construction, PTI #9003[R]. PA: Pennsylvania State University, University Park, 1989.

位置和尺寸等进行规划设计。除此之外，施工现场布置的根本目的是保证施工进程高效进行，因此应根据施工组织计划从便于施工的角度考虑场地的合理性。一般来说，施工场地的布置应遵循以下原则：

（1）平面布置紧凑合理，尽量减少施工用地；

（2）合理布置道路和组织运输，减少二次搬运；

（3）各项施工设施布置要满足方便施工和保证安全的要求；

（4）在平面交通上，要尽量避免土建、安装以及其他各专业施工相互干扰；

（5）现场布置有利于各子项目施工作业；

（6）考虑施工场地状况及场地主要出入口交通状况；

（7）满足各类材料堆放、存储及加工的需要；

（8）施工机械的位置、材料及构件堆放场地应按照就近原则布置在使用地点附近，同时尽量在垂直运输机械覆盖的范围内布置临时材料堆放点。

2. 场地布置内容

一般情况下，施工现场中的设施应按照重要性顺序依次布置。首先确定塔式起重机的位置，然后完成材料或加工厂、运输道路、管理或生活临时用房，最后布置水电管网。这样的布置方案设计流程较为合理，能够极大地提高设计的成功率。本研究针对结构构件在施工现场的定位，重点研究吊装设备、构件堆场和运输道路的布置方法。

（1）吊装设备布置

塔式起重机又称为塔吊，是在整个建筑工程中对施工效率影响非常大的大型设备。塔吊选型、布置是否合理，直接关系到整个工程的安全性和施工进度控制。施工现场塔吊的布置应满足旋转半径和起重高度的要求：

①旋转半径。塔吊旋转半径即塔吊吊钩最远点到标准节的距离，一般为40 m、50 m、60 m，塔吊最远吊点至回转中心的距离应满足施工平面的需要；

②起重高度。塔吊的起重高度应为建筑物高度、构件最大高度、索具高度和安全生产高度的总和。

在塔吊位置的选择上，应该满足以下要求：

①塔吊的旋转半径尽量覆盖至施工作业面，且旋转半径内不要有生活或办公区；

②外脚手架与塔吊标准节之间的距离应不小于 0.6 m；

③多台塔吊之间在水平和垂直方向应保持 2 m 以上的安全距离；

④塔吊基础避免与建筑主体基础重叠，且标准节避免与上部结构梁重叠；

⑤塔吊主体与主体结构外立面的距离为 3～4 m；

⑥塔吊与高压线、通信塔之间应保持安全距离。

（2）构件堆放布置

通常情况下，堆场和仓库等场地须布置在建筑物周边，布置原则应该满足施工安全、搬运方便和运输距离短等特点，其建设的位置和面积需要根据工程施工的具体情况而定。预制构件运输到现场后，应根据规格、品种、所用部位、吊装顺序、吊车位置进行存放，避免出现二次倒运。

（3）道路布置

在施工现场布置设计过程中，当垂直运输机械、构件堆场、临时设施等的位置确定之后，可以根据已有的道路和永久性道路的情况规划临时性道路。仓库、堆场的道路需要保持联通，道路宽度和荷载能力应该综合考虑各作业同时施工，便于装卸、运输构件、材料，并且满足消防要求。

3. 基于 BIM 的施工场地布置

施工现场布置所涉及的信息量非常巨大，没有必要将这些信息全部反映至施工现场 BIM 模型中，否则会因模型中的信息量过于庞大而对辅助决策功能的效率和计算机硬件的性能提出更大的挑战。因此，模型创建和管理人员应筛选、分类所有的施工现场信息，根据不同的精度要求和重要性区分施工现场构件的模型深度。图 4-42 为基于 BIM 的施工场地布局流程图，主要包括三项主要数据信息：项目 BIM 模型、机械设备和场地元素。

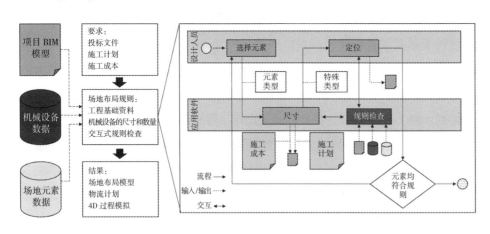

图4-42 基于BIM的施工场地布局流程图

图片来源：作者自绘

工程所在地区的水源、电力、地下设施、道路、气象、既有建筑、地理信息等基础资料都影响着施工现场的合理布置。利用无人机摄影测量技术可以快速获得施工现场的图像资料，并转化为三维点云模型，作为施工场地布置和施工控制线放样的依据。目前，许多 GIS 软件和平台已经实现了与 BIM 软件和平台的良好交互，能够将现场基础资料直接从 GIS 环境导入 BIM 模型，或是将 BIM 施工模型导入 GIS 平台的三维地理空间模型中，最大限度地实现了施工信息的可视化，从而方便布置施工现场。

通过在 BIM 施工场地模型中预先定义场地元素的参数，可以实现对施工

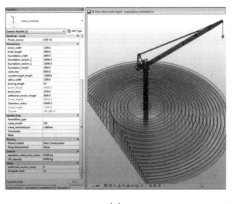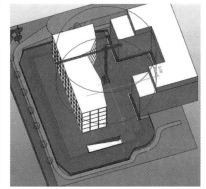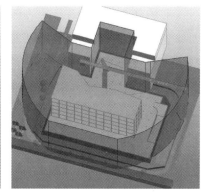

(a)　　　　　　　　　　　　　　　　(b)　　　　　　　　　　　　　　　　(c)

图4-43　塔吊参数布局示例

图片来源：作者自绘

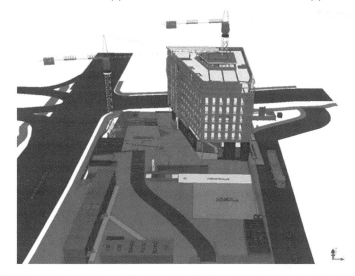

图4-44　施工现场临时设施的布置

图片来源：https://www.tekla.com/site

场地的数字化布局。例如，塔式起重机是施工场地上必不可少的机械设备，其型号的选择和定位在施工现场起着关键作用。对其信息的描述应当尽可能详细，不仅应包括三维几何信息，还应包括型号、起重力矩、最大臂展、最大起重量、提升速率等相关信息。图 4-43 显示了 Autodesk Revit 中对塔吊设备的布局：图 4-43a 显示了塔吊设备的相关参数，这些参数可以根据项目的具体要求自行设置，也可以参考全球在线数据库；图 4-43b 显示了根据安全距离塔吊可放置的位置；图 4-43c 显示了根据塔吊的旋转半径布置适当的材料存储区域。其余的运输机械因对施工现场布置的影响较小，可以在道路确定以后，根据实际需求进行选择。

垂直运输机械布置完成之后，需要布置构件堆场、加工厂等临时设施（图 4-44）。结合施工进度计划安排，利用 BIM 施工管理软件能计算出相应的资源需求计划，进而计算出建筑构件和材料存储场地的面积，然后结合垂直运输机械工作的范围、就近原则等布置构件堆放场。布置完垂直运输机械、堆场、加工厂之后，结合场地外道路的位置，设计场内道路的出入口位置和运输路径。场内道路的宽度和承载力须根据运输车辆的宽度和重量确定。

4.构件在现场堆放场地的识别定位

通过 GIS、智能识别技术、GPS 以及无线网络，可以实现构件堆放场位置的可视化管理，保证构件位置信息输入的准确性。从自动化程度上分，构件在堆放场的识别定位方法分为半自动和自动两种：

（1）半自动的方法是由工人手动识别和定位构件，此方法适用于项目较小，且构件数量较少的项目。

（2）自动识别的方法是将自动识别设备固定在施工现场出入口处，以便运输车辆进出场时读取构件上的标签信息，确定构件的到场和出场时间，从而制订或调整施工计划；构件在装卸时，利用固定在起重机上的 GPS 接收器确定出起重机的位置，来实时定位构件的装卸地点和移动位置；最终，构件编码、构件状态和位置信息被传递至项目信息管理平台供项目管理人员查阅（图 4-45）。自动识别的方法可以将人为干预的程度降到最低。

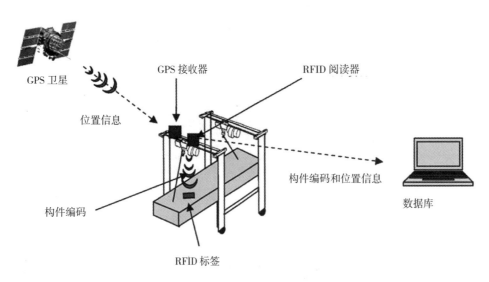

GPS 卫星

GPS 接收器

RFID 阅读器

位置信息

构件编码和位置信息

数据库

构件编码

RFID 标签

图4-45 构件在存储场地自动识别和定位的方法示意
图片来源：Ergen E, Akinci B, Sacks R. Tracking and locating components in a precast storage yard utilizing radio frequency identification technology and GPS[J]. Automation in Construction, 2007, 16(3): 354-367.

运用半自动构件识别方法时，需要对构件在堆放场的放置位置进行编号，并将堆放场编号上传至 BIM 数据库中，保证构件能够有序堆放，以便施工人员能够快速正确地查找构件。图 4-46 为构件堆放场地的布置和编号示意图。堆场单元用大写的英文字母编号，每个单元的横向堆位用小写英文字母编号，纵向堆位用阿拉伯数字编号。另外，不同构件的存放方法不同，如果构件采用的是平式叠放储存方式，如梁、柱、叠合板，则每组构件从上到下的编号依次为 1~n 的阿拉伯数字；如果构件采用的是立式储存方式，如墙板，则每组构件从左至右的编号依次为 1~n 的阿拉伯数字。图 4-46 中灰色位置的叠合板堆位编号应为 Ab-2-2。构件的堆场堆位编号作为构件的临时位置信息通过扫描标签被上传至 BIM 数据库中，施工人员可以通过此位置信息在堆放场内快速找到需要的构件。而运用自动构件识别的方法则不需要堆放场位置编号，是通

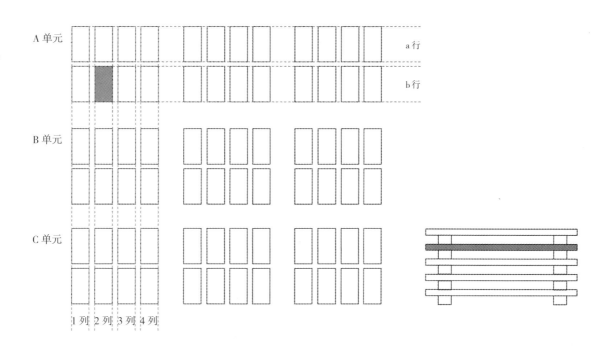

图4-46　利用装配式建筑信息管理平台统计某项目的构件数据
图片来源：东南大学张宏教授工作室

过 GPS 自动检索构件的坐标对其定位，构件的 ID 通过安装在吊车上的阅读器检索。具体流程是：①吊车上的重量传感器激活阅读器，当构件装上吊车时阅读器扫描构件的标签；②激活 GPS 接收器，在卸载构件时发送构件的坐标。

4.3.2.2　构件安装与验收

在构件安装阶段，自动识别技术和 BIM 模型的结合应用可以有效地提高施工质量和数据传递的效率。在构件的安装过程中将构件的实际状态、空间信息、现场照片、视频等施工信息通过读写器、iPad 或手机等移动终端上传至装配式建筑信息管理平台，项目管理人员能够及时了解项目进程并统计、分析相关数据。

（1）构件安装

结构构件在被安装前，施工人员对照 BIM 模型里的工作区域和构件的信息，通过扫描实际构件上的二维码或 RFID 标签迅速找到对应的构件，把构件吊装到正确的安装区域。结构构件在被安装的过程中，施工人员使用手持式 RFID 阅读器或手机 APP 扫描构件上的标签，获得 BIM 数据库中构件的安装位置，减少因构件外观相似而发生的安装错误。

（2）安装过程及安装完成后信息录入

施工人员在领取构件时，可以通过扫描构件上的标签来录入施工人员的个人信息、构件领取时间、构件吊装区段等。构件安装完成后，工作人员通过扫描标签，在读写器上将数据库和 BIM 模型中的构件状态更新为"已安装"，并输入安装过程中的各种信息以备监理验收。安装信息应包括安装时现场的气候条件、安装设备、安装方案、安装时间等所有与构件安装相关的信息。此时，BIM 模型中的构件处于"已安装"但"未验收"的状态。

（3）施工构件验收

当结构构件安装完成之后，监理要验收安装好的构件，检验安装是否合格。监理可以从 BIM 模型中查询"已安装"但"未验收"的构件，然后再到现场扫描相应构件的标签，检查模型构件的编码与实际构件的编码是否一致。同时，监理还要检验构件的安装是否符合现行的国家和行业规范，所有的这些验收信息和结果都会通过构件标签输入到项目的信息管理平台，应用到项目的后期运营和维护中。

（4）施工进度管理

在施工时，通过扫描构件标签可以实时地录入施工信息，并更新到项目信息管理平台和 BIM 模型中，使 BIM 施工模型的进度和施工现场一致。由于三维激光扫描仪或摄影测量方式创建的施工模型在区分构件身份问题上有很大的难度，所以通过现场扫描构件上的标签，获取实际构件的身份信息，并把此信息上传至施工模型，就实现了对施工现场进度快速而真实的记录。通过此方法，施工管理者就可以很好地掌握施工进度并能及时调整施工组织方案和进度计划。

4.3.3　运营维护与拆除回收

BIM 与数据采集技术（三维扫描技术、自动识别技术等）的结合提供了完整的竣工模型，可用于装配式建筑的运营维护和拆除回收。一般来说，运营维护阶段的主要工作内容是通过整合人员、设施、技术等各种资源，从资产、空间、维护、应急、能耗五部分对建筑进行综合维护和管理，从而满足使用者的各项需求。BIM 和数据采集技术为建筑的物业管理提供了信息化的支持，从而让管理人员全面掌握和管理建筑物的使用情况、容量、能耗，以及所有预制构件和各种设备的运行情况[①]。具体到构件层面，由于每个构件都有唯一的编码，因此在日常的检查和维护，以及建筑的改扩建过程中，管理人员根据此编码可以在 BIM 竣工模型中快速查询到构件所在的空间位置，并通过扫描构件上的标签或二维码，将构件的维护历史和更换信息上传至装配式建筑数据库和信息管理平台。当建筑物的寿命达到预定使用期限的，根据数据库中预制构件的材质、重量、碳排放量、连接方式等信息来判断此构件是否满足循环使用的要求。对于可以再次使用的预制构件，需要统计好拆卸构件的数据，制作详细的构件清单，明确构件的存储地点，并将这些数据上传至装配式建筑数据库和信息管理平台。

① 齐宝库，李长福. 基于BIM的装配式建筑全生命周期管理问题研究[J]. 施工技术, 2014(15):25–29.

4.4　本章小结

　　本章介绍了装配式建筑全生命周期中的构件追踪定位技术链，并详细探讨了此定位技术链中的关键性问题，包括装配式建筑数据库中的预制构件分类系统、分级系统、编码体系等。在此基础上，根据定位所需精度，从建造和物流两个层面探讨了预制构件追踪定位技术链的应用流程（图 4-47）。在建造层面，BIM 技术与数据采集技术相结合能够将设计端和生产施工端整合起来，实现构件精确的施工定位和施工过程监测。在物流层面，BIM、GIS 和数据采集技术相结合，项目管理人员能够实时掌握构件的状态和位置信息，实现对整个项目的可视化管理和监控。建造层面和物流层面的构件信息都可以在装配式建筑信息管理平台统一监管。

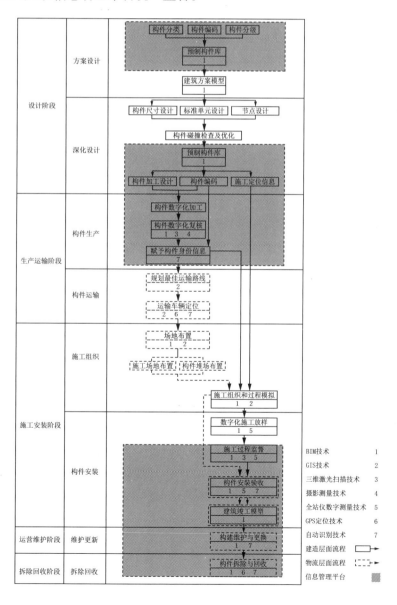

图4-47　装配式建筑全生命周期中结构构件追踪定位技术总流程图

图片来源：作者自绘

第5章 装配式建筑结构构件追踪定位技术示例

在装配式建筑全生命周期的构件追踪定位技术链中，装配式建筑数据库和数据采集技术是关键性技术，二者相结合，通过云端技术形成了装配式建筑信息管理平台。利用此信息管理平台可以在装配式建筑全生命周期中实现各专业的协同合作、构件的标准化设计和精益生产、对预制构件的追踪和定位，从而对装配式建筑项目和预制构件进行有效的监督和管理。本章以轻型可移动房屋系统的设计、生产和建造全过程为例，说明装配式建筑信息管理平台在构件追踪定位技术链中的实际应用。

5.1 装配式建筑结构构件定位技术的实现

5.1.1 南京装配式建筑信息服务与监管平台

装配式建筑数据库和数据采集技术是装配式建筑构件追踪定位技术链中的主要技术，二者在装配式建筑信息管理平台中的结合提高了构件实时追踪定位的可操作性。东南大学研究团队与合作单位共同研发，将上述技术付诸实践，形成了南京装配式建筑信息服务与监管平台。此平台以装配式建筑的基本物质单元——构件作为主要管理对象，在设计、生产、运输、安装和验收等项目各阶段对构件进行监督管理，并将构件追踪、定位、监督、管理等过程落实到每一个具体项目，即平台管理与项目实际运行一一对应，从项目的用地获取阶段直至竣工验收阶段均做到信息互通和协同管理。

南京装配式建筑信息服务与监管平台有网页端和手机移动端两种形式。网页端信息平台多用于政府部门、项目管理人员或相关用户对项目、构件的统一管理，手机移动端信息平台更方便用户在生产或施工现场操作。目前，此平台的构架和构件追踪管理功能已较为完善，并在多项装配式建筑项目中使用。

1. 网页端装配式建筑信息管理平台

网页端装配式建筑信息管理平台由信息服务模块、信息监管模块、工具下载模块、地块与项目分布地图四部分组成。

（1）信息服务模块

此模块为政府监管部门与企业单位提供装配式建筑全过程信息服务，包括地块信息、项目信息、政策法规、行业新闻、通知公告、企业名录和通用构件库七个子模块。

①地块信息：南京市装配式建筑项目地块分布及相关信息，包括地块名称、地块编号、地块所在行政区域、地块所在区域类型、土地状态、地块范围、土地储备单位、备注说明、地块位置图等。

②项目信息：南京市装配式建筑项目分布及相关信息，包括项目的概况如项目名称、项目编号、项目建设状态、实际开工时间、实际竣工时间、项目简介、项目位置图等，项目建设详细信息如总建筑面积、装配式建筑面积、装配式建筑面积比例等，以及装配式建筑楼栋详情如项目参建单位信息、各栋楼的名称、层数、高度、建筑面积、装配式建筑面积、体系类型和预制装配率等。

③政策法规：江苏省及南京市关于装配式建筑的政策、法规、标准等。

④行业新闻：国内关于装配式建筑的行业动态。

⑤通知公告：江苏省及南京市发布的装配式建筑会议、文件等。

⑥企业名录：在本平台内登记的装配式建筑企业信息。

⑦通用构件库：装配式建筑构件通用 BIM 模型库。

（2）信息监管模块

此模块为管理部门和相关企业提供装配式建筑信息监督管理服务，包括我的项目库、构件状态追踪、企业构件库、现场管理和统计数据分析五个子模块。

①我的项目库：用于上传、查询、管理信息平台中的装配式建筑项目信息，包括项目的基本信息、建设规模、建设手续、参建单位、总体进度、楼栋进度、构件类型、构件明细、操作日志等信息。

②构件状态追踪：用于上传、查询、管理和追踪装配式建筑项目构件的信息，平台使用者以项目为单位，通过所属楼栋、构件类别、标高编号和状态等选项来过滤目标构件。

③企业构件库：用于管理各企业的 BIM 构件模型库。

④现场管理：通过现场视频监控、扬尘监控、噪音监控和实名制等措施对项目现场进行智慧管理。

⑤统计数据分析：包括地块数据统计分析、项目数据统计分析、构件数据分析三类数据分析。地块数据统计分析用于统计不同时间各类型地块的土地出让总量；项目数据统计分析用于统计不同时间新开工项目总面积、（各区）新开工项目总面积、新建项目预制率区间分布和新建项目预制装配区间分布等数据；构件数据分析用于统计各项目下 90 天内的总体构件分布和生产量分布，

以及项目整体进度和项目楼栋进度等数据。

（3）工具下载模块

此模块提供使用此信息平台的辅助工具，包括信息平台在手机移动端的APP、BIM软件插件、信息平台使用手册等。

（4）地块和项目分布地图

此模块能够在在线地图中直观地、实时地显示出已出让地块和项目所在的位置，并提供地块和项目信息查询服务。

2. 手机移动端装配式建筑信息管理平台

手机移动端装配式建筑信息管理平台主要包括新闻与公告、地块与项目、构件、动态、地块与项目地图五大功能。手机移动端的信息平台与网页端的信息平台功能相似，主要区别在于能够通过手机摄像头扫描构件二维码，从而查询、上传、更新构件的最新信息。

3. 南京装配式建筑信息服务与监管平台和其他BIM信息化平台的比较

基于BIM和云端技术来协同设计、管理、监督装配式建筑全过程是实现项目集成化、精细化管理的重要手段。目前，国内常用的BIM信息化平台有广联达的BIM5D、鲁班工厂（Luban iWorks）的BIM系统平台、欧特克公司的BIM 360、奔特力数字平台、天宝公司的5D BIM平台、智慧建设BIM协同管理云平台（智慧云平台）等。这些BIM信息化平台各具特色，能够满足不同的市场需求，但往往存在功能优势不突出、系统结构复杂、使用者学习操作较为困难等问题（表5-1）。南京装配式建筑信息服务与监管平台将构件作为最基本的管理目标，在科学合理分类、分级、编码构件的前提下，层层划分项目任务，将复杂的项目管理细化为各类构件管理，即在信息平台中的基本操作均基于构件，从而让使用者更容易理解信息平台的使用原理，操作起来更加容易方便。

表5-1　国内常用的BIM信息化平台参数比较

	呈现层	技术应用	优势	劣势
广联达BIM5D	PC端、移动端、网页端	三维浏览、图纸资料、进度模拟、资源计划、成本策划和分析、任务管理、进度和物料跟踪等	界面清晰、成本模块成熟，适合预算员使用	现场管理协同停留在表层应用，数据难以向运维阶段传递
鲁班工厂	PC端、移动端、网页端	三维交底、安全质量巡检、资料管理、多方协同管理	基于互联网的企业级平台系统	功能优势不突出
奔特力数据平台（Microstation、ProjectWise）	PC端	流程管理、文件管理、权限管理、多方协同管理	文件管理系统功能完善、功能模块化方便未来功能扩展、具有功能完善的二次开发接口	整个系统功能庞大，对使用者要求较高，核心功能模块对二次开发有较高要求
天宝5D BIM	PC端	任务管理、造价计算、进度管理、质量管理	质量、进度、成本模块成熟	缺少统一的企业数据库
智慧云平台	PC端、移动端、网页端	协同设计、三维浏览、图纸资料、进度模拟、资源计划、成本策划和分析、任务管理、进度和物料跟踪等	具有模型轻量化、质量安全高频问题统计分析、多人异地协同管理、设备设施运行监测控制及人工智能应急管理等特色	—

表格来源：作者自制

5.1.2　预制构件追踪管理技术的实现

南京装配式建筑信息服务与监管平台是一个综合性平台，可以为各项目参与方提供多方位的信息管理服务，在项目全过程中对构件进行追踪定位是研发此平台的一项主要目标。通过 BIM 技术和二维码识别追踪技术，研究团队初步实现了利用平台中的通用构件库、构件动态跟踪、我的项目等功能来追踪和管理各项目中的预制构件，具体内容如下：

（1）预制构件库是信息化管理平台的核心，通过与企业合作以及项目的不断积累，研发团队已经创建并逐步完善了适用于装配式重型结构和轻型结构的 BIM 预制构件库。完整的预制构件 BIM 模型按照所属类型存入构件库后，也相应地被上传至南京装配式建筑信息服务与监管平台的通用构件库来统一管理（图 5-1），有权限的人员也可以从平台中下载构件 BIM 模型使用。

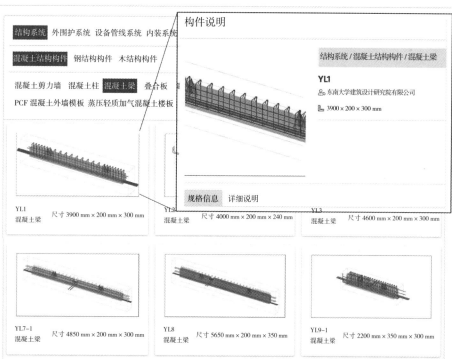

图5-1　装配式建筑信息管理平台"通用构件库"中的混凝土结构构件

图片来源：东南大学张宏教授工作室

（2）在众多自动识别技术中，本书采用了二维码识别技术来追踪定位预制构件。相比于 RFID 技术，二维码技术成本更低，且操作更简单。BIM 技术与二维码技术结合来追踪定位构件，使得信息的采集和汇总更具有时效性和准确性，是构件管理方式的升级。在创建项目 BIM 模型时，每个预制构件除了有唯一的构件编码，还被赋予了唯一的二维码。通过云平台将已有的项目模型上传至南京装配式建筑信息服务与监管平台，系统根据模型内置的 ID 号自动生成相应的二维码，并显示构件相应的信息，包括项目名称、楼号、构件类别、构件类别编号、楼层／标高、轴网区间（位置）、生产编码、当前状态，以及三维构件位置图。在具体项目中，生产厂家可以通过项目选择、构件类别、楼栋选择、标高选择、构件厂商选择、构件状态等选择在信息平台上下载打印构件二维码。生产厂家、运输单位、施工单位等可以通过手机移动端扫描构件二维码来获取每个构件的基本信息和状态信息。其中构件的基本信息包括实例名称、类型名称、构件类别等参数信息，构件状态信息会列出构件所有的状态，包括准备生产、生产中、生产完成、准备转运、转运中、构件进场验收、安装完成和质量验收完成，及该状态发生的时间和位置。同样，利用手机移动端扫描构件二维码还能够实时更新构件的状态信息，并将构件实时状态以照片或视频的形式上传至信息平台。

（3）利用二维码识别技术与手机移动端，各阶段的工作人员能够及时将构件信息上传至南京装配式信息服务与监管平台，项目管理者可以通过构件动态追踪、我的项目、数据统计分析功能查询项目全过程的完整信息，并进行相关数据统计，从而掌握项目的总体进度、每栋建筑的进度和各栋建筑中构件的类型、明细。

5.2 轻型可移动房屋系统结构构件追踪定位

5.2.1 轻型可移动房屋系统概况

轻型可移动房屋系统是由东南大学建筑学院采用协同模式、联合相关团队，从 2011 年至今，经历了几代产品的设计研发，最终形成的成熟的装配式建筑产品（图 5-2）。轻型可移动房屋系统由结构、外围护、设备管线和内装四大系统共同组成（图 5-3）：结构系统包括钢结构构件、木结构构件等轻型预制构件；外围护系统包括金属墙板、GRC 墙板、玻璃幕墙、陶板幕墙等多种外墙构件；设备管线系统包括电气、给排水、供暖、通风空调、智能化等系统；内装系统由内墙面系统、装配式内分隔体构件、吊顶系统、楼地面系统、集成卫生间和厨房等构成。各系统相对独立，通过各类标准化连接件和螺栓连接成完整的房屋系统，具有抗震性能好、施工速度快、可拆卸再利用、节能环保等优点。相比于其他房屋体系，轻型可移动房屋系统的大部分构件都在工厂制作组装，施工现场湿作业少，工业化程度较高，标准构件种类较少，易于实现模块化生产建造。

(a)　　　　　　　　　　(b)　　　　　　　　　　(c)

(e)　　　　　　　　　　　　　　　(d)

图5-2　轻型可移动房屋系统系列产品

（a.零能耗活动房原型；b.多功能大空间房屋；c.居住单元；d."梦想居"产能四合院；e."C-House"绿色低碳产能房屋）

图片来源：东南大学张宏教授工作室

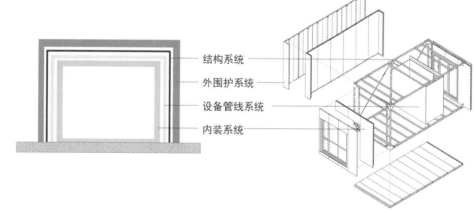

结构系统
外围护系统
设备管线系统
内装系统

图5-3　轻型可移动房屋系统构成示意

图片来源：作者自绘

5.2.2　轻型可移动房屋系统设计

1. 设计原则

模块化、标准化、通用化和系列化是轻型可移动房屋系统设计的重要目标。为了实现这一目标，设计团队遵循了构件法建筑设计的原则，经过了几代产品的研发和实践，目前装配式建筑预制构件库中已经积累了较为丰富的、成熟的轻型可移动房屋系统构件。在具体项目中，设计团队可以根据性能、功能、审美以及相关规范的要求和现有生产装配技术分别从装配式建筑构件库的结构系统、外围护系统、设备管线系统和内装系统中选择构件进行空间单元布局和组合，进而得到建筑整体方案模型。此外，针对每个项目的特点，设计团队会对一些构件加以改进或是研发新的构件，并将新构件分类、编码后存入构件库。轻型可移动房屋系统的研发采用了并行工程和协同设计的方法，以"梦想居"为例（图5-2d），房屋系统包括结构、外围护、设备和管线、内装4个相对独立的系统，在领衔团队的组织和带领下，针对不同的独立系统在统一的平台上同时设计研发，并在协同架构下与合作单位一起组织"梦想居"的设计、生产、施工（图5-4、图5-5）。

2. 构件设计

轻型可移动房屋系统的结构系统、外围护系统、设备管线系统和内装系统之间相对独立，在保证建筑界面完整性的同时，通过开放性接口连接成完整的房屋系统。因此，在设计研发阶段，需要建立起统一的模化原则，并在此基础上对各构件系统进行单独的设计和研发，确定各系统构件的模数尺寸。在具体项目中，根据实际要求从构件库中选取适合的构件产品，并对与设计要求有出入的构件进行局部调整或重新定义，然后按照预制构件分类规则和

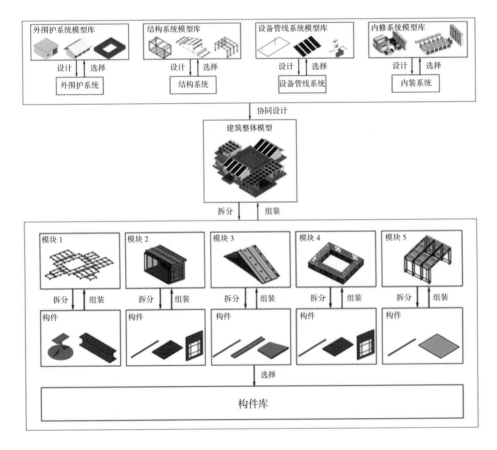

图5-4 "梦想居"设计基本流程
图片来源：作者自绘

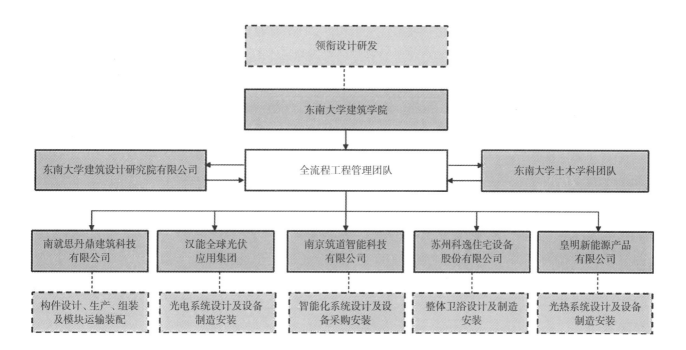

图5-5 "梦想居"协同设计技术应用构架（协同设计、建造、组织构架）

图片来源：张宏，张莹莹，王玉，等.绿色节能技术协同应用模式实践探索——以东南大学"梦想居"未来屋示范项目为例[J].建筑学报，2016(5):81-85.

编码系统要求存入构件库中。由于建造方式决定了构件尺寸设计的原则，前几代的房屋产品采用集装箱式建造方式（图 5-2a~ 图 5-2d），各系统在工厂中组装成单元模块之后，整体运输到施工现场进行吊装（图 5-6a）。因此，运输车辆的大小和道路限高等因素是构件尺寸设计中应该考虑的重要原则。在此前提下，每个单元模块中各系统的构件均在 3 m×6 m×3 m（长 × 宽 × 高）的尺寸框架下进行设计，结构体多采用3nM模数化网格。随着建造方式的改变，

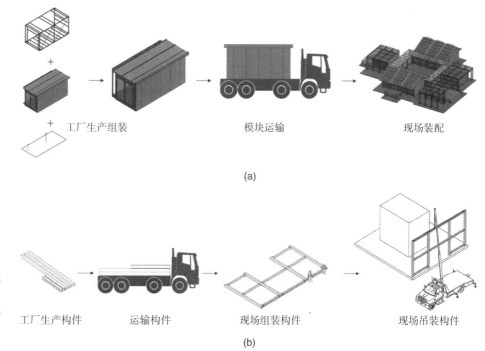

工厂生产组装　　模块运输　　现场装配

(a)

图5-6 轻型可移动房屋系统生产与建造方式

（a.集装箱式建造方式；b.现场组装建造方式）

图片来源：作者自绘

工厂生产构件　运输构件　现场组装构件　现场吊装构件

(b)

轻型可移动房屋产品采用在工地将散件拼装成大型构件，再整体吊装的施工方式（图 5-2e，图 5-6b）。因此，构件尺寸受到运输车辆和道路限高的影响较小，在尽量减少构件尺寸类型的前提下，可以更加灵活多元。

由于建筑各系统的耐久性不同，例如，结构构件的使用寿命一般为 50 年及以上，而内装构件的使用寿命只有 15～20 年，因此在房屋的使用过程中必然会出现更换和维修构件的情况。为了实现建筑的易维护性，不仅需要保持各构件系统之间相互独立，还需要通过合理的节点设计，使得在更换构件时对其他构件的影响降至最低。在轻型可移动房屋系统的节点设计中，除了基础需要浇筑混凝土之外，其余的构件之间均采用螺栓、预埋紧固件等干性连接（图 5-7）。这样的连接方式使得构件装配过程可逆，在保证正常使用的前提下，实现构件的可更换和可维修，进而延长房屋的整体寿命。

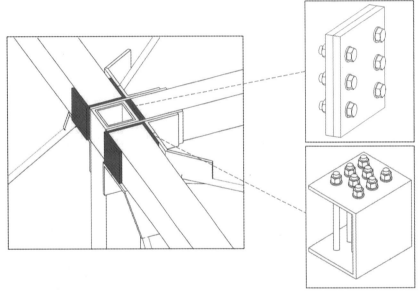

图5-7　轻型可移动房屋系统结构构件的连接节点
图片来源：作者自绘

3. 构件管理

轻型可移动房屋系统的构件分类和编码规则遵循第四章介绍的装配式建筑构件分类系统规则和编码规则。图 5-8b 左图中的深灰色构件的类别是结构系统—装配式钢结构构件—钢梁，类别编号是 [JG-GJGGJ-GL]。在"梦想居"项目中，此构件的构件编码是 [MXJ]-[01]-[JG-GJGGJ-GL]-[2F/2.425]-[D1-D2]-[H1-V1]（图 5-8a）。通过构件分类和构件编码可以快速准确地在预制构件库中查找到此构件，并能直观地看出构件的位置信息（图 5-8b）。

在工程项目中，预制构件统计是一项烦琐且重要的工作。相比于传统的人工统计，BIM 技术有效地提高了构件统计的效率和准确性。以 Revit 软件为例，模型中的图纸和明细表是基于数据库的不同表现形式，且明细表是自动统计构件工程量的基本方法。轻型可移动房屋系统的构件统计表是在 Revit 原

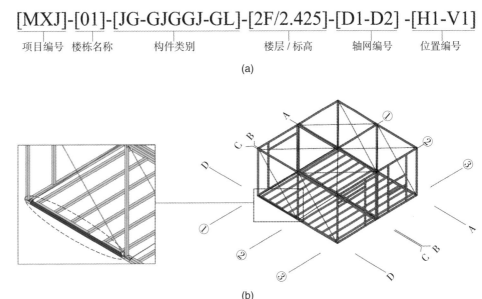

$$[MXJ]\text{-}[01]\text{-}[JG\text{-}GJGGJ\text{-}GL]\text{-}[2F/2.425]\text{-}[D1\text{-}D2]\text{-}[H1\text{-}V1]$$

项目编号　楼栋名称　　　构件类别　　　　楼层 / 标高　　轴网编号　　位置编号

(a)

(b)

图5-8　构件编码规则和位置示意

（a.构件编码规则；b.构件位置示意）

图片来源：作者自绘

有明细表上调整了相应的构件参数，使其更加符合轻型可移动房屋系统生产和建造的需求。完整的轻型可移动房屋系统 BIM 模型中包含了丰富的构件信息，包括构件名称、类别、尺寸、材料、重量、位置信息、生产商信息和数量等，用于构件的生产和加工。根据建造装配逻辑，构件在全生命周期的状态定义为无状态、准备生产、生产中、生产完成、准备转运、转运中、转运完成、现场接收、安装完成和验收完成 10 种类型。通过 API 接口插件程序将轻型可移动房屋系统 BIM 模型与南京装配式建筑信息服务与监管平台无缝对接，项目人员根据与构件编码相对应的二维码可以及时上传和获取构件的当前状态，以便统计和管理构件全流程的数据。

　4.碰撞检查

　轻型可移动房屋系统全部构件都是在工厂预制而成，施工装配效率高，但构件的纠错能力较差。一旦构件尺寸有误或构件之间、系统之间出现空间冲突，就可能需要将构件返厂修改或重新生产。因此，为了保证施工顺利实施，需要在构件生产装配之前对房屋系统进行碰撞检查，找出并修改所有构件冲突点。不同 LoD 的模型碰撞检查的结果会有很大差别，因此需要确定最适合检查的模型精细度[①]。《交付标准》中规定了当建筑设备系统的建模精细度不低于 LoD 300 时，项目应进行碰撞检查。在"梦想居"示范工程项目的碰撞检查中，项目团队比较了 LoD 300、LoD 350 和 LoD 400 主体模块各系统的冲突检测的精度和全面性。表 5-2 表示屋顶模块的各系统之间在不同深度模型时，检测出的构件冲突数量。从表 5-2 可以看出，模型从 LoD 300 发展至 LoD 400，所有系统之间的冲突数量基本呈现上升的趋势。但这并不一定意味着 LoD 400 时的冲突检测最完整，因为随着模型的发展，同一构件的模型

① Leite F, Akcamete A, Akinci B, et al. Analysis of modeling effort and impact of different levels of detail in building information models[J]. Automation in Construction, 2011, 20(5): 601–609.

元素数量也会更多，如 LoD 400 时结构钢构件之间的连接件上的螺栓和螺母，因此可能会在这些构件上出现重复的检测结果（图 5-9）。

表5-2　不同LoD的屋顶模块各系统之间的冲突检测结果

系统	LoD		
	300	350	400
电气与风管	4	8	10
风管与水管	2	5	7
风管与结构	6	16	26
结构与围护体	12	18	32
总计	24	47	75

表格来源：作者自制

研究团队又进一步评估了这三个模型的冲突检测结果的精度值和回调值。精确度是真阳性检测结果数量占被识别的检测结果总数的比例，回调是真阳性检测结果数量占实际冲突数值的比例[1]，这两个值的计算公式为：

$$精度值（PE）=\frac{真阳性检测结果数量}{被识别出的冲突数量} \tag{1}$$

$$回调值（RE）=\frac{真阳性检测结果数量}{实际的冲突数量} \tag{2}$$

公式中的真阳性检测结果是被识别出的实际的冲突数量。被识别出的冲突数量可能是真阳性检测结果，也可能是假阳性检测结果（即被识别为冲突，但实际不是）。实际的冲突数量是真阳性检测结果和假阴性结果（即没有被识别出的真实的冲突）的总和。精度和回调是反比关系，即冲突检索数越多，其回调值越高，但因假阳性数量增加，精度会降低。因此，精度用来判断冲突检测的准确性，回调用来衡量冲突检测的完整性。图 5-10 显示了 3 种 LoD 主体单元各系统间冲突检测的精度和回调值。可以看出，从 LoD 300 到 LoD 400，检测到的真阳性结果会随着构件数量的增加而增加，因此回调值会增长。但检测精度不是完全提高的趋势，一般来说，冲突检测的精度会随着 LoD 的升高而提升。因为 LoD 较低时，BIM 模型不完整，一些构件没有在

① Zhai CX, Lafferty J. Model-based feedback in the language modeling approach to information retrieval[C]//Proceedings of the tenth international conference on Information and knowledge management. ACM, 2001: 403-410.

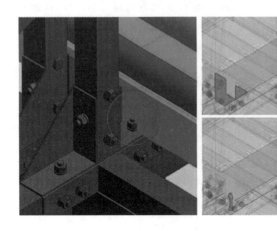

图5-9　重复的检测结果示例
（电气系统和结构系统之间的碰撞检查中，螺栓和桥架之间的冲突被视为重复结果）
图片来源：作者自绘

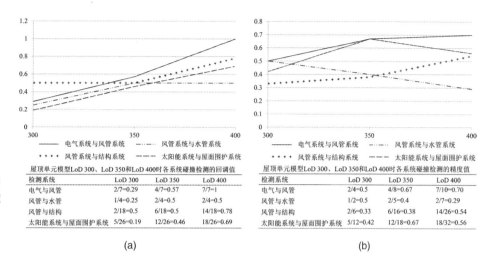

图5-10　LoD 300、LoD 350和
LoD 400时"梦想居"主体单元碰
撞检查结果的回调值和精度值
（a.回调值；b.精度值）
图片来源：作者自绘

屋顶单元模型LoD 300、LoD 350和LoD 400时各系统碰撞检测的回调值			
检测系统	LoD 300	LoD 350	LoD 400
电气与风管	2/7=0.29	4/7=0.57	7/7=1
风管与水管	1/4=0.25	2/4=0.5	2/4=0.5
风管与结构	2/18=0.5	6/18=0.5	14/18=0.78
太阳系统与屋面围护系统	5/26=0.19	12/26=0.46	18/26=0.69

(a)

屋顶单元模型LoD 300、LoD 350和LoD 400时各系统碰撞检测的精度值			
检测系统	LoD 300	LoD 350	LoD 400
电气与风管	2/4=0.5	4/8=0.67	7/10=0.70
风管与水管	1/2=0.5	2/5=0.4	2/7=0.29
风管与结构	2/6=0.33	6/16=0.38	14/26=0.54
太阳能系统与屋面围护系统	5/12=0.42	12/18=0.67	18/32=0.56

(b)

模型中显示，因此就无法参与冲突检测，产生了假阴性结果。但在风管与水管、结构与围护体的冲突检测中，因为在 LoD 350 和 LoD 400 时，有些构件被分成了几个部分，导致一个冲突变成了好几个冲突，出现了假阳性的结果，所以精度下降。

　　从对主体单元的冲突检测的精度和回调值测试中可以看出，虽然模型LoD 值越大，冲突检测的回调值越大，检测的结果更完整，但精度却不一定会提升，这就意味着需要花费更多的成本来处理假阳性的检测结果。但由于梦想居的构件大部分都是预制的，现场处理构件冲突比在模型中处理假阳性冲突的成本更高。所以对于"梦想居"的系统协调来说，回调值比精确度更重要，即冲突检测适合在 LoD 350 或 LoD 400 时进行。LoD 400 中许多假阳性冲突是由于一个构件被建成几个部分而产生的，这种冲突可以通过更改建模的方式来避免（图 5-11）。所以对于"梦想居"这样的装配式建筑来说，LoD 350 更适合用于构件和系统间的冲突检测和学科间的协调。

图5-11　在LoD 350 模型中避免假阳性冲突的方法
结构连接件和桥架连接件
（a.结构连接件模型建成两个构件时被认为是假阳性冲突；b.结构连接件模型建成1个构件时被认为是真阳性冲突）
图片来源：作者自绘

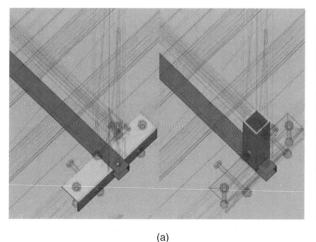

(a)

(b)

① 张莹莹, 张宏. 基于BIM的轻型结构房屋系统模块化设计研究[J]. 建筑技术, 2019(05):566-569.

5.2.3　构件生产与运输

设计完成后，设计团队与生产、施工部门一起根据项目要求和建造装配流程制订施工进度计划，进行一级构件的采购、生产和二、三级构件的组装工作。统一的建筑信息平台让各专业间的沟通更加顺畅，有利于"协同设计"和"协同管理"。以结构系统为例，建筑师将结构信息模型上传至南京装配式建筑信息服务与监管平台，结构构件生产厂家通过信息平台下载相关信息数据，并在信息模型中完善生产加工细节，同时将生产加工中遇到的问题反馈给设计方，以便及时修改结构体的设计方案。经过多次沟通完善，设计团队与协同厂家一起完成了符合生产装配条件的结构系统设计后，厂家开始生产和组装结构构件。由于设计是建立在详细的构件明细表和构件加工装配图上，所以每一阶段的分工都明确有序。各协同单位可以根据构件建造图和安装流程表及时安排采购和生产任务。在此过程中，对于市场上没有出售的构件，生产厂家根据设计文件统计出构件数量并组织加工制作。由于设计是建立在标准化构件库的基础上，BIM 信息模型中已经包含了构件加工图，因此生产厂家只需从信息模型中调取相应的图纸即可依据生产计划组织构件生产①。加工生产完成后，生产人员从信息平台中下载打印结构构件的二维码，并通过手机 APP 扫描二维码，将构件状态从"准备生产""生产中"更新为"生产完成"，在出厂转运时将状态更新为"准备转运或转运中"，运输车辆到达施工现场后，构件状态更新为转运完成或现场接收 / 验收完成。

由于多数轻型可移动房屋系统都是异地建造，选择最佳的运输路线可以有效降低项目成本。GIS 平台能够提供基于网络的空间分析工具，用于解决复杂的路径问题。通过使用可配置的传输网络数据模型，可以为运输车辆规划路线，计算行驶时间，定位目标对象并能够将运输数据推送至管理中心和移动设备。在实际操作时，需要通过定义主要约束因素来求解最佳路线，约束因素可能是时间、成本、先后停靠点。以"梦想居"项目为例，从结构构件的生产厂家至项目施工地点有多条运输路线。其中最短路线约 119 公里，大约需要 2 小时 40 分钟；最快路线只需 1 小时 34 分钟，但有 135 公里。因为此工期较短，因此时间因素是选择路线的首要约束因素，也就是将最快路线作为构件运输的最佳路线。如果需要向多个目的地运送构件，就需要综合考虑时间、距离、油耗和限行等多种因素，规划运输的先后顺序，找出最佳行驶路线。

5.2.4　构件装配

在实际装配施工之前，项目管理人员根据施工资源、工序编制施工进度计划，并创建相应的工作流程和搭接关系，得到项目的 4D BIM 模型来动态模拟施工过程，找出和解决潜在的问题，最终通过不断地调整和优化施工计划，保证施工顺利进行。例如，"梦想居"产能四合院采用的是集装箱式的生产方式，现场的主要施工内容是模块的吊装。由于"梦想居"位于一个半岛上，三面环水，只有西边有道路供车辆进出，并且场地狭小，运输车辆和吊车只能停在场地的西边和北边，所以 12 个主体模块和 8 个屋顶模块的吊装顺序成为现场施工的难点。设计团队结合实际情况，多次模拟和调整模块的吊装过程，最终形成先装中间围廊，然后依次安装北、东、南和西模块的吊装方案（图5-12a）。在实际施工时，通过定义与更新每项工作的实际开始时间和实际结束时间，并与计划的施工时间相对比，能够从模型中直观地看到实际施工进度，

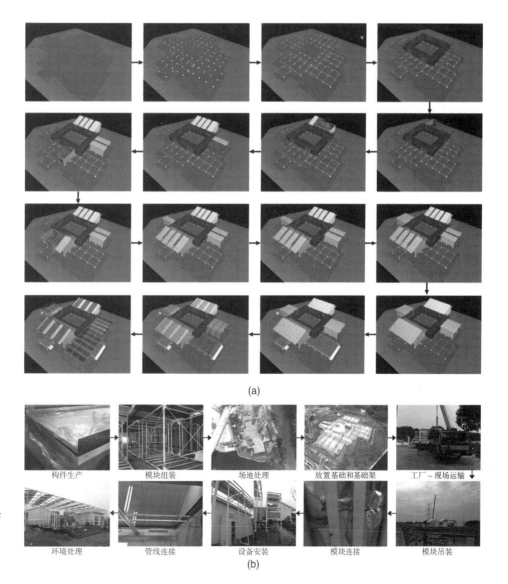

(a)

(b)

图5-12　"梦想居"施工模拟与实际装配过程对比
（a.施工模拟；b.实际装配过程）
图片来源：作者自绘

以便及时调整施工计划。通过现场照片和视频资料记录实际施工情况，可以
实现虚拟施工流程和实际施工过程的对比（图 5–12b）。另外，通过手机扫描
构件二维码，将构件的状态信息上传至信息平台，项目管理人员可以直观地
查询项目的实际进度并统计相关数据。构件各阶段的状态信息不仅可以通过
信息平台的 Web 端查询，也可以通过项目进度插件回溯至项目的 BIM 模型。
施工完成并验收后，相关人员扫描构件二维码，将构件的状态更新为"安装
完成和验收完成"。除此之外，为了更好地监控构件安装和验收过程，还需要
将重要项目节点的视频和照片上传至装配式建筑信息管理平台。

第6章　总结与展望

6.1　各章内容归纳

与现浇式建筑相比，以工厂生产和现场装配为主要建造模式的装配式建筑具有节能环保、施工周期短、质量可控等优点，但也因预制构件数量多、形态相似、在施工时容错性低等特性，对各阶段的工作质量和各个项目参与方之间的协同性提出了更高的要求。为了保证装配式建筑的施工质量和效率，需要对预制构件进行精细化管理。其中一项重要的工作就是采取有效的手段来获取、处理、传递和共享构件的空间信息，掌握其实时状态，实现对构件全生命周期的追踪与定位。对于上述问题，本书进行了以下研究：

（1）梳理了典型装配式建筑全生命周期各阶段的工作内容和预制构件的设计、生产、施工流程，从中分析和总结了每个阶段结构构件空间信息的内容，以及目前获取、处理、传递和共享这些空间信息的方式。发现由于受到现有技术的限制，构件空间信息在各个项目参与方和各生命周期阶段的传递呈碎片化，没有很好地整合在一起。这就容易因获取和传递信息延迟或有误而造成资源浪费，并影响了项目的生产和施工的质量和效率。另外，根据所需空间信息的精确程度，本书将构件的追踪定位分为建造和物流两个层级。

（2）根据对构件空间信息的处理方式，分别从数据库和数据采集技术两方面研究现有相关追踪定位技术的功能、优缺点、适用范围。数据库包括 BIM 技术和 GIS 技术。数据采集技术包括卫星 GNSS 定位系统、全站仪测量系统、三维激光扫描技术、摄影测量技术等数字测量技术，以及 RFID、二维码、GPS 定统、UWB、WiFi 等自动识别、追踪定位技术。

（3）综合上述研究，提出了以 BIM 数据库为基础数据库、辅助以 GIS 技术，并将数字建筑测量系统、自动识别技术、追踪定位技术等数据采集手段融合于信息管理平台的装配式建筑全生命周期构件追踪定位技术链。根据不同定位层级的要求，分别从建造和物流两个方面研究了此追踪定位技术链的应用流程。在建造层面，BIM 技术主要用于建立预制构件数据库，并创建、存储和共享包含构件建造定位信息的 BIM 设计模型。基于此模型，项目人员利用数字化建筑测量技术将设计端和生产施工端整合起来，把 BIM 技术引入施工现场，实现对构件的精确施工定位。同时，通过数据采集技术获取构件的真实空间信息，并与设计模型对比，实现生产和施工的质量检测和过程管理，最终形成竣工模型用于建筑的运营维护。在物流层面，构件追踪定位的精度要求低，但范围更广。在 BIM 模型中，每个构件都被赋予了唯一的 ID 信息用于识别构件的身份。在装配式建筑的全生命周期中，利用数据采集技术识别构件 ID 和获取构件实时位置，并将这些信息及时反馈给项目 BIM 数据库。基于 GIS 强大的分析、计算和存储地理空间信息的能力，将其与 GPS、RFID、网络通信等物联网技术结合，用于对构件进行运输定位和路线选择与管理。通过综合运用 BIM、GIS 和数据采集技术，最终实现物流层面对构件的可视化管理和监控。

（4）详细介绍了研究团队以装配式建筑数据库技术和数据采集技术为基础研发的南京装配式建筑信息服务与监管平台的构成和功能，以及在构件追踪管理上的技术实现。并以轻型可移动房屋的设计、生产、建造全过程为例，初步将以 BIM 技术、GIS 技术、数据采集技术为核心，以南京装配式建筑信息服务与监管平台为协同工作手段的装配式建筑全生命周期构件追踪定位技术链落实于实践。

基于上述各章内容，本书认为结构构件的定位追踪对于在装配式建筑全生命周期中整合项目各阶段的构件空间信息、形成完整信息链、协调各专业工作、优化资源配置至关重要。在本书中，构件分类系统、分级系统、编码体系形成了装配式建筑数据库的基本框架，也是装配式建筑信息管理平台的核心内容；装配式建筑数据库和数据采集技术是实现存储、收集、传递、共享构件空间信息的重要手段；装配式建筑信息管理平台可以有效提高构件追踪定位和管理监督的协同性。通过上述技术，最终形成一套适用于装配式建筑全生命周期的构件追踪定位技术链，以实现预制构件的精细化管理并提高装配式建筑的生产施工效率。

6.2 创新点

本书在梳理装配式建筑全生命周期各阶段的工作内容和总结归纳现有追踪定位技术的基础上，对装配式建筑全生命周期中结构构件追踪定位技术做了系统性研究，并提出了基于数据库技术和数据采集技术的构件追踪定位技术链。本书主要在以下 3 个方面弥补了现有研究的不足：

（1）以建筑构件及其分类系统、分级系统、编码体系为基础，从建筑学的视野研究装配式建筑构件追踪定位技术，优化装配式建筑全生命周期中不同专业之间的协同效率和资源配置。

在装配式建筑的全生命周期中，不仅涉及建筑学、土木工程、建筑环境与设备工程、测绘工程等专业，还需要电气、机械、自动化、计算机、信息工程等学科的支持，专业协作的重要性和难度均超出了传统建筑项目。建筑学专业在建筑项目中起着"总指挥"的作用，需要汇总、评估、共享各阶段与各专业的信息，形成完整的信息链，因此从建筑学角度对构件追踪定位技术研究的缺失不仅会导致构件空间信息的片段化，而且难以深度参与到项目的各阶段，协调各专业的工作。

对于建筑学专业来说，构件是建筑的基本单元，建筑设计和建造过程均围绕着构件展开，这是装配式建筑设计建造的理论基础。这就要求建筑设计不仅要满足空间、性能、功能、美学等要求，也要根据建筑的物质性，综合考量设计、生产运输、施工建造、运维和拆除再利用等建筑全生命周期各阶段的工作。

本书从装配式建筑设计建造的理论基础出发，通过综合分析装配式建筑全生命周期各阶段的工作内容，提出了预制构件分类系统、分级系统、编码体系，并以此为框架创建了装配式建筑预制构件库和装配式建筑信息服务和监管平台，最终结合数据采集技术形成了构件追踪定位技术链。

（2）在充分梳理装配式建筑全生命周期工作流程和相关追踪定位技术的基础上，利用数据库技术和数据采集技术基本实现了从设计到施工的装配式建筑建设全过程的信息服务与监管。

制定和实施适用于装配式建筑全生命周期的构件追踪定位技术链的前提是充分了解和总结装配式建筑生产建造全流程的工作内容，在分析和分类各个阶段所需的构件空间信息的基础上，针对各信息的特点和构件追踪定位需求，选择适宜技术做进一步研发。

目前国内关于构件追踪定位技术的研究主要限于构件的几何定位或某一项目阶段的定位，其定位参照物为建筑或所在的场地本身，而鲜有针对装配式建筑全生命周期的追踪定位研究。另外，虽然适用于构件追踪定位的技术有很多，但缺少了其优缺点和适用性的系统梳理和分析，很难在实际使用中制定出最佳追踪定位方案。

本书在充分了解和总结装配式建筑的全生命周期各阶段工作流程，以及相关追踪定位技术的基础上，结合 BIM 数据库、GIS 数据库、二维码技术和数字测量技术，以结构构件为研究对象，形成了一套构件追踪定位技术链。同时将上述技术与云端技术相结合，创建了南京装配式建筑信息服务与监管平台来提高构件追踪定位技术链的可操作性，从而实现了各项目参与方之间的信息联动和协同管理。

（3）根据装配式建筑全生命周期各阶段的工作内容，将构件追踪定位的精度要求划分为物流层级和建造层级，明确了装配式建筑构件追踪定位技术的适用性和针对性。

精度是追踪定位技术的重要参数，也是考虑技术适用性的关键因素。划分精度需求层级是构件追踪定位的主要原则：

①物流层面的定位精度要求不高，一般为米级或厘米级，主要包括构件在运输、堆放或运营维护过程中的定位，此层级定位的目的是识别构件的身份、掌握构件的实时状态；

②建造层面的定位精度要求较高，要满足构件精确生产和施工装配的需求，定位精度为毫米级。

划分精度层级的构件定位方法有利于根据项目要求和各阶段的工作内容，有针对性地选择适宜的定位技术，从而节省施工成本，提高定位效率。在本书中，通过 BIM 技术和二维码识别定位技术已经实现了物流层面米级（生产工厂、构件堆场、施工工地之间的大转运）和厘米级（工位之间的转运）的构件追踪和协同管理。另外，在装配式建筑全生命周期构件追踪定位技术链中详细分析了基于 BIM 技术、智能型全站仪、三维激光扫描仪的建造层面的结构构件定位技术流程，从而可以指导后续的相关研究和实践。

6.3　不足与展望

从数据流的角度，本书涉及的构件追踪定位技术可以分为数据采集和数据管理两部分，前者以测量技术为主，后者以建筑学和计算机图学为主。囿于专业背景和研究水平，本书对数据采集部分的研究侧重于梳理现有测量技术的适用性，而非研发新型测量技术。作者认为从现有测量技术中选取适宜的组合可以满足目前大多数装配式建筑项目的需求，但结合具体工程需求定制追踪定位的解决方案无疑是下一步需要解决的问题。南京装配式建筑信息服务与监管平台就是数据管理层面的最新研究进展，在数据采集方面，研究团队计划以装配式建筑全生命周期的构件追踪定位技术链为基础，与测量技术方案提供方合作（如天宝公司等），结合具体实践研发适宜的测量方法。

理论上，装配式建筑的全生命周期不仅包含构件的设计和施工，维护和拆除也是其中一部分。目前，研究团队已经在轻型可移动房屋系统中实现了对预制构件从设计到施工过程的追踪管理，但在运营维护阶段和拆除回收阶段的试验仍在进行中，这是本书未能深入这一层面的原因，也是下一步的研究方向。

　　本书虽然探讨了 GIS 和 BIM 在装配式建筑中集成使用的可能性，但对 GIS 的研究主要集中在构件运输方面，未能将其与 BIM 结合付诸实践，原因在于数据格式和技术标准的壁垒。然而，就在本书的写作过程中，2018 年夏天发布的 ArcGIS Pro 2.2 不仅能通过 IFC 文件读取 BIM 信息，还可以通过互操作性扩展直接读取 Revit 的模型数据。借助这种新功能，使用者能够做到：① 通过 GIS 中的要素类（Feature Classes）来保留 Revit 中的语义结构化信息，从而实现在 GIS 软件中可视化 BIM 信息；② BIM 模型可以在地理环境中实现可视化，并且能够通过 ArcGIS Online 直接在网络中获取地理环境中的三维信息模型。在未来的研究中，可以将上述功能运用在基于 GIS–BIM 和数据采集系统的装配式建筑全生命周期构件追踪定位技术链中，更加深入地探讨 GIS 与装配式建筑信息管理平台相结合的可能性，在三维地理环境中实现对构件的追踪定位和监管可视化。

附录 1

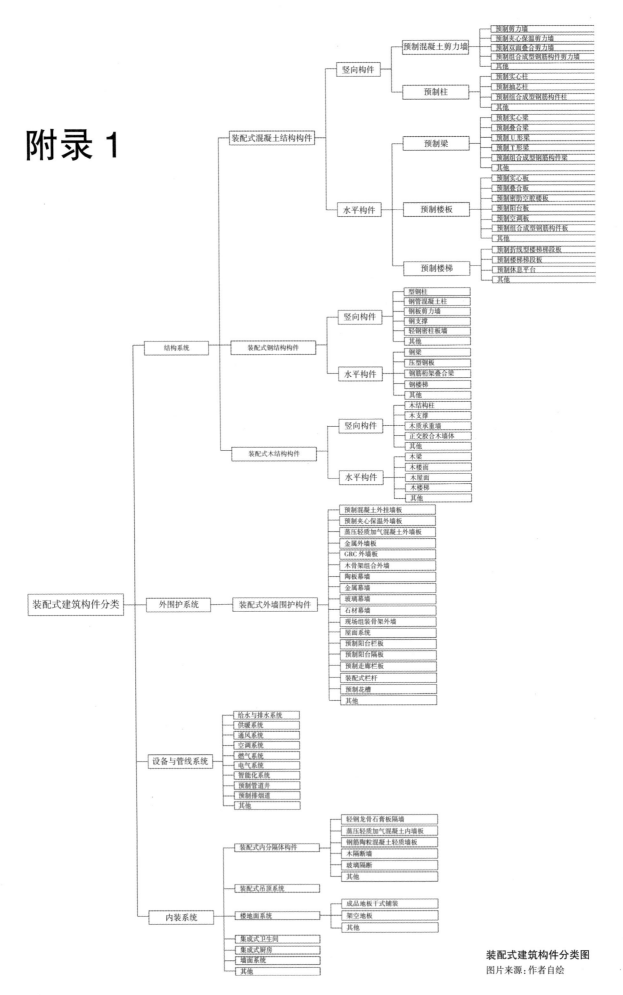

装配式建筑构件分类图
图片来源:作者自绘

附录 2

装配式建筑构件类别编号表

预制装配式构件类型		构件类别		构件类别编号
装配式结构系统	装配式混凝土构件	预制混凝土剪力墙	预制混凝土剪力墙	JG-HNT-JLQ
			预制夹心保温剪力墙	JG-HNT-JXJLQ
			预制双面叠合剪力墙	JG-HNT-DHJLQ
			预制组合成型钢筋构件剪力墙	JG-HNT-GJJLQ
		预制柱	预制实心柱	JG-HNT-SXZ
			预制抽芯柱	JG-HNT-CXZ
			预制组合成型钢筋构件柱	JG-HNT-GJZ
		预制梁	预制实心梁	JG-HNT-SXL
			预制叠合梁	JG-HNT-DHL
			预制 U 形梁	JG-HNT-UL
			预制 T 形梁	JG-HNT-TL
			预制组合成型钢筋构件梁	JG-HNT-GJL
		预制楼板	预制实心板	JG-HNT-SXB
			预制叠合板	JG-HNT-DHB
			预制密肋空腔楼板	JG-HNT-MLKQB
			预制阳台板	JG-HNT-YTB
			预制空调板	JG-HNT-KTB
			预制组合成型钢筋构件板	JG-HNT-GJB
	装配式钢结构构件	型钢柱		JG-G-Z
		钢管混凝土柱		JG-G-HNTZ
		钢板剪力墙		JG-G-JLQ
		钢支撑		JG-G-ZC
		轻钢密柱板墙		JG-G-MZQB
		钢梁		JG-G-L
		压型钢板		JG-G-YXGB
		钢筋桁架叠合梁		JG-G-HJDHB
		钢楼梯		JG-G-LT
	装配式木结构构件	木结构柱		JG-M-Z
		木支撑		JG-M-ZC
		木质承重墙		JG-M-CZQ
		正交胶合木墙体		JG-M-JHQT
		木梁		JG-M-L
		木楼面		JG-M-LM
		木屋面		JG-M-WM
		木楼梯		JG-M-LT

预制装配式构件类型		构件类别	构件类别编号
装配式外围护系统		混凝土外挂墙板	WWH-HNT-WGQB
		夹心保温外墙板	WWH-BWWQB
		蒸压轻质加气混凝土外墙板	WWH-JQHNTWQB
		金属外墙板	WWH-JSWQB
		GRC外墙板	WWH-GRCWQB
		木骨架组合外墙	WWH-MGJZHWQ
		陶板幕墙	WWH-TBMQ
		金属幕墙	WWH-JSMQ
		玻璃幕墙	WWH-BLMQ
		石材幕墙	WWH-SCMQ
		现场组装骨架外墙	WWH-ZZGJWQ
		外门窗系统	WWH-WMC
		屋面系统	WWH-WM
		走廊栏板	WWH-ZLLB
		装配式栏杆	WWH-LG
		花槽	WWH-HC
		空调板	WWH-KTB
		阳台板	WWH-YTB
		女儿墙	WWH-NEQ
装配式设备管线系统		给水与排水系统	SBGX-GSPS
		供暖系统	SBGX-GN
		通风系统	SBGX-TF
		空调系统	SBGX-KT
		燃气系统	SBGX-RQ
		电气系统	SBGX-DQ
		智能化系统	SBGX-ZNH
		管道井	SBGX-GDJ
		排烟道	SBGX-PYD
装配式内装修系统	装配式内分隔体构件	轻钢龙骨石膏板隔墙	NZ-NFG-QGLGSGBGQ
		蒸压轻质加气混凝土内墙板	NZ-NFG-HNTNQB
		钢筋陶粒混凝土轻质墙板	NZ-NFG-HNTQZQB
		木隔断墙	NZ-NFG-HNTQZQB
		玻璃隔断	NZ-NFG-BLGD
	装配式吊顶系统	—	NZ-ZPSDD
	地面系统	楼地面干式铺装	NZ-LDM-GSPZ
		架空地板	NZ-LDM-JKDB
	集成式卫生间	—	NZ-JCWSJ
	集成式厨房	—	NZ-JCCF
	墙面系统	—	NZ-QMXT
	装配式墙板（带饰面）	—	NZ-ZPSQB

表格来源：东南大学张宏教授工作室

参考文献

中文文献

[1] 中华人民共和国中央人民政府 . 国务院办公厅关于大力发展装配式建筑的指导意见 [EB/OL].(2016–
09–30). http://www.gov.cn/xinwen/2016–09/30/content_5114118.htm.

[2] 中华人民共和国中央人民政府 . 国务院办公厅关于促进建筑业持续健康发展的意见 [EB/OL].(2017–
02–24). http://www.gov.cn/xinwen/2017–02/24/content_5170625.htm.

[3] 中华人民共和国住房和城乡建设部 . "十三五"装配式建筑行动方案 [EB/OL]. (2017–03–23). http://www.
mohurd.gov.cn/wjfb/201703/t20170327_231283.html.

[4] 中华人民共和国住房和城乡建设部 . 2011—2015 年建筑业信息化发展纲要 [EB/OL]. (2011–05–10).
http://www.mohurd.gov.cn/wjfb/201105/t20110517_203420.html.

[5] 中华人民共和国住房和城乡建设部 . 2016—2020 年建筑业信息化发展纲要 [EB/OL]. (2016–08–23).
http://www.mohurd.gov.cn/wjfb/201609/t20160918_228929.html.

[6] 纪颖波 , 周晓茗 , 李晓桐 . BIM 技术在新型建筑工业化中的应用 [J]. 建筑经济 , 2013, 34(8):14–16.

[7] 许俊青 , 陆惠民 . 基于 BIM 的建筑供应链信息流模型的应用研究 [J]. 工程管理学报 , 2011, 25(2):138–
142.

[8] 刘平 , 李启明 . BIM 在装配式建筑供应链信息流中的应用研究 [J]. 施工技术 , 2017, 46(12): 130–133.

[9] 李天华 , 袁永博 , 张明媛 . 装配式建筑全寿命周期管理中 BIM 与 RFID 的应用 [J]. 工程管理学报 ,
2012, 26(3):28–32.

[10] 丁士昭 . 建设工程信息化导论 [M]. 北京：中国建筑工业出版社 , 2005.

[11] 中华人民共和国住房和城乡建设部 . 国务院办公厅关于促进建筑业持续健康发展的意见 [EB/OL].
(2017–02–21). http://www.mohurd.gov.cn/wjfb/201702/t20170227_230750.html.

[12] 李德仁 , 李清泉 , 杨必胜 , 等 . 3S 技术与智能交通 [J]. 武汉大学学报 (信息科学版), 2008, 33(4):331–
336.

[13] 中华人民共和国国家发展和改革委员会 . 关于促进智慧城市健康发展的指导意见 [EB/OL]. (2014–08–
27).http://gjss.ndrc.gov.cn/gjsgz/201408/t20140829_684199.html.

[14] 张飞舟 , 晏磊 , 孙敏 . 基于 GPS/GIS/RS 集成技术的物流监控管理 [J]. 系统工程 , 2003, 21(1):49–55.

[15] 朱帅剑 , 毛海军 . 基于 3S 技术的应急物流配送车辆导航定位系统研究 [J]. 交通与计算机 , 2008,
26(5):119–122.

[16] 康冬舟，益建芳 . WebGIS 实现技术综述及展望 [J]. 信阳师范学院学报（自然科学版），2002,
15(1):119–124.

[17] 施加松，刘建忠 . 3D GIS 技术研究发展综述 [J]. 测绘科学，2005, 30(5):117–119.

[18] 王保云 . 物联网技术研究综述 [J]. 电子测量与仪器学报，2009, 23(12):1–7.

[19] 孙其博，刘杰，黎羴，等 . 物联网：概念、架构与关键技术研究综述 [J]. 北京邮电大学学报，2010,
33(3):1–9.

[20] 李泉林，郭龙岩 . 综述 RFID 技术及其应用领域 [J]. 射频世界，2006(1):51–62.

[21] 王家耀 . 空间信息系统原理 [M]. 北京：科学出版社，2001.

[22] 梁桂保，张友志 . 浅谈我国装配式住宅的发展进程 [J]. 重庆理工大学学报 (自然科学), 2006, 20(9):50–
52.

[23] 孙定秩 . 建筑模数协调标准的发展与现状 [J]. 甘肃工业大学学报，2002, 28(4):100–103.

[24] 刘长春，张宏，淳庆，等 . 新型工业化建筑模数协调体系的探讨 [J]. 建筑技术，2015, 46(3):252–256.

[25] 周藤 . 建筑模数化设计的探索与工程实践 [J]. 建筑创作，2006(11):118–121.

[26] 周晓红 . 模数协调与工业化住宅的整体化设计 [J]. 住宅产业，2011(6):51–53.

[27] 杨晓旸 . 基于 PCa 技术的工业化住宅体系及设计方法研究 [D]. 大连：大连理工大学，2009.

[28] 李晓明，赵丰东，李禄荣，等 . 模数协调与工业化住宅建筑 [J]. 住宅产业，2009(12):83–85.

[29] 开彦 . 模数协调原则及模数网格的应用 [J]. 住宅产业，2010(9):36–38.

[30] 王廷魁，赵一洁，张睿奕，等 . 基于 BIM 与 RFID 的建筑设备运行维护管理系统研究 [J]. 建筑经济，
2013, 34(11):113–116.

[31] 郭学明 . 装配式混凝土结构建筑的设计、制作与施工 [M]. 北京：机械工业出版社，2017.

[32] 张宏，朱宏宇，吴京，等 . 构件成型·定位·连接与空间和形式生成：新型建筑工业化设计与建造
示例 [M]. 南京：东南大学出版社，2016.

[33] 常春光，杨爽，苏永玲 . UNIFORMAT Ⅱ 编码在装配式建筑 BIM 中的应用 [J]. 沈阳建筑大学学报 (社
会科学版), 2015, 17(3):279–283.

[34] 清华大学软件学院 BIM 课题组 . 中国建筑信息模型标准框架研究 [J]. 土木建筑工程信息技术，2010,
2(2):1–5.

[35] 李天华 . 装配式建筑寿命周期管理中 BIM 与 RFID 应用研究 [D]. 大连：大连理工大学，2011.

[36] 常春光，吴飞飞 . 基于 BIM 和 RFID 技术的装配式建筑施工过程管理 [J]. 沈阳建筑大学学报 (社会科
学版), 2015, 17(2):170–174.

[37] 王海宁 . 基于建筑工业化的建造信息化系统研究 [D]. 南京：东南大学，2018.

[38] 范玉，徐华，黄新，等 . 新型装配式建筑构件生产及其施工技术的研究与应用 [J]. 混凝土与水泥制品，
2015(12):87–89.

[39] 张晓勇，孙晓阳，陈华，等 . 预制全装配式混凝土框架结构施工技术 [J]. 施工技术，2012, 41(2):77–
80.

［40］ 沈孝庭 . 产业化装配式住宅建筑体系与施工应用技术 [J]. 住宅科技 , 2014, 34(6):81–84.

［41］ 齐宝库 , 李长福 . 基于 BIM 的装配式建筑全生命周期管理问题研究 [J]. 施工技术 , 2014, 43(15):25–29.

［42］ 白庶 , 张艳坤 , 韩凤 , 等 . BIM 技术在装配式建筑中的应用价值分析 [J]. 建筑经济 , 2015, 36(11):106–109.

［43］ 姬丽苗 , 张德海 , 管桷瑜 , 等 . 基于 BIM 技术的预制装配式混凝土结构设计方法初探 [J]. 土木建筑工程信息技术 , 2013, 5(1):54–56.

［44］ 张德海 , 陈娜 , 韩进宇 . 基于 BIM 的模块化设计方法在装配式建筑中的应用 [J]. 土木建筑工程信息技术 , 2014, 6(6):81–85.

［45］ 周文波 , 蒋剑 , 熊成 . BIM 技术在预制装配式住宅中的应用研究 [J]. 施工技术 , 2012, 41(22):72–74.

［46］ 张超 . 基于 BIM 的装配式结构设计与建造关键技术研究 [D]. 南京 : 东南大学 , 2016.

［47］ 张建平 . 基于 BIM 和 4D 技术的建筑施工优化及动态管理 [J]. 中国建设信息 , 2010(2):18–23.

［48］ 李犁 . 基于 BIM 技术建筑协同平台的初步研究 [D]. 上海 : 上海交通大学 , 2012.

［49］ 张洋 . 基于 BIM 的建筑工程信息集成与管理研究 [D]. 北京 : 清华大学 , 2009.

［50］ 张建平 , 余芳强 , 李丁 . 面向建筑全生命期的集成 BIM 建模技术研究 [J]. 土木建筑工程信息技术 , 2012, 4(1):6–14.

［51］ 刘占省 , 赵明 , 徐瑞龙 . BIM 技术在建筑设计、项目施工及管理中的应用 [J]. 建筑技术开发 , 2013, 40(3):65–71.

［52］ 钱海 , 马小军 , 包仁标 , 等 . 基于三维激光扫描和 BIM 的构件缺陷检测技术 [J]. 计算机测量与控制 , 2016, 24(2):14–17.

［53］ 谭海亮 , 崔古月 , 郭旭 , 等 . 基于 BIM 的检测评定系统在钢筋混凝土框架结构中的应用 [J]. 建筑科学 , 2017, 33(9):91–96.

［54］ 颜斌 , 黄道军 , 文江涛 , 等 . 基于 BIM 的智能施工放样施工技术 [J]. 施工技术 , 2016, 45(S2):606–608.

［55］ 陈威 . 基于 BIM 模型放样及后处理在工程中的应用 [J]. 土木建筑工程信息技术 , 2016, 8(4):85–88.

［56］ 杜长亮 . BIM 和 AR 技术结合在施工现场的应用研究 [D]. 重庆 : 重庆大学 , 2014.

［57］ 徐民彦 . 结构设计绘图方法的改革与突破 [J]. 科技信息 , 2010(2):15.

［58］ 龚健雅 . 当代地理信息系统进展综述 [J]. 测绘与空间地理信息 , 2004, 27(1):5–11.

［59］ 刘春 , 刘大杰 . GIS 的应用及研究热点探讨 [J]. 现代测绘 , 2003, 26(3):7–10.

［60］ 李德仁 . 论 21 世纪遥感与 GIS 的发展 [J]. 武汉大学学报 (信息科学版), 2003, 28(2):127–131.

［61］ 陈斐 , 杜道生 . 空间统计分析与 GIS 在区域经济分析中的应用 [J]. 武汉大学学报 (信息科学版), 2002, 27(4):391–396.

［62］ 韩春华 , 易思蓉 , 杨扬 . 基于最优路径分析的线路初始平面自动生成方法 [J]. 西南交通大学学报 , 2011, 46(2):252–258.

［63］ 刘学锋 , 孟令奎 , 李少华 , 等 . 基于栅格 GIS 的最优路径分析及其应用 [J]. 测绘通报 , 2004(6):43–45.

［64］ 宋小冬 , 叶嘉安 , 钮心毅 . 地理信息系统及其在城市规划与管理中的应用 [M]. 北京 : 科学出版社 ,

2010.

[65] 陈国柱 . GIS 技术和数字化测绘技术的发展及其在工程测量中的应用 [J]. 科技创新导报 , 2011, 8(26):111.

[66] 赵东晖 , 袁永博 . 基于 GIS 的建筑施工管理信息系统的研究与应用 [J]. 地理空间信息 , 2007, 5(4):78–80.

[67] 钟登华 , 宋洋 , 李景茹 . 基于 GIS 的复杂工程施工可视化信息管理系统 [J]. 水利水电技术 , 2001, 32(12):35–38, 77.

[68] 郑云 , 苏振民 , 金少军 . BIM–GIS 技术在建筑供应链可视化中的应用研究 [J]. 施工技术 , 2015, 44(6):59–63,116.

[69] 沈兰荪 . 数据采集技术 [M]. 合肥 : 中国科学技术大学出版社 , 1990.

[70] 蒋代梅 , 刘洋 , 周小兵 . 基于 GPS/GIS 的物流运输管理系统的实现技术 [J]. 北京工业大学学报 , 2005, 31(4):443–448.

[71] 方庭勇 . 北斗时代下的建筑施工工程机械安全监控应用 [J]. 建设科技 , 2016(6):21–23.

[72] 袁成忠 . 智能型全站仪自动测量系统集成技术研究 [D]. 成都 : 西南交通大学 , 2007.

[73] 郭子甄 . 徕卡 TCA 全站仪在跟踪定位工程中的应用 [J]. 测绘通报 , 2006(10):76–77.

[74] 刘骏 , 罗兰 , 聂鹏飞 . BIM 放样机器人在装饰施工天花吊杆定位中的应用 [J]. 施工技术 , 2017, 46(9):86–88.

[75] 杨林 , 盛业华 , 王波 . 利用三维激光扫描技术进行建筑物室内外一体建模方法研究 [J]. 测绘通报 , 2014(7):27–30.

[76] 吕翠华 , 陈秀萍 , 张东明 . 基于三维激光扫描技术的建筑物三维建模方法 [J]. 科学技术与工程 , 2012, 12(10):2410–2414.

[77] 王田磊 , 袁进军 , 王建锋 . 三维激光扫描技术在建筑物三维建模可视化中的应用 [J]. 测绘通报 , 2012(9):44–47.

[78] 彭武 . 上海中心大厦的数字化设计与施工 [J]. 时代建筑 , 2012 (5): 82–89.

[79] 中华人民共和国住房和城乡建设部 , 中华人民共和国国家质量监督检验检疫总局 . 装配式钢结构建筑技术标准 : GB/T 51232—2016 [S]. 北京 : 中国建筑工业出版社 , 2017：11–12.

[80] 蒋勤俭 . 国内外装配式混凝土建筑发展综述 [J]. 建筑技术 , 2010, 41(12):1074–1077.

[81] 中华人民共和国住房和城乡建设部 . 装配式混凝土结构技术规程 : JGJ 1–2014 [S]. 北京 : 中国建筑工业出版社 , 2014.

[82] 叶海军 , 史鸣军 . 建筑模板的发展历程及前景 [J]. 山西建筑 , 2007, 33(31):158–159.

[83] 糜嘉平 . 国内外早拆模板技术发展概况 [J]. 建筑技术 , 2011, 42(8):686–688.

[84] 金长宏 , 李启明 . 对我国推行建筑供应链管理的思考 [J]. 建筑经济 , 2008, 29(4):17–19.

[85] 戴文莹 . 基于 BIM 技术的装配式建筑研究 [D]. 武汉 : 武汉大学 , 2017.

[86] 中华人民共和国住房和城乡建设部 . 建筑工业化发展纲要 [EB/OL]. (2016–09–30). http://www.pkulaw.

cn/fulltext_form.aspx?Gid=22472.

[87] 中华人民共和国住房和城乡建设部 . 建筑模数协调标准：GB/T 50002—2013[S]. 北京 : 中国建筑工业出版社 , 2013.

[88] 中国工程建设协会 . 集装箱模块化组合房屋技术规程：CECS 334—2013[S]. 北京 : 中国计划出版社 , 2013.

[89] 郭学明 . 装配式混凝土建筑——结构设计与拆分设计 200 问 [M]. 北京 : 机械工业出版社 , 2018.

[90] 上海市建筑建材业市场管理总站 . 装配式建筑预制混凝土构件生产技术导则 [Z]. 2016.

[91] 张金树 , 王春长 . 装配式建筑混凝土预制构件生产与管理 [M]. 北京 : 中国建筑工业出版社 , 2017.

[92] 中华人民共和国住房和城乡建设部 . 工程测量规范：GB 50026—2007 [S]. 北京 : 中国计划出版社 , 2008：86–87.

[93] 李志勇 , 郎义勇 . 施工现场平面布置方法及要点 [J]. 山西建筑 , 2011, 37(28):100–101.

[94] 章南彪 , 章瑞文 . 塔吊布置与基础设计的若干问题探讨 [J]. 建筑安全 , 2009, 24(12):13–15.

[95] 蒋博雅 , 张宏 , 庞希玲 . 工业化住宅产品装配过程信息集成 [J]. 施工技术 , 2017, 46(4):37–41, 86.

[96] 中华人民共和国住房和城乡建设部 . 装配式混凝土建筑技术标准：GB/T 51231—2016 [S]. 北京 : 中国建筑工业出版社 , 2017.

[97] 汪再军 . BIM 技术在建筑运维管理中的应用 [J]. 建筑经济 , 2013, 34(9):94–97.

[98] 中华人民共和国住房和城乡建设部 . 建筑拆除工程安全技术规范：JGJ 147—2016[S]. 北京 : 中国建筑工业出版社 , 2016.

[99] 吴浙文 . 对建设工程项目全寿命周期终结阶段管理的探讨 [J]. 工程建设与设计 , 2014(3):138–142.

[100] 张宏 , 张莹莹 , 王玉 , 等 . 绿色节能技术协同应用模式实践探索：以东南大学"梦想居"未来屋示范项目为例 [J]. 建筑学报 , 2016(5):81–85.

[101] 刘云鹤 . 基于建筑拆解设计的建筑工业化体系研究 [D]. 济南 : 山东建筑大学 , 2016.

[102] 贡小雷 . 建筑拆解及材料再利用技术研究 [D]. 天津 : 天津大学 , 2010.

[103] 王奕 . 目前供应链信息流存在的问题及改进 [J]. 工业工程与管理 , 2001, 6(6):22–24.

[104] 苏畅 . 基于 RFID 的预制装配式住宅构件追踪管理研究 [D]. 哈尔滨 : 哈尔滨工业大学 , 2012.

[105] 王珊 , 陈红 . 数据库系统原理教程 [M]. 北京 : 清华大学出版社 , 1998.

[106] 过俊 . BIM 在国内建筑全生命周期的典型应用 [J]. 建筑技艺 , 2011(Z1):95–99.

[107] 张建平 , 曹铭 , 张洋 . 基于 IFC 标准和工程信息模型的建筑施工 4D 管理系统 [J]. 工程力学 , 2005, 22(S1):220–227.

[108] 宋彦 , 彭科 . 城市空间分析 GIS 应用指南 [J]. 城市规划学刊 , 2015(4):124.

[109] 朱昌锋 , 王庆荣 , 朱昌盛 . 基于 GIS 的物流配送车辆优化调度系统 [J]. 铁道物资科学管理 , 2003, 21(2):38–39.

[110] 马扩 . 基于实时信息的动态路径规划问题研究 [D]. 大连 : 大连理工大学 , 2007.

[111] 王家耀 . 地理信息系统的发展与发展中的地理信息系统 [J]. 中国工程科学 , 2009, 11(2):10–16.

[112] 李明涛 . 基于 IFC 和 CityGML 的建筑空间信息共享研究 [D]. 北京 : 北京建筑大学 , 2013.

[113] 徐苏维 , 王军见 , 盛业华 . 3D/4D GIS/TGIS 现状研究及其发展动态 [J]. 计算机工程与应用 , 2005, 41(3):58–62.

[114] 刘南 , 刘仁义 . Web GIS 原理及其应用 : 主要 Web GIS 平台开发实例 [M]. 北京 : 科学出版社 , 2002.

[115] 马聪 . GIS 在建筑领域中的管理及应用 [J]. 测绘与空间地理信息 , 2017, 40(1):119–120.

[116] 张海 . GIS 与考古学空间分析 [M]. 北京 : 北京大学出版社 , 2014.

[117] 汤圣君 , 朱庆 , 赵君峤 . BIM 与 GIS 数据集成 :IFC 与 CityGML 建筑几何语义信息互操作技术 [J]. 土木建筑工程信息技术 , 2014, 6(4):11–17.

[118] 林宏源 . 基于 GIS 的移动定位技术在物流信息化建设中的应用研究 [D] . 上海 : 上海交通大学 , 2012.

[119] 史亚蓉 , 万迪昉 , 李双燕 , 等 . 基于 GIS 的物流配送路线规划研究 [J]. 系统工程理论与实践 , 2009, 29(10):76–84.

[120] 王晏民 , 洪立波 , 过静珺 , 等 . 现代工程测量技术发展与应用 [J]. 测绘通报 , 2007, 2007(4):1–5.

[121] 龚逸 . 论现代建筑工程测量技术的应用 [J]. 价值工程 , 2010, 29(30):49–49.

[122] 金延邦 , 张彩霞 . 浅析 GNSS 发展现状及应用 [J]. 价值工程 , 2013(12):204–205.

[123] 苏亚军 , 骆江 . 浅议 GPS 在高层建筑测量施工中的应用 [J]. 中国西部科技 , 2008, 7(7):21–22.

[124] 周忠谟 , 易杰军 . GPS 卫星测量原理与应用 [M]. 北京 : 测绘出版社 , 1992.

[125] 夏枫 , 胡达 . 城市车载 GPS 导航系统的设计 [J]. 计算机与现代化 , 2004(4):72–74.

[126] 曲亚男 . GPS 定位技术在建筑物变形监测中的应用研究 [D]. 济南 : 山东大学 , 2012.

[127] 姚刚 . 高层及超高层建筑工程的 GPS 定位控制研究 [D]. 重庆 : 重庆大学 , 2002.

[128] 牛丽娟 . 测量坐标转换模型研究与转换系统实现 [D]. 西安 : 长安大学 , 2010.

[129] 刘学军 . 工程测量中平面坐标转换及其应用 [J]. 北京测绘 , 2014(6):142–145.

[130] 施志远 . 上海中心大厦垂直度 GNSS(GPS) 测量研究 [J]. 上海建设科技 , 2015(3):56–60.

[131] 熊春宝 , 田力耘 , 叶作安 , 等 . GNSS RTK 技术下超高层结构的动态变形监测 [J]. 测绘通报 , 2015(7):14–17, 31.

[132] 滕展 , 王菲 . 基于 GIS 和 GNSS 的物流配送路线规划设计浅析 [J]. 农村经济与科技 , 2016, 27(14):89.

[133] 丁一峰 , 陆华 , 李文杰 . 信息化预拼装在钢结构成品检验中的应用 [J]. 土木建筑工程信息技术 , 2012(1):52–56.

[134] 郑之宏 , 杨锐 . 国家体育场斜柱测量放样原理与方法 [J]. 现代测绘 , 2008, 31(2):12–15.

[135] 李巍 , 赵亮 , 张占伟 , 等 . 常用全站仪放样方法及精度分析 [J]. 测绘通报 , 2012(5):29–32, 40.

[136] 张亮 . BIM 与机器人全站仪在场地地下管线施工中的综合应用 [J]. 施工技术 , 2016, 45(6):27–31, 48.

[137] 章茂林 , 谭良 , 邱晓峰 , 等 . 测量机器人在峡谷河道测量中的应用 [J]. 水利水电快报 , 2012, 33(7):25–27.

[138] 郭际明 , 梅文胜 , 张正禄 , 等 . 测量机器人系统构成与精度研究 [J]. 武汉测绘科技大学学报 (信息科学版), 2000, 25(5):421–425.

[139] 李亚东，郎灏川，吴天华．现场扫描结合 BIM 技术在工程实施中的应用 [J]. 施工技术，2012，41(18):19–22.

[140] 孙政，曹永康．基于消费级无人机采集图像的摄影测量在建筑遗产测绘中的精度评估：以吉祥多门塔为例 [J]. 建筑遗产，2017(4):120–127.

[141] 李严，李哲，张玉坤．建筑摄影测量系统及其应用案例 [J]. 新建筑，2010(5):130–135.

[142] 张莹莹，孙政．西藏建筑遗产测绘中的技术适用性 [J]. 华中建筑，2018, 36(1):52–56.

[143] 于承新，徐芳，黄桂兰，等．近景摄影测量在钢结构变形监测中的应用 [J]. 山东建筑工程学院学报，2000, 15(4):1–7.

[144] 吴德本．物联网综述 (3)[J]. 有线电视技术，2011, 18(3):119–123, 129.

[145] 丁健．射频识别技术在我国的应用现状与发展前景 (下)[J]. 射频世界，2010, 5(6):45–48.

[146] 张学友，时春峰．识别系统在柔性测量系统中的应用 [J]. 智能制造，2018(6):53–54.

[147] 王爽．二维码在物联网中的应用 [J]. 硅谷，2013, 6(17):117–118.

[148] 张明华．基于 WLAN 的室内定位技术研究 [D]. 上海：上海交通大学，2009.

[149] 赵锐，钟榜，朱祖礼，等．室内定位技术及应用综述 [J]. 电子科技，2014, 27(3): 154–157.

[150] 胡珉，陆俊宇．基于 RFID 的预制混凝土构件生产智能管理系统设计与实现 [J]. 土木建筑工程信息技术，2013, 5(3):50–56.

[151] 王美华，高路，范志宏，等．基于无线射频技术的 BIM 预制构件物流管理平台研究 [J]. 土木建筑工程信息技术，2016, 8(6):100–105.

[152] 李伟勤．BIM 与 RFID 技术在建筑物流管理中的集成应用研究 [D]. 北京：北京建筑大学，2016.

[153] 罗曙光．基于 RFID 的钢构件施工进度监测系统研究 [D]. 上海：同济大学，2008.

[154] 罗文斌，曹彬，魏素巍，等．谈建筑产品分类和编码 [J]. 中国建设信息，2010(24):50–53.

[155] 董政民．支持 BIM 应用的建筑设施编码体系研究 [J]. 土木建筑工程信息技术，2014, 6(5):107–111.

[156] 中华人民共和国住房和城乡建设部．建筑工程设计信息模型分类和编码标准：GB/T 51269—2017[S]. 北京：中国建筑工业出版社，2017.

[157] 吴双月．基于 BIM 的建筑部品信息分类及编码体系研究 [D]. 北京：北京交通大学，2015.

[158] 马天磊，邓思华，李晨光，等．装配式结构 BIM 碰撞检查分析研究 [J]. 建材技术与应用，2017(1):40–42.

[159] 王苏男，宋伟，姜文生．最短路径算法的比较 [J]. 系统工程与电子技术，1994, 16(5):43–49.

[160] 王雪青，张康照，谢银．基于 BIM 实时施工模型的 4D 模拟 [J]. 广西大学学报（自然科学版），2012, 37(4):814–819.

[161] 丁延辉．地面三维激光扫描数据配准研究 [J]. 测绘通报，2009 (2): 57–59.

[162] 郝雯，王映辉，宁小娟，等．面向点云的三维物体识别方法综述 [J]. 计算机科学，2017, 44(9): 11–16.

[163] 李坤．基于 GIS 的同城运输路线最优化研究 [D]. 北京：对外经济贸易大学，2007.

[164] 蔡先华，王炜，戚浩平．基于 GIS 的道路几何网络数据模型及其应用 [J]. 测绘通报，2005(12):24–27.

[165] 张晓楠, 任志国, 曹一冰, 等. 交通运输最短路径分析系统的设计与实现 [J]. 测绘工程, 2014, 23(1):25−30.

[166] 司连法, 王文静. 快速 Dijkstra 最短路径优化算法的实现 [J]. 测绘通报, 2005(8):15−18.

[167] 张莹莹, 张宏. 基于 BIM 的轻型结构房屋系统模块化设计研究 [J]. 建筑技术, 2019, 50(5):566−569.

英文文献

[1] Grau D, Caldas C H, Haas C T, et al. Assessing the impact of materials tracking technologies on construction craft productivity[J]. Automation in Construction, 2009, 18(7): 903-911.

[2] Su Y Y, Liu L Y. Real-time construction operation tracking from resource positions[C]//Computing in Civil Engineering, July 24-27, 2007, Pittsburgh, USA. Virginia: Technical Council on Computing and Information Technology of ASCE, 2007: 200-207.

[3] Rojas E M, Aramvareekul P. Labor productivity drivers and opportunities in the construction industry[J]. Journal of Management in Engineering, 2003, 19(2): 78-82.

[4] Liberda M, Ruwanpura J, Jergeas G. Construction productivity improvement: A study of human, management and external issues[C]//Construction Research Congress: Wind of Change: Integration and Innovation, March 19-21, 2003, Honolulu, Hawaii, USA. Resto, VA, USA: ASCE, 2003: 1-8.

[5] Song J, Haas C T, Caldas C, et al. Automating the task of tracking the delivery and receipt of fabricated pipe spools in industrial projects[J]. Automation in Construction, 2006, 15(2): 166-177.

[6] Song J, Haas C T, Caldas C H. Tracking the location of materials on construction job sites[J]. Journal of Construction Engineering and Management, 2006, 132(9): 911-918.

[7] Song J, Haas C T, Caldas C H. A proximity-based method for locating RFID tagged objects[J]. Advanced Engineering Informatics, 2007, 21(4): 367-376.

[8] Gong J, Caldas C H. An intelligent video computing method for automated productivity analysis of cyclic construction operations[C]//International Workshop on Computing in Civil Engineering, June 24-27, 2009, Austin, TX USA. Resto, VA, USA: ASCE, 2009: 64-73.

[9] Shpresa K, Schuurmans A, et al. Life-cycle assessment in building and construction: A state-of-the-art report[R]. Florida: Setac, 2003.

[10] Hammad A. Lifecycle management of facilities components using radio frequency identification and building information model[J]. Journal of Information Technology in Construction, 2009, 14(18): 238-262.

[11] Ergen E, Akinci B, Sacks R. Life-cycle data management of engineered-to-order components using radio frequency identification[J]. Advanced Engineering Informatics, 2007, 21(4): 356-366.

[12] Hardin B, McCool D. BIM and construction management: proven tools, methods, and workflows[M]. New Jersey: John Wiley & Sons, 2015.

[13] Azhar S. Building information modeling (BIM): trends, benefits, risks, and challenges for the AEC industry[J].

Leadership and Management in Engineering, 2011, 11(3): 241-252.

[14] Azhar S, Khalfan M, Maqsood T. Building information modeling (BIM): now and beyond[J]. Construction Economics and Building, 2015, 12(4): 15-28.

[15] Eastman C M, Eastman C, Teicholz P, et al. BIM handbook: a guide to building information modeling for owners, managers, designers, engineers and contractors[M]. New Jersey: John Wiley & Sons, 2011.

[16] Singh M M, Sawhney A, Borrmann A. Modular coordination and BIM: development of rule based smart building components[J]. Procedia Engineering, 2015, 123: 519-527.

[17] Sacks R, Eastman C M, Lee G. Parametric 3D modeling in building construction with examples from precast concrete[J]. Automation in Construction, 2004, 13(3): 291-312.

[18] Zhang J P, Hu Z Z. BIM-and 4D-based integrated solution of analysis and management for conflicts and structural safety problems during construction: 1. Principles and methodologies[J]. Automation in Construction, 2011, 20(2): 155-166.

[19] Aram S, Eastman C, Sacks R. Requirements for BIM platforms in the concrete reinforcement supply chain[J]. Automation in Construction, 2013, 35: 1-17.

[20] Kim M K, Cheng J C P, Sohn H, et al. A framework for dimensional and surface quality assessment of precast concrete elements using BIM and 3D laser scanning[J]. Automation in Construction, 2015, 49: 225-238.

[21] Zhong R Y, Peng Y, Xue F, et al. Prefabricated construction enabled by the Internet-of-Things[J]. Automation in Construction, 2017, 76: 59-70.

[22] Li H, Kong C W, Pang Y C, et al. Internet-based geographical information systems system for E-commerce application in construction material procurement[J]. Journal of Construction Engineering and Management, 2003, 129(6): 689-697.

[23] Yu T. Supplier selection in constructing logistics service supply chain[J]. Systems Engineering-theory & Practice, 2003(5): 39-53.

[24] Ma Z Y, Shen Q P, Zhang J P. Application of 4D for dynamic site layout and management of construction projects[J]. Automation in Construction, 2005, 14(3): 369-381.

[25] Wang T K, Zhang Q, Chong H Y, et al. Integrated supplier selection framework in a resilient construction supply chain: an approach via analytic hierarchy process (AHP) and grey relational analysis (GRA)[J]. Sustainability, 2017, 9(2): 289.

[26] Irizarry J, Karan E P, Jalaei F. Integrating BIM and GIS to improve the visual monitoring of construction supply chain management[J]. Automation in Construction, 2013, 31: 241-254.

[27] Castro-Lacouture D, Medaglia A L, Skibniewski M. Supply chain optimization tool for purchasing decisions in B2B construction marketplaces[J]. Automation in Construction, 2007, 16(5): 569-575.

[28] Nasir H, Haas C T, Young D A, et al. An implementation model for automated construction materials tracking and locating[J]. Canadian Journal of Civil Engineering, 2010, 37(4): 588-599.

[29] Li H, Chan G, Wong J K W, et al. Real-time locating systems applications in construction[J]. Automation in Construction, 2016, 63: 37-47.

[30] Pentti V, Tapio H, Pekka K, et al. Extending automation of building construction—Survey on potential sensor technologies and robotic applications[J]. Automation in Construction, 2013, 36: 168-178.

[31] Chen K, Lu W S, Peng Y, et al. Bridging BIM and building: From a literature review to an integrated conceptual framework[J]. International Journal of Project Management, 2015, 33(6): 1405-1416.

[32] Zhong R Y, Peng Y, Xue F, et al. Prefabricated construction enabled by the Internet-of-Things[J]. Automation in Construction, 2017, 76: 59-70.

[33] Jaselskis E J, Anderson M R, Jahren C T, et al. Radio-frequency identification applications in construction industry[J]. Journal of Construction Engineering and Management, 1995, 121(2): 189-196.

[34] Jaselskis E J, El-Misalami T. Implementing radio frequency identification in the construction process[J]. Journal of Construction Engineering and Management, 2003, 129(6): 680-688.

[35] Goodrum P M, McLaren M A, Durfee A. The application of active radio frequency identification technology for tool tracking on construction job sites[J]. Automation in Construction, 2006, 15(3): 292-302.

[36] Lu W S, Huang G Q, Li H. Scenarios for applying RFID technology in construction project management[J]. Automation in Construction, 2011, 20(2): 101-106.

[37] Ko C H. RFID-based building maintenance system[J]. Automation in Construction, 2009, 18(3): 275-284.

[38] Akinci B, Patton M, Ergen E. Utilizing radio frequency identification on precast concrete components-supplier's perspective[J]. Nist Special Publication SP, 2003: 381-386.

[39] Becerik-Gerber B, Jazizadeh F, Li N, et al. Application areas and data requirements for BIM-enabled facilities management[J]. Journal of Construction Engineering and Management, 2012, 138(3): 431-442.

[40] Hildreth J, Vorster M, Martinez J. Reduction of short-interval GPS data for construction operations analysis[J]. Journal of Construction Engineering and Management, 2005, 131(8): 920-927.

[41] Pradhananga N, Teizer J. Automatic spatio-temporal analysis of construction site equipment operations using GPS data[J]. Automation in Construction, 2013, 29: 107-122.

[42] Song L G, Eldin N N. Adaptive real-time tracking and simulation of heavy construction operations for look-ahead scheduling[J]. Automation in Construction, 2012, 27: 32-39.

[43] Caldas C H, Torrent D G, Haas C T. Using global positioning system to improve materials-locating processes on industrial projects[J]. Journal of Construction Engineering and Management, 2006, 132(7): 741-749.

[44] Saeki M, Hori M. Development of an accurate positioning system using low - cost L1 GPS receivers[J]. Computer - Aided Civil and Infrastructure Engineering, 2006, 21(4): 258-267.

[45] Behzadan A H, Aziz Z, Anumba C J, et al. Ubiquitous location tracking for context-specific information delivery on construction sites[J]. Automation in Construction, 2008, 17(6): 737-748.

[46] Ergen E, Akinci B, Sacks R. Tracking and locating components in a precast storage yard utilizing radio

frequency identification technology and GPS[J]. Automation in Construction, 2007, 16(3): 354-367.

[47] Lu M, Chen W, Shen X S, et al. Positioning and tracking construction vehicles in highly dense urban areas and building construction sites[J]. Automation in Construction, 2007, 16(5): 647-656.

[48] Razavi S N, Haas C T. Multisensor data fusion for on-site materials tracking in construction[J]. Automation in construction, 2010, 19(8): 1037-1046.

[49] Deng Z Y, Yu Y P, Yuan X, et al. Situation and development tendency of indoor positioning[J]. China Communications, 2013, 10(3): 42-55.

[50] Nuaimi K, Kamel H. A survey of indoor positioning systems and algorithms[C]//2011 International Conforence on Innovations in Information Technology (IIT), April 25-27, 2011, Abv Dhabi, United Arab Emirates. Nek York: IEEE, 2011: 185-190.

[51] Woo S, Jeong S, Mok E, et al. Application of WiFi-based indoor positioning system for labor tracking at construction sites: a case study in Guangzhou MTR[J]. Automation in Construction, 2011, 20(1): 3-13.

[52] Wang W, Chen J Y, Huang G S, et al. Energy efficient HVAC control for an IPS-enabled large space in commercial buildings through dynamic spatial occupancy distribution[J]. Applied Energy, 2017, 207: 305-323.

[53] Kim M K, Wang Q, Park J W, et al. Automated dimensional quality assurance of full-scale precast concrete elements using laser scanning and BIM[J]. Automation in Construction, 2016, 72: 102-114.

[54] Bosché F. Automated recognition of 3D CAD model objects in laser scans and calculation of as-built dimensions for dimensional compliance control in construction[J]. Advanced Engineering Informatics, 2010, 24(1): 107-118.

[55] Furlani K M, Pfeffer L E. Automated tracking of structural steel members at the construction site[C]//17th ISARC, September 18-20, 2000, Taipei, China. Taipei: National Taiwan University, 2000: 1201-1206.

[56] El-Omari S, Moselhi O. Integrating 3D laser scanning and photogrammetry for progress measurement of construction work[J]. Automation in Construction, 2008, 18(1): 1-9.

[57] Volk R, Stengel J, Schultmann F. Building Information Modeling (BIM) for existing buildings — Literature review and future needs[J]. Automation in Construction, 2014, 38:109-127.

[58] Akcamete A, Akinci B, Garrett J H. Potential utilization of building information models for planning maintenance activities[C]//13thInternational Conference on Computing in Civil and Building Engineering, June 30-2 July, 2010, Nottingham, UK. Nottingham: University of Nottingham, 2010: 151-157.

[59] Li C Z, Hong J K, Xue F, et al. SWOT analysis and Internet of Things-enabled platform for prefabrication housing production in Hong Kong[J]. Habitat International, 2016, 57: 74-87.

[60] Lee K, Chin S, Kim J. A core system for design information management using industry foundation classes[J]. Computer - Aided Civil and Infrastructure Engineering, 2003, 18(4): 286-298.

[61] Zhang Y, Zhang H, Sun Z. Effects of urban growth on architectural heritage: the case of buddhist monasteries in the Qinghai-Tibet plateau[J]. Sustainability, 2018, 10(5): 1593.

[62] Laat R D, Berlo L V. Integration of BIM and GIS: The development of the CityGML GeoBIM extension[J]. Berlin:Advances in 3D Geo-Information Sciences, 2011: 211-225.

[63] Li H, Kong C W, Pang Y C, et al. Internet-based geographical information systems system for E-commerce application in construction material procurement[J]. Journal of Construction Engineering and Management, 2003, 129(6): 689-697.

[64] Cheok G S, Stone W C, Lipman R R, et al. Ladars for construction assessment and update[J]. Automation in Construction, 2000, 9(5): 463-477.

[65] Goedert J D, Meadati P. Integrating construction process documentation into building information modeling[J]. Journal of Construction Engineering and Management, 2008, 134(7): 509-516.

[66] Sun Z, Zhang Y Y. Using Drones and 3D modeling to survey Tibetan architectural heritage: A case study with the multi-door stupa[J]. Sustainability, 2018, 10(7): 2259.

[67] Siu M F, Lu M, AbouRizk S. Combining photogrammetry and robotic total stations to obtain dimensional measurements of temporary facilities in construction field[J]. Visualization in Engineering, 2013, 1(1).

[68] Tuttas S, Braun A, Borrmann A, et al. Comparision of photogrammetric point clouds with BIM building elements for construction progress monitoring[J]. ISPRS-International Archives of the Photogrammetry, Remote Sensing and Spatial Information Sciences, 2014:341-345.

[69] Chao C C, Yang J M, Jen W Y. Determining technology trends and forecasts of RFID by a historical review and bibliometric analysis from 1991 to 2005[J]. Technovation, 2007, 27(5): 268-279.

[70] Domdouzis K, Kumar B, Anumba C. Radio-Frequency Identification (RFID) applications: a brief introduction[J]. Advanced Engineering Informatics, 2007, 21(4): 350-355.

[71] Chinowsky P, Diekmann J, Galotti V. Social network model of construction[J].Journal of Construction Engineering and Management, 2008, 134(10): 804-812.

[72] Wang S S, Green M, Malkawa M. E-911 location standards and location commercial services[C]//2000 IEEE Emerging Technologies Symposium: Broadband, Wireless Internet Access, April 10-11, 2000, TX, USA. New York: IEEE, 2000: 5.

[73] Lu M, Chen W, Shen X S, et al. Positioning and tracking construction vehicles in highly dense urban areas and building construction sites[J]. Automation in Construction, 2007, 16(5): 647-656.

[74] Skibniewski M J, Jang W S. Simulation of accuracy performance for wireless sensor-based construction asset tracking[J]. Computer - Aided Civil and Infrastructure Engineering, 2009, 24(5): 335-345.

[75] Park M W, Makhmalbaf A, Brilakis I. Comparative study of vision tracking methods for tracking of construction site resources[J]. Automation in Construction, 2011, 20(7): 905-915.

[76] Zhang C, Hammad A, Rodriguez S. Crane pose estimation using UWB real-time location system[J]. Journal of Computing in Civil Engineering, 2012, 26(5): 625-637.

[77] Yin S Y L, Tserng H P, Wang J C, et al. Developing a precast production management system using RFID

technology[J]. Automation in Construction, 2009, 18(5): 677-691.

[78] Wang L C. Enhancing construction quality inspection and management using RFID technology[J]. Automation in Construction, 2008, 17(4): 467-479.

[79] Carbonari A, Giretti A, Naticchia B. A proactive system for real-time safety management in construction sites[J]. Automation in Construction, 2011, 20(6): 686-698.

[80] Charette R P, Marshall H E. UNIFORMAT II elemental classification for building specifications, cost estimating, and cost analysis[M]. US Department of Commerce, Technology Administration, National Institute of Standards and Technology, 1999.

[81] Costin A M, Teizer J, Schoner B. RFID and BIM-enabled worker location tracking to support real-time building protocol and data visualization[J]. Journal of Information Technology in Construction (ITcon), 2015, 20(29): 495-517.

[82] Kymmell W. Building information modeling: planning and managing construction projects with 4D CAD and simulations[M]. New York: McGraw-Hill, 2008.

[83] Sacks R, Eastman C M, Lee G. Parametric 3D modeling in building construction with examples from precast concrete[J]. Automation in Construction, 2004, 13(3): 291-312.

[84] Akinci B, Boukamp F, Gordon C, et al. A formalism for utilization of sensor systems and integrated project models for active construction quality control[J]. Automation in Construction, 2006, 15(2): 124-138.

[85] Kamat V R, Martinez J C, Fischer M, et al. Research in visualization techniques for field construction[J]. Journal of Construction Engineering and Management, 2011, 137(10): 853-862.

[86] Navon R, Sacks R. Assessing research issues in automated project performance control (APPC)[J]. Automation in Construction, 2007, 16(4): 474-484.

[87] Brilakis I, Lourakis M, Sacks R, et al. Toward automated generation of parametric BIMs based on hybrid video and laser scanning data[J]. Advanced Engineering Informatics, 2010, 24(4):456-465.

[88] Zhu Z H, Brilakis I. Parameter optimization for automated concrete detection in image data[J]. Automation in Construction, 2010, 19(7): 944-953.

[89] Son H, Kim C, Kim C. Automated color model-based concrete detection in construction-site images by using machine learning algorithms[J]. Journal of Computing in Civil Engineering, 2012, 26(3): 421-433.

[90] Sun Z. A Semantic-based Framework for Digital Survey of Architectural Heritage[D]. Bologna:University of Bologna, 2014.

[91] Construction Industry Institute (CII). Craft Productivity Phase I, Research Summary[R]. Austin, TX: The University of Texas, 2009.

[92] Kallonen T, Porras J. Embedded RFID in product identification[C]//5th Workshop on Applications of Wireless Communications, June 21, 2007, Lappeenranta, Finland. Lappeenranta: Lappeenranta University of Technology, 2007: 11-19.

[93] Sanders S R, Thomas H R, Smith G R. An analysis of factors affecting labor productivity in masonry construction, G. R PTI #9003[R]. PA: Pennsylvania State University, University Park, 1989.

[94] Su X, Andoh A R, Cai H B, et al. GIS-based dynamic construction site material layout evaluation for building renovation projects[J]. Automation in Construction, 2012, 27(27):40-49.

[95] Kumar S S, Cheng J C P. A BIM-based automated site layout planning framework for congested construction sites[J]. Automation in Construction, 2015, 59:24-37.

[96] Leite F, Akcamete A, Akinci B, et al. Analysis of modeling effort and impact of different levels of detail in building information models[J]. Automation in Construction, 2011, 20(5): 601-609.

[97] Zhai C X, Lafferty J. Model-based feedback in the language modeling approach to information retrieval[C]// Proceedings of the tenth international conference on Information and knowledge management, October 5-10, 2001. Atlanta, Georgia, USA. New Yotk: ACM, 2001: 403-410.

[98] Karimi H A, Akinci B. CAD and GIS integration[M]. Cleveland: CRC Press, 2009.